游戏编程项目开发实战

李志远 ◎ 编著

清華大學出版社
北京

内 容 简 介

Python是一种面向对象的开源高级程序语言，其语法简单、程序易读、扩展性高、代码可跨平台运行的特点使其已经成为广受欢迎的游戏编程语言。

本书通过精心设计的游戏案例帮助读者掌握Python游戏编程。书内提到的每个游戏案例都提供源代码和视频讲解，相信读者通过线下阅读和线上视频学习相结合的方式可掌握游戏编程的原理，从而举一反三，设计出卓越的游戏。

全书分为基础篇和提高篇两大部分。基础篇通过3个控制台游戏介绍了Python数据类型、模块使用、文件操作等游戏编程所涉及的基础知识；提高篇通过4个图形界面游戏设计的综合案例介绍了Pygame模块使用、动画制作、多线程网络编程、棋类AI设计等进阶知识，帮助读者综合运用所学知识，提高游戏编程能力。

本书适合对Python游戏编程感兴趣的初学者阅读，也可为熟悉Python游戏编程的读者做参考所用。

图书在版编目（CIP）数据

Python游戏编程项目开发实战/李志远编著. —北京：清华大学出版社，2022.7
（清华开发者书库·Python）
ISBN 978-7-302-60105-0

Ⅰ. ①P… Ⅱ. ①李… Ⅲ. ①游戏程序－程序设计 Ⅳ. ①TP317.6

中国版本图书馆CIP数据核字（2022）第020328号

责任编辑：赵佳霓
封面设计：刘 键
责任校对：李建庄
责任印制：宋 林

出版发行：清华大学出版社
网 址：http://www.tup.com.cn，http://www.wqbook.com
地 址：北京清华大学学研大厦A座 **邮 编**：100084
社 总 机：010-83470000 **邮 购**：010-62786544
投稿与读者服务：010-62776969，c-service@tup.tsinghua.edu.cn
质量反馈：010-62772015，zhiliang@tup.tsinghua.edu.cn
课件下载：http://www.tup.com.cn，010-83470236
印 装 者：三河市金元印装有限公司
经 销：全国新华书店
开 本：185mm×260mm **印 张**：17.25 **字 数**：423千字
版 次：2022年8月第1版 **印 次**：2022年8月第1次印刷
印 数：1～2000
定 价：79.00元

产品编号：093266-01

序

FOREWORD

随着人工智能、大数据、云计算、物联网、移动互联等信息技术的迅猛发展,人类社会已从信息化迈向智能化时代飞速发展的快车道。在信息技术发展的同时,软件产品需求也不断增加,编程将成为信息化时代新的读写能力。

Python 是一个高层次的面向对象的脚本语言,其互动性、易学性、可读性强,能够边解释边执行,在众多领域得到了广泛普及和使用。针对程序设计初学者知识基础和编程能力普遍较弱等特点,激发他们对枯燥的程序设计产生浓厚兴趣,并通过兴趣牵引进而产生深入学习程序设计的愿望,是作者编著本书的初衷。

时至今日,游戏已经融入人们的日常生活,游戏在教育中的正向引导价值越来越受到广泛关注,并应用到学习实践中。作者设计了一系列生动有趣的游戏项目,引导读者主动学习 Python 编程语言,自主实现游戏设计与开发,大大激发了学习的兴趣。

本书是一本针对各领域 Python 程序设计人员而编著的从入门到进阶的书。全书共分为两部分:第一部分为基础篇,介绍了 Python 编程所必须掌握的基本概念和基础知识,并帮助读者解决常见的编程问题和困惑,为初学程序设计的读者打下坚实的基础。第二部分为提高篇,将理论付诸实践,阐述开发图形界面游戏的 4 个综合案例,包括 Pygame 模块使用、动画制作、多线程网络编程、棋类 AI 设计等知识,帮助读者综合运用所学知识,提高游戏编程能力。

区别于以往其他 Python 语言编程实践书籍,本书还具有以下特点:

在内容设计上,本书采用游戏设计与开发为牵引,以通过 Python 语言编程实现游戏功能为目的。每章节通过实现游戏功能融入具体的 Python 相关语法学习。作者选取日常生活中喜闻乐见的小游戏作为本书项目,大多数读者熟悉这些小游戏的规则。本书更注重引导读者思考如何将游戏规则转化为逻辑算法,然后通过 Python 语言将逻辑算法转化为可以交互的游戏。通过问题牵引、问题解决,再潜移默化地辅助以相关的编程思想、编程语法、编程约束,让读者学以致用,达到所学即所用、所建即所得,通过持续正向激励启发读者深入学习程序设计的兴趣。

本书在架构组织上,设置了由简到难的递进学习模式。整体架构上设置了基础篇和提高篇,通过对基础篇的学习,读者能够掌握 Python 语言的语法特点、编程环境构建、基础语法和主要函数,能用 Python 编程环境处理日常的业务需求。通过对提高篇的学习,读者能够掌握高级的动画制作、多线程网络编程、棋类 AI 设计等技能,实现图形化游戏的设计。此外,每章都按照认知规律,由浅到深地通过兴趣逐步引导读者对 Python 的相关编程理念进行深入学习。

本书最显著的特点是各章节均采用项目式设计方法。如果高等院校的读者采用本书作为教材，则在教学过程中，教师可以以游戏项目实现为牵引，引导学生参与并开展自主实践，将传统的知识传授转变为对学生的督促和引导。学生由被动学习转变为主动探索，激发好奇心和创造力，从而提升分析和解决实际问题的能力。

杨文静（教授、博士生导师）

前言

PREFACE

Python 是目前最流行的编程语言之一，在生活与工作的众多方面有 Python 编程的需求。应该怎么学习 Python 这门语言？采用什么样的方式来学习会更有效率？

笔者一直坚信，兴趣是学习的最好驱动力，而游戏设计是最容易提高兴趣的方法。如果在完成游戏设计的过程中能够学会 Python 的各类知识，相信这不仅会带给读者完成游戏的成就感，而且会有好的学习体验，Python 知识也将掌握得更为牢靠。

主要内容

本书共分为基础篇和提高篇两大部分，其中第 1～4 章为基础篇，在控制台下运行游戏，通过 3 个控制台游戏的编程，帮助读者掌握 Python 的数据类型、模块使用、文件读写等基础知识；第 5～8 章为提高篇，在图形界面下运行游戏，通过 4 个图形界面游戏的编程，帮助读者掌握 Pygame 模块、动画制作、多线程网络编程、计算机 AI 等进阶知识。

各章的具体内容如下：

第 1 章主要介绍 Python 的安装和 Python 的 IDE 的使用。

第 2 章主要介绍"石头、剪刀、布"猜拳游戏的设计与编码。

第 3 章主要介绍数独游戏的设计与编码。

第 4 章主要介绍"24 点"游戏的设计与编码。

第 5 章主要介绍 Pygame 模块，并完成"小猫顶球"游戏的设计与编码。

第 6 章主要介绍"一起来玩汉诺塔"游戏的设计与编码。

第 7 章主要介绍"网络五子棋"游戏的设计与编码。

第 8 章主要介绍"中国象棋"游戏支持 AI 对战的设计与编码。

本书特点

本书通过基础知识讲解＋重点知识点视频详细讲解＋重要代码图示的方式，采用不同类型、不同难度的游戏案例，帮助读者循序渐进地掌握 Python 游戏开发的相关知识，其主要特点如下：

(1) 在每个章节前都有专业插画师根据本章知识设计的漫画插图，以提高读者的学习兴趣。

(2) 游戏案例的学习符合人的认知规律，采取了总体介绍、功能分解、重点详细讲解等方式介绍相关知识点。

(3) 重要知识点均有视频讲解，读者可随时随地学习。

本书资源

扫描下方二维码可下载本书源代码，扫描书内对应章节的二维码可观看配套视频。

本书源代码

致谢与反馈

四川旅游学院的曹晓昭老师为本书提供了漫画插图及素材绘制，学生李大炜参与了项目的设计与完成，笔者的家人与朋友在笔者这一年多的编写过程中提供了精神支持，清华大学出版社的赵佳霓编辑在创作方面给予很多指导。如果没有你们的大力支持，笔者将无法完成本书，在此表示由衷的感谢。

尽管笔者为完成本书尽了最大的努力，但由于水平有限，书中难免存在疏漏之处，恳请读者批评指正。

李志远

2022年4月

目　录

CONTENTS

PYTHON???

第1章

Python概述

近年来，Python编程语言广受大众欢迎，根据IEEE Spectrum研究报告显示，Python已经成为世界上最受欢迎的语言之一。Python为什么这么受欢迎？该如何安装它？本章将带领读者一起来认识Python，并在Windows操作系统上进行Python安装，同时选一个合适的IDE为进一步的游戏开发打好基础。

1.1 Python语言简介

1989年12月，Guido van Rossum为了打发圣诞节假期，开发了ABC语言的后继语言Python，Python这个名称来自于他最喜欢的一个情景剧Monty Python's Flying Circus。Python语言继承了多种优秀语言的特性，是一种高级动态、完全面向对象的语言，其支持的函数、模块、数值、字符串都是对象，并且完全支持继承、重载、派生、多继承。同时由于Python的底层由C语言实现，运算效率得到了保证。Python的完全开源、支持异构操作系统和模块化的思想使其短短几十年就在计算机的各个应用领域得到了充分使用。如今大型网站（YouTube、Google、豆瓣、果壳网、NASA、Django）、图像多媒体（GIMP、Blender、Industrial Light&Magic）、系统文件（Dropbox、BitTorrent）、科学计算（MySQLWorkbench、NumPy、Pandas）、人工智能（TensorFlow、百度飞桨）、游戏开发（Pygame）等领域都有Python的身影。

Python语言简洁的语法特性使用户不用浪费太多的时间在语法结构上，从而可以投入更多的精力用于具体的算法逻辑。例如，简单地计算两个数的和，对于C语言或者Java语言来讲，需要考虑待计算的数是整数还是浮点数，这两个数的位数是多少，是否超过了所定义的数据类型的范围等，在这些语法细节上用户浪费了大量的时间（笔者用C语言、Java语言和Python语言分别对其进行实现，C语言需要50余行代码，Java语言需要10行代码，而Python只需1行代码！），从而对算法逻辑本身"得到给定的两个数的和"反而投入了较少的精力。使用Python语言处理同样的计算两个数的和的问题，只需简单地将两个数相加，完全不用考虑数的范围问题。

Python提供了包罗万象的模块，这些模块涵盖了计算机领域的方方面面。利用这些模块，可使解决对应的问题变得更加容易，例如本书就使用了Pygame模块进行游戏编程。更不可思议的是，这些模块完全免费。

"人生苦短，我用Python"，Python具有这么多的优良特性，让我们一起加入Python开发的大家庭吧。

4min

1.2 Python 运行环境的建立

目前 Python 共有两种大的版本共存，分别是 2.x 版本和 3.x 版本，其中 3.x 版本为了扫除编程结构和模块上的冗余和重复，不再支持 2.x 版本，也就是说以前很多针对 2.x 版本开发的程序，在 3.x 版本中不再受到支持。Python 官方从 2020 年起也对 2.x 版本停止了维护，最终版本截止于 2.7。同时越来越多的模块也仅支持 3.x 版本，基于面向未来的考虑，本书所有的示例代码都将基于 3.x 的版本。

虽然从国内访问 Python 的官方网站较为缓慢，但是基于避免病毒的考量，还是建议大家直接从官网下载并安装程序。使用浏览器打开 https://www.python.org/downloads/ 网址后，会出现以下界面，如图 1-1 所示。

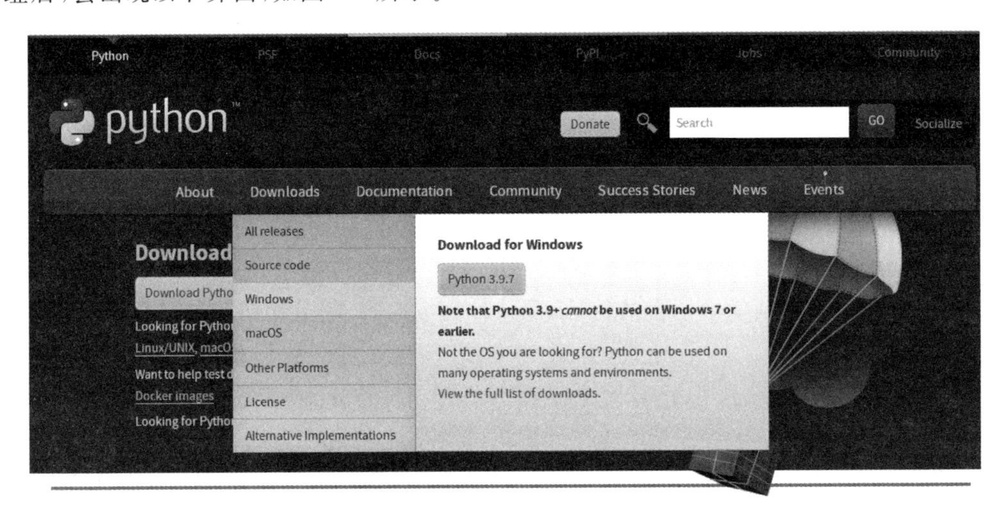

图 1-1 Python 下载平台选择

Python 对各大计算机平台提供了安装程序，读者可以根据自己的计算机单击对应的下载链接。Windows 操作系统目前还是市场的主流，因此本书将以 Windows 操作系统进行 Python 的安装示范，其他平台的读者在安装 Python 时，如果有什么安装上的疑问，可以和作者联系，作者将提供解答。

单击 Downloads 菜单下的 Windows 标签后，会进入如图 1-2 所示的界面。

Windows 平台下共有 Stable Releases 和 Pre-releases 两种版本供下载，其中 Pre-releases 版本提供了最新的 Python 特性，但是稳定性和兼容性上还没有得到充分测试。Stable Releases 版本为稳定发行版，可以用于生产平台。本书将使用 Stable Releases 版本进行编程开发。需要说明的是，读者需要根据自己的 Windows 版本进行对应的安装程序下载，从 3.9 版本开始，Python 不再支持 Windows 7 操作系统，3.6 版本及以上不支持 Windows XP 操作系统。因目前大多数的计算机系统是 Windows 10 操作系统，因此作者将以 Python 3.9.7 进行安装，幸运的是，即使是使用 Windows 7 操作系统的读者，下载 Python 3.8.8 版本后，安装方式和 Python 3.9.7 版本的安装方式几乎相同。

Python >>> Downloads >>> Windows

Python Releases for Windows

- Latest Python 3 Release - Python 3.9.7
- Latest Python 2 Release - Python 2.7.18

Stable Releases

- Python 3.7.12 - Sept. 4, 2021
  Note that Python 3.7.12 *cannot* be used on Windows XP or earlier.
  - No files for this release.
- Python 3.6.15 - Sept. 4, 2021
  Note that Python 3.6.15 *cannot* be used on Windows XP or earlier.
  - No files for this release.
- Python 3.9.7 - Aug. 30, 2021
  Note that Python 3.9.7 *cannot* be used on Windows 7 or earlier.
  - Download Windows embeddable package (32-bit)
  - Download Windows embeddable package (64-bit)
  - Download Windows help file
  - Download Windows installer (32-bit)
  - Download Windows installer (64-bit)
- Python 3.8.12 - Aug. 30, 2021
  Note that Python 3.8.12 *cannot* be used on Windows XP or earlier.
  - No files for this release.
- Python 3.9.6 - June 28, 2021
  Note that Python 3.9.6 *cannot* be used on Windows 7 or earlier.

Pre-releases

- Python 3.10.0rc2 - Sept. 7, 2021
  - Download Windows embeddable package (32-bit)
  - Download Windows embeddable package (64-bit)
  - Download Windows help file
  - Download Windows installer (32-bit)
  - Download Windows installer (64-bit)
- Python 3.10.0rc1 - Aug. 2, 2021
  - Download Windows embeddable package (32-bit)
  - Download Windows embeddable package (64-bit)
  - Download Windows help file
  - Download Windows installer (32-bit)
  - Download Windows installer (64-bit)
- Python 3.10.0b4 - July 10, 2021
  - Download Windows embeddable package (32-bit)
  - Download Windows embeddable package (64-bit)
  - Download Windows help file
  - Download Windows installer (32-bit)
  - Download Windows installer (64-bit)
- Python 3.10.0b3 - June 17, 2021
  - Download Windows embeddable package (32-bit)

图 1-2　Windows 下的 Python 版本选择

Windows embeddable package(32-bit)和 Windows embeddable package(64-bit)分别是 32 位操作系统和 64 位操作系统下的 Python 嵌入式版本，如果使用这个版本，则需要自己配置环境变量和进行包管理的配置，步骤较为复杂，这个版本的优点是可以集成到其他应用中。Windows help file 为 Python 的帮助文件，通过这个文件，读者可以进行 Python 的学习。Windows installer(32-bit)和 Windows installer(64-bit)是 Python 的向导式安装程序，其中前者适用于 32 位操作系统，后者适用于 64 位操作系统。因 2010 年以后推出的计算机已经支持 64 位操作系统，在这里可单击 Windows installer(64-bit)进行安装程序的下载。下载后 Python 安装程序 python-3. 9. 7-amd64. exe 如图 1-3 所示。

图 1-3　Windows 10 下的 Python 3. 9. 7 安装包

双击安装包，出现如图 1-4 所示的安装界面。Add Python 3. 9 to PATH 选项默认为非选择状态，勾选这个选项后，安装程序会将 Python 的安装路径加入操作系统的环境变量中，这样以后操作系统启动后，用户在任何 Windows 目录下都不用提供 Python 的完整路径进行源程序解释，仅需输入 python 就可解释了。为了方便以后开发，应将这个选项勾选。

图 1-4　Python 安装选择

单击 Install Now 按钮后，安装程序将把 Python 安装到默认的用户路径，这个路径往往位于 C 盘的用户文件夹下，如果读者的 C 盘空间比较紧张，可以单击 Customize installation 进行自定义安装路径选择。在这里，单击 Customize installation 进行自定义安装，后续界面如图 1-5 所示。

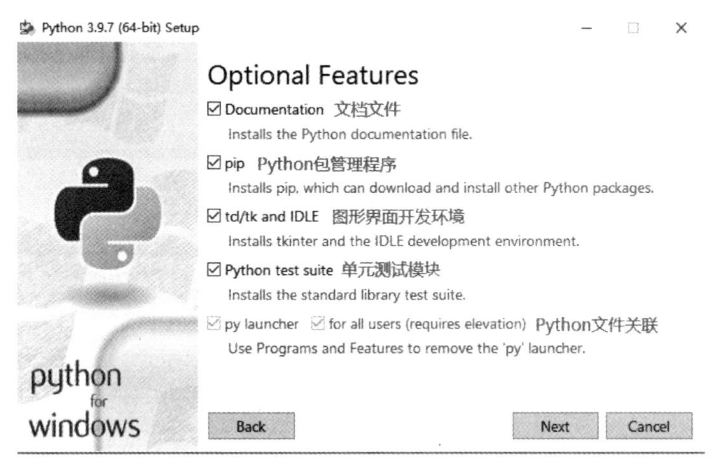

图 1-5　Python 功能特征选择

Python 的功能选择默认都为勾选状态，每个选项的具体含义在图中都进行了标注，保持勾选，并单击 Next 按钮，后续界面如图 1-6 所示。

因笔者 C 盘空余空间较小，故将安装程序安装到了 D 盘 Python39 文件夹下，读者可以根据自己的硬盘空间情况，进行对应路径的修改。路径修改完毕后，单击 Install 按钮进行安装，安装成功后的界面如图 1-7 所示。

如果计算机上安装的应用程序较多，很多应用程序都需要在系统的 PATH 环境变量中添加自己的启动路径，因操作系统的 PATH 环境变量有 260 个字符的限制，超过 260 个字符的 PATH 变量将无法得到确认。Python 的安装程序可以解决这个问题，单击 Disable path length limit，这样 260 个字符的限制将会被取消。单击 Close 按钮，Python 将成功安装到操作系统中。

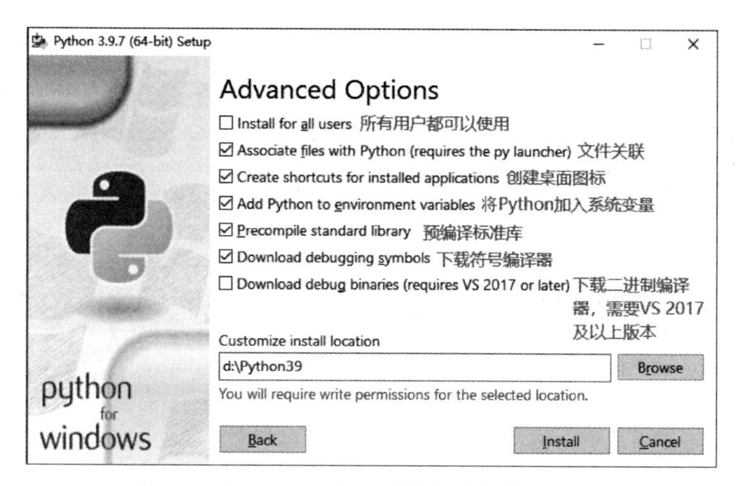

图 1-6　Python 安装高级选项

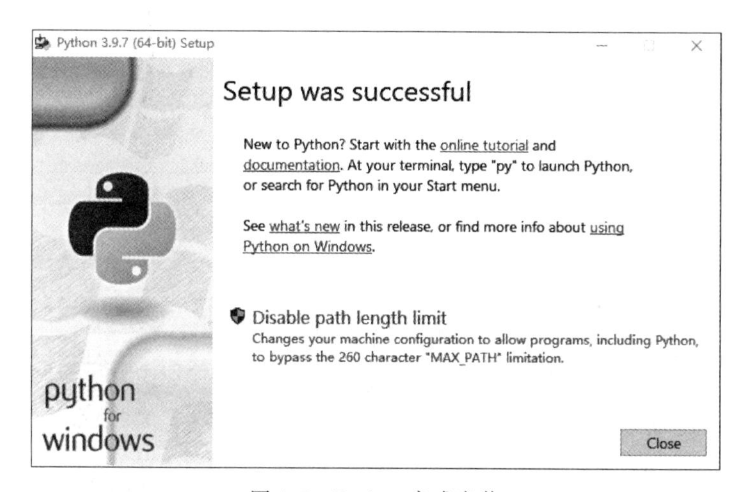

图 1-7　Python 完成安装

为了确认 Python 已经被正确安装，可以同时按下键盘上的 Windows 键（Ctrl 和 Alt 之间画着窗户图案的按键）和 R 键，这样便可弹出运行窗口，输入 cmd，单击“确定”按钮，如图 1-8 所示。

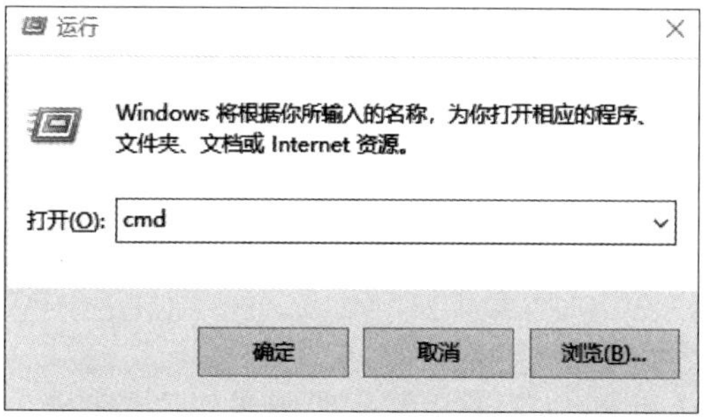

图 1-8　运行窗口

在弹出的命令提示符界面，输入 python，如果屏幕上显示 Python 3.9.7，则意味着安装成功，可以进行后继 Python 编程，输入 exit()，可退出 Python 的命令提示符界面，如图 1-9 所示。

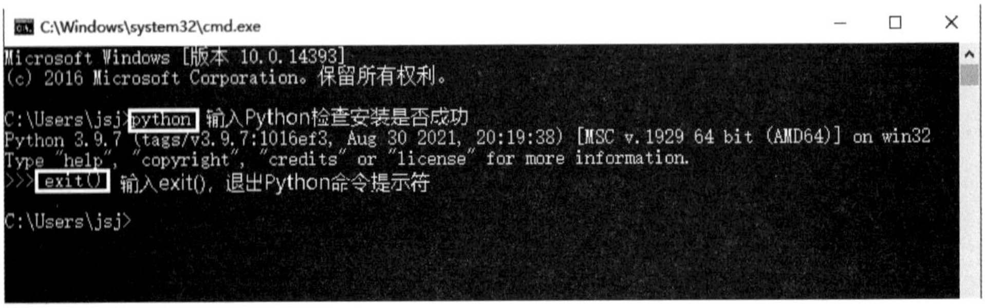

图 1-9　Python 命令提示符

1.3　IDE 平台选择

Python 安装完毕后，打开记事本并输入以下代码，然后将文件命名为 first.py 并保存到硬盘的某个位置，例如 D 盘的根目录。用前述的方法打开命令提示符后，输入 python first.py，屏幕上会显示 hello python，如图 1-10 所示。

```
print('hello python')
```

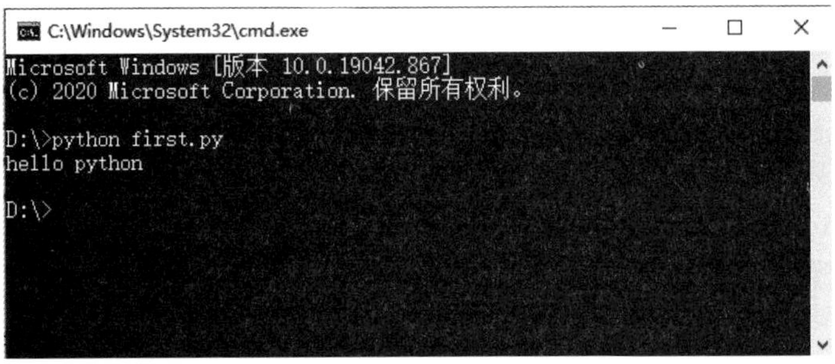

图 1-10　first.py 的运行结果

从以上步骤可以看出，使用记事本写程序虽然可行，但是太烦琐，而且没有语法提示等功能，这样写程序对大多数人而言没有快乐，失去了 Python 编程的初衷。“工欲善其事，必先利其器”，有很多很优秀的 IDE 平台可以让我们写 Python 代码变得更轻松，编程更快乐，让我们一起选一个合适的吧。

提到 IDE 平台，就像“一千个人眼中有一千个哈姆雷特”一样，很难说哪个 IDE 更好，只有适合自己的才是最好的，让我们一起来认识一下最常用的 IDE 平台，选一个最适合本书学习的。

1. Visual Studio 2019 专业版(企业版)

Microsoft Visual Studio(以下简称 VS)是美国微软公司的开发工具，是 Windows 平台下最好的编程工具之一，不仅支持 Visual Basic、Visual C#、Visual C++等编程语言，在其 2017 及以后的版本中，也开始支持 Python 编程。虽然 VS 编程界面友好，调试方便，但是 VS 没有 Linux 下的版本，Windows 下的版本也较为昂贵，VS 界面如图 1-11 所示。

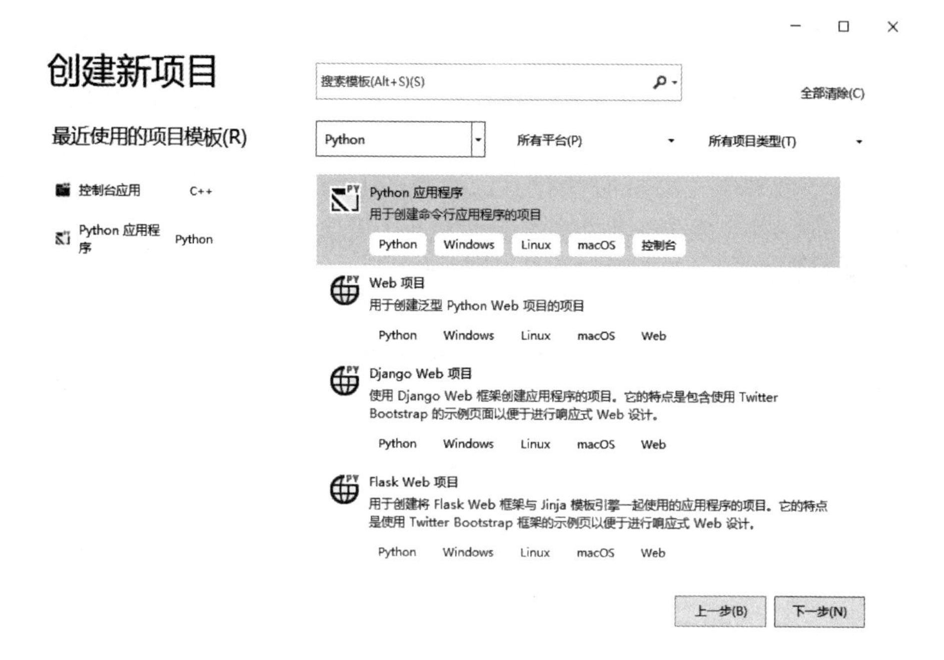

图 1-11　Visual Studio 进行 Python 开发

2. Thonny

Thonny 由爱沙尼亚的 Tartu 大学开发，其特性是完全免费，易于上手，查看变量方便，调试器简易，可自动补全代码，具有简洁而干净的 pipGUI 等。在 Thonny 内部内置了 Python 3.7 版本，因此用户在使用时，仅仅安装 Thonny 就可以直接开始 Python 编程，不用再进行 Python 的安装。Thonny 的这些特性使其适合 Python 初学者使用，同时在大学教学中也被经常使用，其界面如图 1-12 所示。

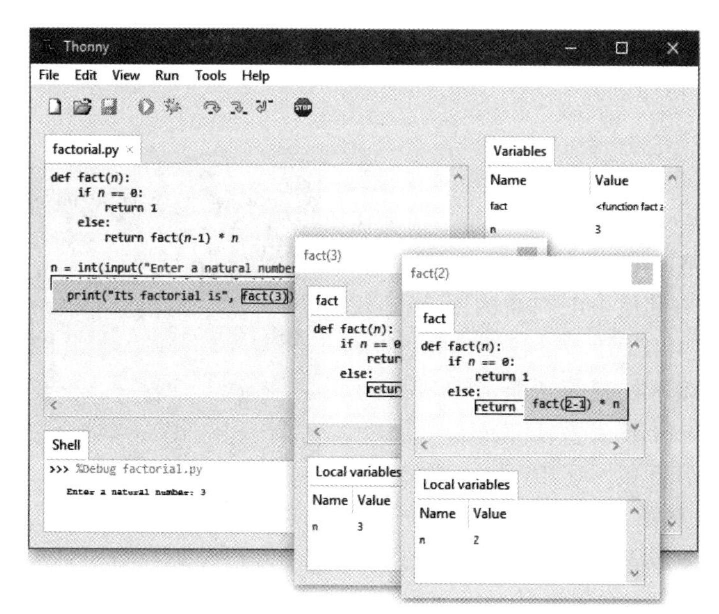

图 1-12　Thonny 界面

3. Jupyter Notebook

Jupyter Notebook 是一个开源的 Web 应用程序，允许用户创建和共享包含实时代码、方程、可视化和叙述文本的文档，其可以用于数据清理和转换、数值模拟、统计建模、数据可视化和机器学习等。Jupyter Notebook 每输入一行代码都可以实时看到运行结果，并且在利用集成科学计算环境 Anaconda 进行 Jupyter Notebook 安装时，会集成各种数据计算和数据分析的 190 多个科学包及其依赖项，大大简化了用户的模块配置，让用户更加专注地使用 Python 进行数据分析，界面如图 1-13 所示。

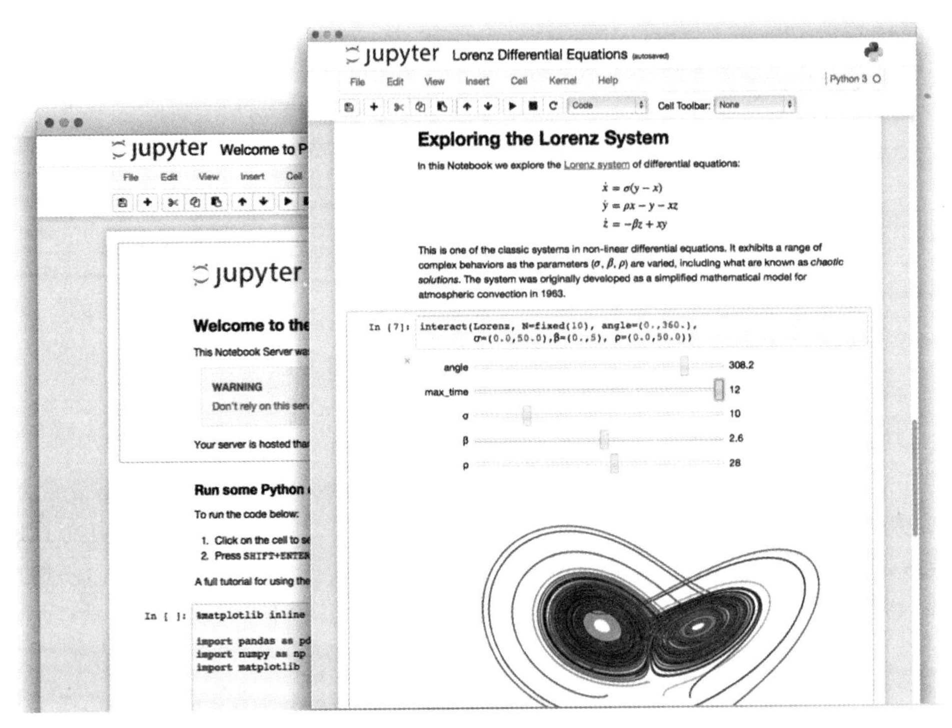

图 1-13 Jupyter Notebook 界面

4. PyCharm

PyCharm 是 Jet Brains 公司提供的专门为专业开发人员使用的 Python IDE，是目前使用最广泛、功能最齐全的 Python 编辑器之一。PyCharm 不仅拥有其他 IDE 具备的调试、语法高亮、Project 管理、代码跳转、智能提示、自动完成、单元测试、版本控制等功能，其专业版还支持科学计算、Web 开发及 HTML、JS、SQL 等。PyCharm 的社区版对于 Python 开发支持完备，同时完全免费和开源。本书后续章节将使用社区版进行编程开发，如图 1-14 所示。拥有 edu 信箱的读者可以在 Jet Brains 进行注册，注册成功后可以免费使用 1 年 PyCharm 的专业版，本书的示例代码完全适用于专业版。

图 1-14 PyCharm 社区版界面

1.4　PyCharm 的安装和配置

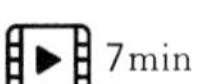

1.4.1　PyCharm 下载和安装

在安装 PyCharm 之前，需要根据前述章节将 Python 运行环境安装完毕，这样将会简化 PyCharm 的设置。接下来一起看一下 PyCharm 如何进行安装。

读者可以打开网址 https://www.jetbrains.com/pycharm/nextversion/，单击 Community 下的 Download 按钮进行安装包的下载，如图 1-15 所示。

PyCharm Early Access Program

Welcome to the Early Access Program for PyCharm! This page lists pre-release builds of PyCharm 2021.1, the next major update planned for March 2021.

PyCharm 2021.1 is in active development, and we really appreciate your feedback. Please use the PyCharm issue tracker↗ to report bugs and suggest new features.

Note: The PyCharm Professional build comes with 30-day evaluation license. No license required for PyCharm Community. Features marked PRO ONLY are supported only in PyCharm Professional Edition.

Professional
For both Scientific and Web Python development. With HTML, JS, and SQL support

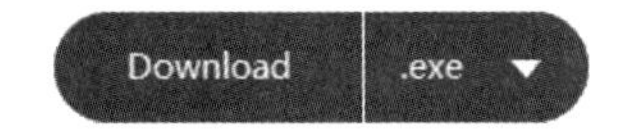

图 1-15　PyCharm 社区版下载

在安装向导界面，单击 Next 按钮，进入安装选项界面，为了以后编程方便，可以将 4 个选项加以勾选，4 个选项的含义如图 1-16 所示。

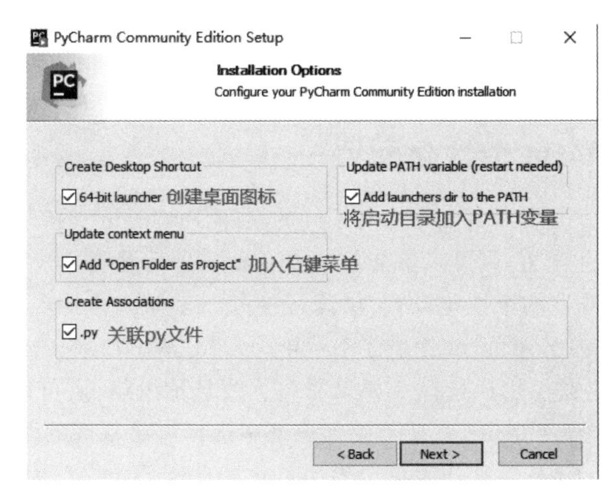

图 1-16　PyCharm 安装选项

PyCharm 安装完成后，就可以用其进行编程了。后续章节将学习如何将界面设置成自己喜欢的样子，这样编程起来会更舒心，有一个更好的心情。

1.4.2 PyCharm 基本配置

PyCharm 主界面主要分为以下 4 个区域：菜单栏、项目管理区、代码编辑台、输出控制台，如图 1-17 所示。

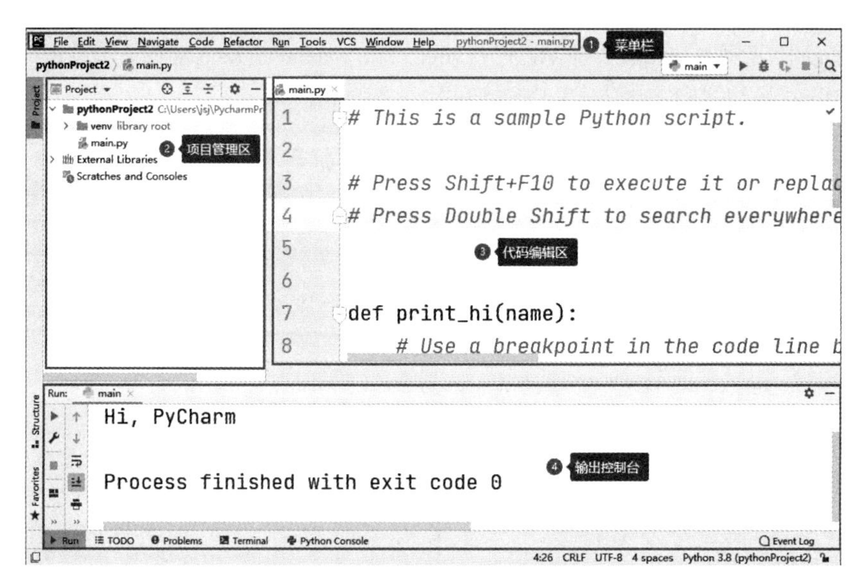

图 1-17 PyCharm 主界面

（1）菜单栏：PyCharm 所有的命令和窗口设置等操作都可以在菜单栏里找到，是 PyCharm 和用户进行交互的核心区域。

（2）项目管理区：建立新工程后，项目管理区默认出现在左上区域，在这个区域内可以对工程进行设置，如添加、删除新的工程文件等。

（3）代码编辑区：在这个区域内进行 Python 代码的编写，这也是读者以后用得最多的区域。

（4）输出控制台：负责和用户的输入、输出进行交互，在这个区域内进行变量输入和结果输出，当进行调试的时候，本区域也负责显示中间变量的值。

1.4.3 PyCharm 个性化配置

不同的 Python 开发人员对 IDE 平台有不同的喜好，PyCharm 支持开发人员进行个性化配置，如果读者需要个性化配置，则可以单击 File→Settings 进行设置，其界面如图 1-18 所示。

接下来进行几个典型的个性化设置，供读者参考。

（1）显示风格更改：PyCharm 提供了 IntelliJ Light、Windows 10 Light、Darcula、High-contrast 共 4 种颜色主题供用户选择。如果需要更改显示风格，则可以单击 Appearance & Behavior→Appearance→Theme，并在下拉列表框中选择自己喜好的颜色主题。

（2）中文插件：PyCharm 默认为英文界面，Jet Brains 公司专门为有中文需求的用户开发了中文语言包，加载此语言包后，PyCharm 界面语言将变为中文版，中文插件会定时更

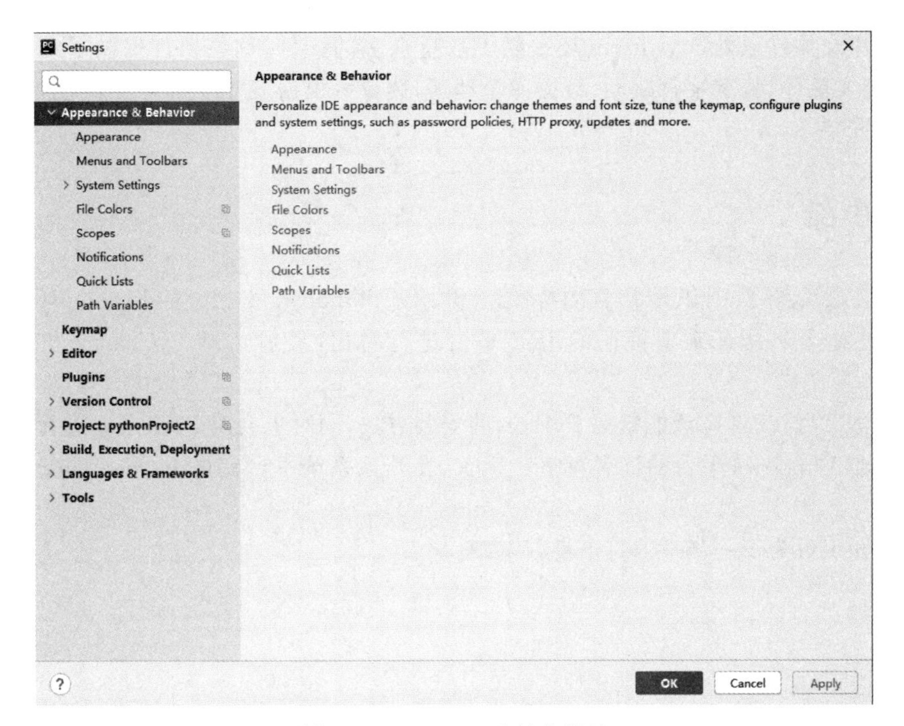

图 1-18 PyCharm 个性化设置

新。其加载方法为单击 Plugins 标签，在右上方的搜索栏中搜索 chinese，出来搜索结果后，选择 Chinese(Simplified)Language Pack/中文语言包，并单击 Install 按钮，重启 IDE 后，界面将变为中文，安装界面如图 1-19 所示。

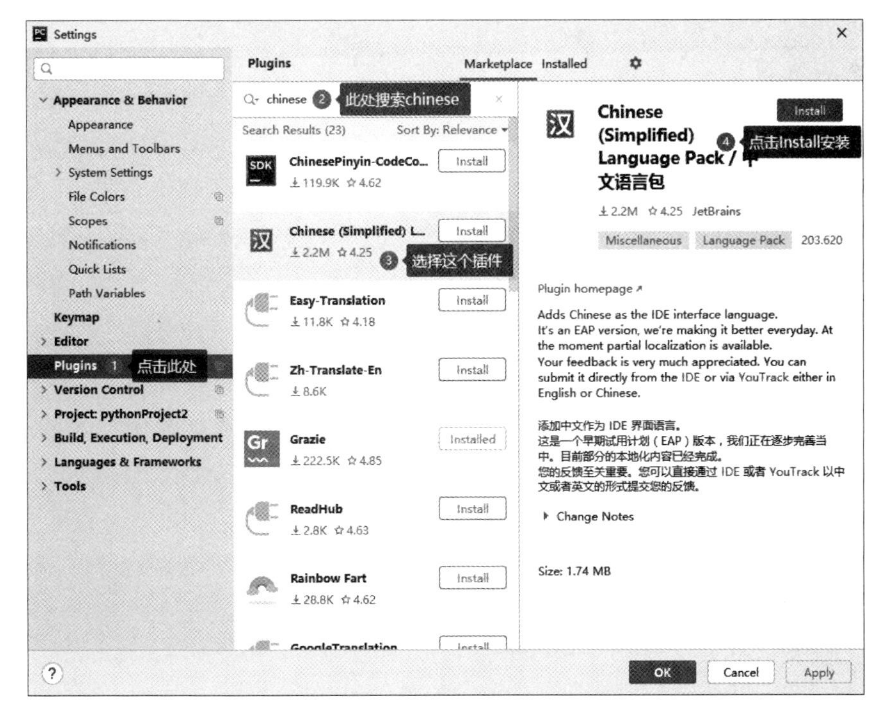

图 1-19 中文插件安装

除了中文插件以外,PyCharm 还提供了数量众多的插件,这些插件提供了众多有趣的功能,如英文翻译、打字字符跳动、数据库管理等,读者可根据需要按照上述中文插件的安装方法进行安装。

1.5 小结

本章主要介绍了 Python 语言的特性,并介绍了 Windows 平台下的 Python 环境的建立方法,同时对几个具有典型特征的 IDE 平台进行对比,最后选择 PyCharm 进行安装和配置。

学习本章后,读者应该能掌握 Python 的安装方法,同时也会对 PyCharm 进行个性化配置。使用非 Windows 平台的读者可举一反三,在其他系统平台完成 Python 的安装和 IDE 配置。

本章知识可为下一步学习打下良好基础。

第 2 章 “石头、剪刀、布”猜拳游戏

“石头、剪刀、布”猜拳游戏是现实世界中用到最多的游戏之一，同时其游戏规则因只涉及3个变量的比较，也较为容易实现。通过对这个游戏的编写，将帮助读者快速掌握如何处理游戏逻辑，为后续复杂游戏的编写打下良好的基础。本章也将帮助读者学习基础的Python变量类型、输入和输出、模块导入、条件循环等基本语法规则。

2.1 “石头、剪刀、布”猜拳游戏运行示例

游戏运行后，出现如图2-1所示的界面。

```
#****************************************#

                欢迎来到

          石头、剪刀、布 小游戏

#****************************************#
请输入您要出的拳。
0:石头
1:剪刀
2:布
8:退出游戏
1
电脑出的是：布
祝贺，您取得了本局胜利！
继续游戏请输入 g， 输入其他按键将退出游戏：
```

图2-1 “石头、剪刀、布”游戏运行界面

游戏玩家可以根据屏幕提示，输入0、1、2或8与计算机进行交互，输入0代表玩家出“石头”，输入1代表玩家出“剪刀”，输入2代表玩家出“布”，输入8则立即退出游戏。玩家进行出拳选择后，计算机将随机进行“石头”“剪刀”“布”的出拳。如果玩家和计算机出的拳相同，则玩家需要继续输入0、1、2进行出拳，输入8则退出游戏。如果出拳结果玩家或者计算机取得了胜利，游戏玩家则可以输入g继续下一盘游戏，输入其他按键则游戏结束。

将上述游戏逻辑进行流程处理后，画出流程图如图2-2所示。

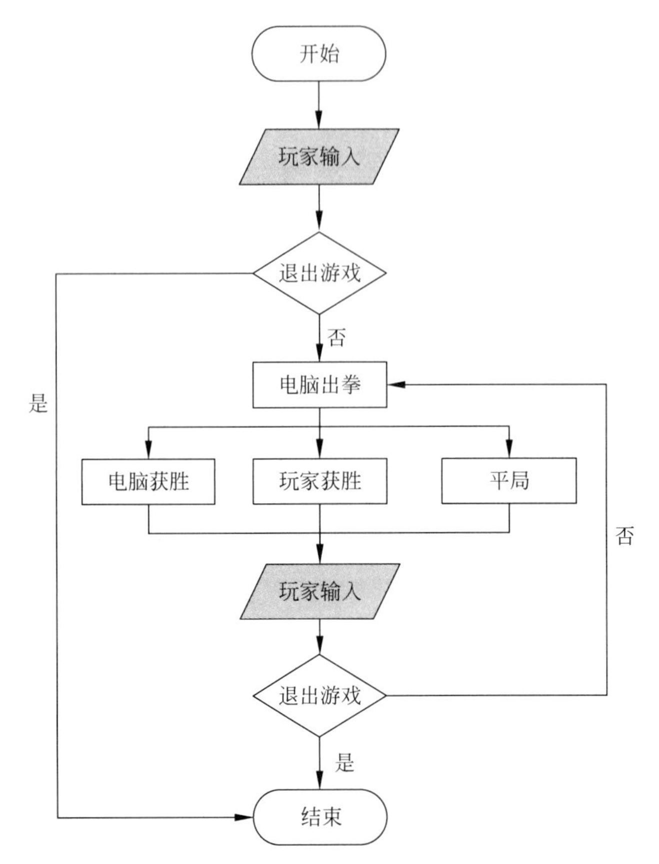

图 2-2 “石头、剪刀、布”游戏流程图

2.2 使用 print()函数进行游戏提示

4min

游戏运行期间，需要随时和用户进行交互，这时候就必须考虑在屏幕上显示提示文字，从而帮助用户更好地进行游戏输入。在屏幕上输出提示文字，可以使用 Python 内置的 print()函数进行提示文字输出。print()函数有多种输出方式，此处先介绍最基础的用法来满足本章节的需要。

```
print( * objects, sep = ' ', end = '\n', file = sys.stdout, flush = False)
```

(1) objects：复数，表示输出的对象，当对象大于 1 时，需要用“,”分隔。

(2) sep：对象直接的间隔符号，默认为空格。

(3) end：结尾符号，默认值是直接换到下一行，当输出完而不需要换行时候，可以替换成读者自己需要的符号。

(4) file：要写入的文件对象，默认输出到控制台。

(5) flush：输出流是否强制刷新，默认值为不强制。

以上语法看似很复杂，实际上用起来很简单。接下来通过几个简单的例子来学习一下 print()函数的用法。

在第 1 章的最后介绍了 PyCharm 作为 Python 的 IDE 编程环境。接下来用 PyCharm 进行 print()函数的学习。

单击 File→New Project 新建一个 Python 工程，在 Location 里选择一个存储工程的位置，并将工程命名为 printLearn 后，单击 Create 按钮，如图 2-3 所示。

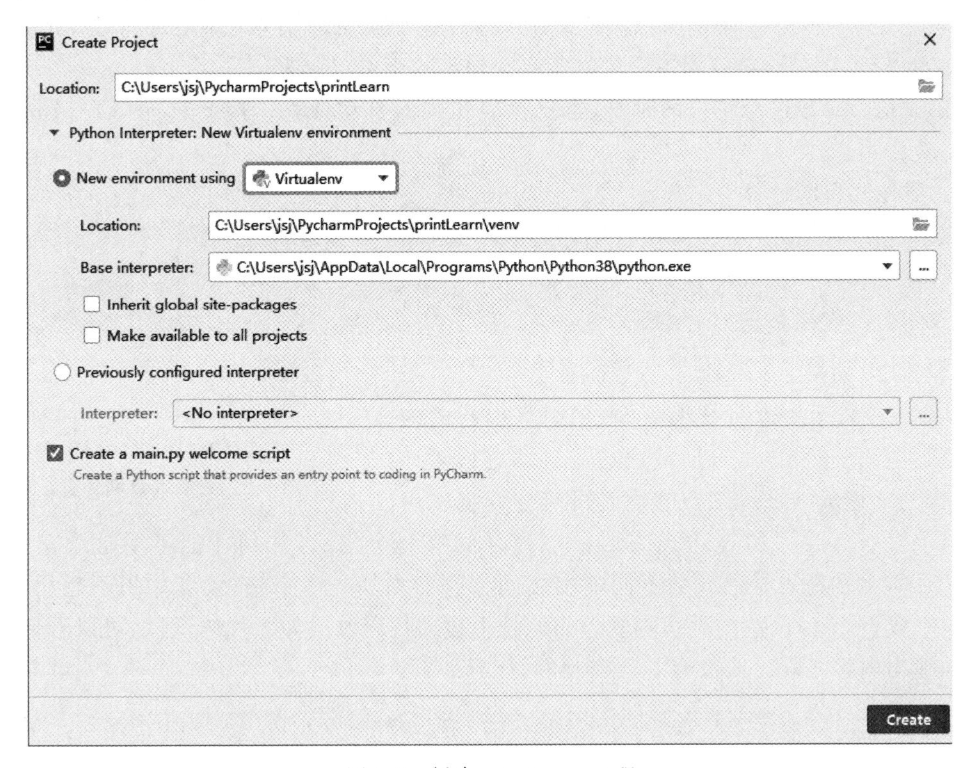

图 2-3 创建 printLearn 工程

创建完成工程后，Python 会自动提供一个名为 main. py 的文件，可以在这个文件里写入要运行的 Python 语句，默认 main. py 文件里已经有了一些代码，单击工具栏上向右的绿色箭头，或者按快捷键 Shift+F10 可以查看 main. py 文件的运行结果。main. py 文件提供了一个 print_hi()函数和一个调用函数，运行结果会输出"Hi，PyCharm"。接下来将 main. py 文件的内容清空，以便可以输入代码进行 print()函数的学习。

print()函数的用法很多，因本书主要介绍的是游戏编程，故只介绍和游戏编程相关的几个典型用法，读者如有进一步了解 print()函数的需求，可以参考 Python 的帮助文件进行学习。

1. 输出字符串内容

读者在 main. py 文件里输入以下代码，按快捷键 Shift+F10 运行并查看结果，代码如下：

```
print('Hello Python')
print("Hello Python")
```

代码的运行结果如图 2-4 所示。

```
Hello Python
Hello Python

Process finished with exit code 0
```

图 2-4　Hello Python 运行结果

从图 2-4 可以看出，如果想在屏幕上输出文本，则需将输出的内容用单引号或者双引号引起来，都会得到相同的结果，并且每输出一行会自动换到下一行。通常情况下，如果要输出的文本里有单引号，则应用双引号将所有要输出的文本引起来，同理，如果要输出的文本里有双引号，则应用单引号将所有要输出的文本引起来。

在 print()函数进行输出的时候，也支持表达式的自动计算。接下来看一下 print()函数的第 2 个用法。

2. 表达式自动计算

在 main.py 文件里输入以下代码，并查看运行结果，代码如下：

```
print('11 + 11 = ',11 + 11)
```

运行结果如图 2-5 所示。

```
11+11= 22

Process finished with exit code 0
```

图 2-5　表达式自动计算

从图 2-5 所示的运行结果可知，单引号引起的内容将原封不动地输出，逗号后的表达式自动进行了计算，并得到了正确结果。细心的读者可能会发现输出的字符串“11＋11＝”和表达式的结果“22”之间有一个空格，如何才能不要这个空格呢？print()函数默认在逗号隔开的不同输出之间会自动添加一个空格，读者如果不想用空格，则可以更改 print()函数的默认隔断。尝试把上边的代码改成如下代码试试，可以看到结果里不同输出内容之间已经没有了空格相隔，代码如下：

```
print('11 + 11',11 + 11 = ,sep = '')
```

上边的例子用逗号隔开了两个不同的输出内容，读者可根据输出需要，使用逗号隔开多个不同的内容。

在本章的游戏设计中，要根据用户的输入进行输出判断，这时就必须用到 print()函数的第 3 个用法，即输出变量。

3. 输出变量

Python 里用变量来存储不同类型的值，以后再用到这个值时，可以直接用变量名称来代替它。变量的名称建议选择有意义的名称，这样在程序编写中一看到变量就知道其具体的用法是什么。

变量必须以字母或者下画线开头，其长度可以为任意长度。需要注意的是，命名变量时不能和 Python 内置的 33 个关键字相同，以下是 Python 的 33 个内置关键字。

```
False     None      True    and     as      assert   break
class     continue  def     del     elif    else     except
finally   for       from    global  if      import   in
nonlocal  lambda    is      not     or      pass     raise
return    try       while   with    yield
```

接下来看一下 print()函数是如何进行变量输出的。在 main.py 文件里输入以下代码，

并查看运行结果,代码如下:

```
i = 11 + 11
print('11 + 11 = ', i, sep = '')
```

运行结果如图 2-6 所示。

```
11+11=22

Process finished with exit code 0
```

图 2-6 print()函数输出变量

在上述程序代码的第 1 行设置了一个名为 i 的整型变量,同时将 11+11 的值赋值给它,这时 i 的值就变为 22,在第 2 行代码里首先输出字符串中的内容“11+11”,然后输出 i 的值,同时根据 sep 参数,进行不同值的隔断输出,最终形成了如图 2-6 所示的运行结果。

2.3 使用 input()函数得到用户输入

有了 print()函数的知识后,便可以给用户进行游戏提示了。接下来需要解决的问题是如何得到用户的键盘响应,在 Python 里可以使用 input()函数来得到用户的键盘输入,一起看一下其具体语法格式是什么。

格式为 input([prompt]),其中 prompt 为提示信息。

大多数情况下,在使用 input()函数时会使用 print()函数进行文本提示,当然也可以直接在调用 input()函数时进行输入提示,prompt 的值就为提示内容,读者可根据自己的编程爱好进行选择。调用 input()函数后,需要将从键盘得到的值存储到变量中。需要说明的是,无论用户在键盘上输入什么值,Python 都会以字符串的形式赋值给变量。

读者看到此处也许会感到有些困惑,字符串变量是什么意思?该怎样处理字符串变量?下面一起在刚才的 main.py 文件里写入以下几行代码来学习一下它们的区别,代码如下:

```
s1 = '11'
s2 = '22'
print(s1 + s2)
i1 = 11
i2 = 22
print(i1 + i2)
```

```
1122
33

Process finished with exit code 0
```

图 2-7 字符串变量运行结果

在 PyCharm 里运行上边的代码,可以得到如图 2-7 所示的结果。

在代码的第 1 行和第 2 行定义了两个字符串变量,分别是 s1 和 s2,并分别存储了字符串 11 和字符串 22,在第 3 行对其进行了输出;紧接着又定义了两个变量 i1 和 i2,存储了整型 11 和 22,在第 6 行对 i1+i2 的结果进行了输出。从图 2-7 的运行结果可以看出,字符串变量的加法运算的结果是两个字符串直接相连,而存储整型的变量则进行了算术运算,所以字符串变量和整型变量得到的结果截然不同。

从以上代码的分析可知,当需要对键盘输入的数据进行算术运算时,必须将输入的字符串转换为数值型，否则结果将远不符合预期。幸运的是，Python 提供了字符串、整数、实数相互转换的函数，其具体内容如表 2-1 所示。

表 2-1　字符串、整数、实数转换函数

函　　数	功 能 描 述
int(x,base=10)	返回 x 的整型值，默认为十进制
float(x)	将 x 的值转换为浮点数
str(x)	将 x 的值转换为字符串

数值型和字符串的相互转换在 Python 编程时会经常用到，读者可以尝试在 main. py 文件里输入以下代码来学习函数的具体应用，代码如下：

```
s1 = input('请输入第 1 个变量')
s2 = input('请输入第 2 个变量')
s1 = int(s1)
s2 = int(s2)
print('两个变量的和为',s1 + s2)
```

上述代码的第 1 行和第 2 行提示用户输入两个变量，并将其值赋值给 s1 和 s2。第 3 行和第 4 行分别调用 int()函数并将其值转换为整型。第 5 行代码将两个变量的和输出。

运行输入的代码，读者可按照提示分别输入 s1 和 s2，可以看到屏幕上最终输出了两个变量的算术和，笔者运行上述代码时，分别输入了 10 和 20，其运行结果如图 2-8 所示。

```
请输入第1个变量10
请输入第2个变量20
两个变量的和为： 30

Process finished with exit code 0
```

图 2-8　变量的算术和

2.4　使用模块模拟计算机思考

猜拳游戏对弈的双方分别是人和计算机，人的出拳可以通过键盘输入得到，计算机该如何出拳？在此可以采用随机值的方法来模拟计算机的思考，这时可以考虑用 Python 的 random 模块来产生随机值。random 模块不是 Python 的内置模块，在使用其之前，必须先知道如何将其导入。

2.4.1　模块的导入

Python 深受广大开发者喜爱的一个重要原因也是因为其包罗万象的模块，大部分领域有对应的模块供使用，在后续章节的游戏设计中也将涉及相关的模块，在此以 Math 模块的使用为例学习 Python 导入模块的几种方法。

1. import 模块名

在很多情况下需要使用数学函数，例如调用 π 的值、计算三角函数等，以下语句输出了 π 的值，并进行了 5 的 3 次方运算，同时进行了输出，读者可以尝试输入以下代码，来观察运行结果，代码如下：

```
import math
print(math.pi)
print(math.pow(5,3))
```

程序的第 1 行导入了 Math 模块，第 2 行通过 math.pi 调用并得到了 π 值，第 3 行调用 Math 模块的 pow()函数并进行 5 的 3 次方运算。

运行上述代码，可以得到如图 2-9 所示的结果。

```
3.141592653589793
125.0

Process finished with exit code 0
```

图 2-9 Math 模块属性和函数调用结果

从上面的例程可知，通过这种方法导入模块，在使用模块里的属性或者函数时，需要采用"模块名.属性/函数"的形式。

2. import 模块名 as 模块别名

Python 里的模块有的名字很长，如果采用第 1 种导入方法使用模块，则在每次调用模块属性或者函数时都要输入很长的模块名作为前缀，编程时不是很方便。为了解决模块名字不好输入的问题，可以采用给模块起别名的方法来简化输出，其语法格式为"import 模块名 as 模块别名"。接下来的代码和第 1 种方法里代码的运行结果相同，只是 Math 采用了一个更好记的名字 sx，其具体的代码如下：

```
import math as sx
print(sx.pi)
print(sx.pow(5,3))
```

从上述代码也可以看出，Math 模块有了一个新的名字 sx，当使用 Math 模块里的属性和函数时，语法换成了"模块别名.属性/函数"。需要注意的是，一旦起了别名，就不能再使用原本的模块名进行调用，例如在上述的代码行里添加一行，再运行，看一看结果，代码如下：

```
print(math.pi)
```

上述代码运行后，出现的结果如图 2-10 所示。

```
3.141592653589793
125.0
Traceback (most recent call last):
  File "C:/Users/24849/PycharmProjects/第2章/second.py", line 4, in <module>
    print(math.pi)
NameError: name 'math' is not defined

Process finished with exit code 1
```

图 2-10 模块别名方法访问

从代码运行结果可知，因为 Math 模块已经采用了别名的导入方式，所以 Math 模块已经有了新的名字 sx，在代码的最后一行使用模块名 Math 进行访问，程序报错。模块名或者别名不能混合调用，这一点还需读者在编程时特别注意。

3. from 模块名 import() 函数名/子模块/属性

模块里的代码有时候会特别长，会提供很多属性和函数，在实际编程中，往往用不到要导入模块里的所有属性和函数，这时就可以采用第 3 种方法只对用到的内容进行导入。还是以上述代码为例，在代码里，共使用了 Math 模块的 π 属性和 pow( )函数，接下来的代码采用第 3 种方法导入 π 和 pow，代码如下：

```
from math import pi
from math import pow
print(pi)
print(pow(5,3))
```

上述代码的运行结果和前两种方法得到的结果完全相同，细心的读者可能已经发现，采用第 3 种方法调用 Math 模块里的 pi 和 pow 时，前边不需要有模块名作为前缀，这样就大大地简化了程序的编码。需要注意的是，采取这种方法进行导入，因 Math 模块的属性名和函数名已经没有了模块名作为前缀，因此不要让自定义的变量名和 Math 模块里的属性名相同，避免出现程序变量使用错误。

2.4.2 Random 模块的使用

用上述模块导入方法导入 Random 模块后，就可以通过 Random 模块得到随机实数、随机范围内整数等，其常见函数如表 2-2 所示。

表 2-2 Random 模块主要函数

函　数	功能描述
random()	生成 0～1 的随机数，不包括 0 和 1
randint(a,b)	生成大于或等于 a 但小于或等于 b 的随机整数

在猜拳游戏中，计算机共有 3 种出拳方法，可以采用 randint()随机函数来模拟计算机的出拳方法，代码如下：

```
import random
o = random.randint(0,2)
print(o)
```

在上述代码运行时，每次 randint()函数都会产生 0、1、2 这 3 个数字中的一个，在设计猜拳游戏的时候，可以用 0 代表计算机出“石头”，1 代表计算机出“剪刀”，2 代表计算机出“布”。

2.5 条件语句判断胜负

在猜拳游戏设计中，一个重要的逻辑就是找到判断玩家或者计算机胜利的方法。在 Python 中可以采用条件语句、逻辑值及比较运算符相结合的方法来判断游戏的胜负。

2.5.1 逻辑运算符和比较运算符

Python 中逻辑运算符共有 3 个，分别是 and、or 和 not，其中 and 运算是运算符两边都为真时返回真，or 运算是运算符两边有一个为真就返回真，not 运算返回运算符后边的值的相反值。在 Python 中规定非 0 就为真，0 代表假，读者可以尝试在 main. py 文件里输入以下代码并运行观察结果，代码如下：

```
print(3 and 4)
print(3 or 0)
print(not 0)
```

以上 3 行程序的运行结果分别为 4、3 和 True。在第 1 行中 3 和 4 进行了“与”运算，因为 3 和 4 都是非 0 值，所以都为真，根据 and 运算的规则，结果为真，取最后一个值 4。在第 2 行中 3 和 0 进行 or 运算，因为 3 是非 0 值，所以为真，0 的逻辑值是假，根据 or 的运算规则得到结果为真，取第 1 个真值 3。第 3 行中 0 为假，进行 not 运算后，取其相反结果为真，故屏幕上输出 True。

比较运算符又称为关系运算符，在进行逻辑值判断时常常结合比较运算符共同判断，其具体表示如表 2-3 所示。

表 2-3 比较运算符运行规则

运 算 符	意 义
A>B	判断 A 是否大于 B，如果大于，则返回真，否则返回假
A<B	判断 A 是否小于 B，如果小于，则返回真，否则返回假
A==B	判断 A 是否等于 B，如果相等，则返回真，否则返回假
A>=B	判断 A 是否大于或等于 B，如果成立，则返回真，否则返回假
A<=B	判断 A 是否小于或等于 B，如果成立，则返回真，否则返回假
A!=B	判断 A 是否不等于 B，如果成立，则返回真，否则返回假

2.5.2 条件表达式

条件表达式在 Python 游戏编程中极其重要，在后续的章节中也将多次用到条件表达式。条件表达式共有 3 种用法，接下来分别用例程加以说明。

1. 单分支条件表达式

单分支条件表达式是最简单的分支结构程序，其语法如下：

```
if 表达式:
语句块
```

使用 if 表达式最容易犯的错误是忽略了其表达式后边的“:”，在编程中务必加以注意，单分支条件表达式的运行流程图如图 2-11 所示。

为了更好地理解单分支条件表达式，在 main. py 文件里输入以下代码：

```
i = int(input('请输入成绩'))
if i >= 60:
    print('成绩及格')
```

运行以上代码，会提示输入成绩，如果输入的成绩大于或等于 60，则在屏幕上会显示成绩合格，如果输入的成绩小于 60，则在屏幕上无任何输出。

2. 双分支条件表达式

在单分支条件表达式的例程中，如果成绩小于60，则没有任何输出。为了在成绩小于60时输出成绩不合格，就必须采用双分支条件表达式，其语法如下：

```
if 表达式:
语句块 A
else:
语句块 B
```

双分支条件表达式多了一个else关键字，在表达式为假时就会触发语句块B，双分支条件表达式的运行流程图如图2-12所示。

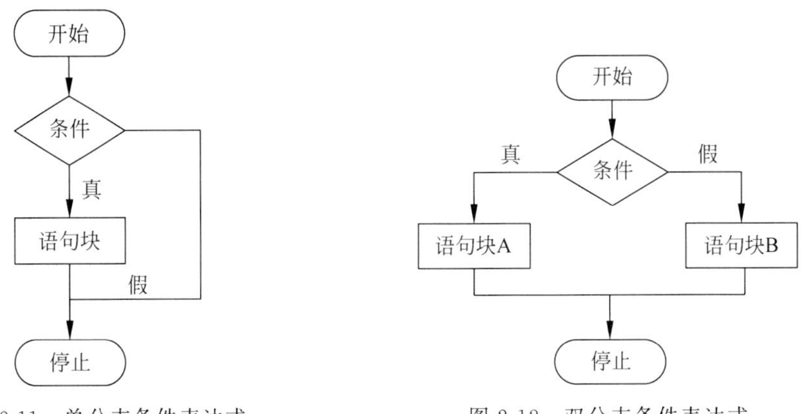

图2-11 单分支条件表达式　　图2-12 双分支条件表达式

采用双分支表达式对输入的学生成绩加以判断，当输入的成绩大于或等于60时，在屏幕上会显示成绩合格；当输入的成绩小于60时，在屏幕上会显示成绩不合格，代码如下：

```
i = int(input('请输入成绩'))
if i >= 60:
   print('成绩及格')
else:
  print('成绩不及格')
```

3. 多分支条件表达式

在双分支表达式中对成绩只能有两种判断，即及格或者不及格，如果要对成绩进行进一步细分，例如90以上为优秀，80～90为良好，70～79为中等，60～69为及格，60以下为不及格，则双分支表达式就无能为力了，这时就必须采取多分支表达式进行条件判断，多分支表达式的语法如下：

```
if 表达式 A:
语句块 A
elif 表达式 B:
语句块 B
elif 表达式 C:
语句块 C
```

```
    …
else:
语句块 N
```

多分支表达式可以实现更多的分支选择,其运行流程图如图 2-13 所示。

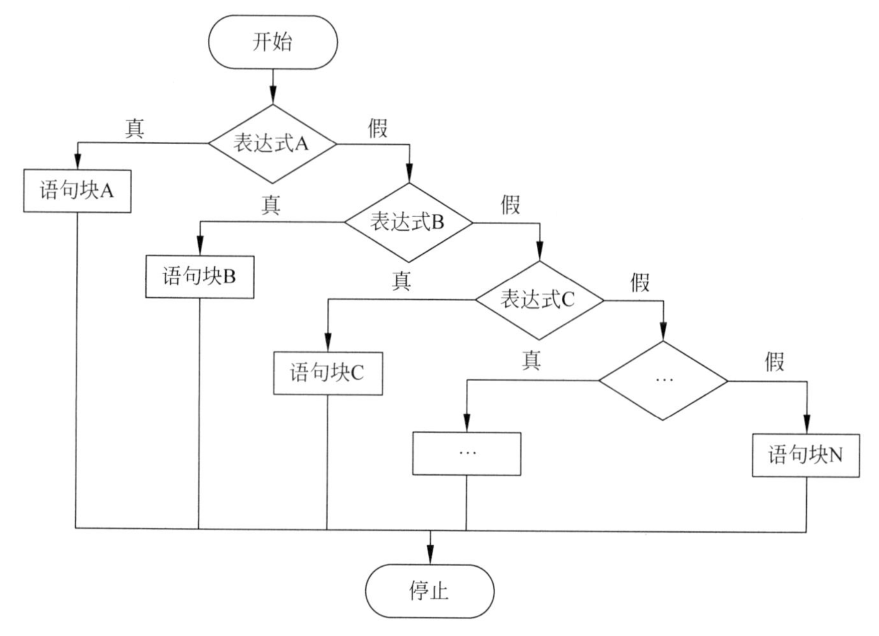

图 2-13 多分支条件表达式

在 main.py 文件里输入以下代码可完成对输入的成绩进行多级细分,代码如下:

```
i = int(input('请输入成绩'))
if i >= 90:
   print('成绩优秀')
elif i >= 80:
   print('成绩良好')
elif i >= 70:
   print('成绩中等')
elif i >= 60:
   print('成绩及格')
else:
print('成绩不及格')
```

读者可以运行以上代码并输入不同的学生成绩进行代码测试,每次输入不同成绩后,都会有正确的提示。上述代码对成绩由大到小进行判断,如果修改为将成绩由小到大进行判断,则运行结果又有何不同呢?

2.6 使用注释帮助理解代码

当程序模块越来越多时,程序模块之间紧密衔接,不依靠注释而理解程序模块中每一条语句的作用变得越来越难。

一个好的 Python 游戏程序员在游戏编码中要善于使用注释，使用注释不仅可以帮助自己记忆写过的代码，也方便其他程序员阅读对应的代码。

Python 使用“#”符号作为注释的开始，从“#”符号开始的这一行为注释，注释对程序的运行没有任何影响。

“#”符号只能注释一行，当需要对多行进行注释时，可以在需要注释的多行的开始采用 3 个单引号或 3 个双引号作为注释的开始，在需要注释的多行的结尾使用 3 个单引号或 3 个双引号作为注释的结尾。

以下代码分别对单行和多行进行了注释：

```
#i 变量用于存储输入的成绩
i = int(input('请输入成绩'))
'''
    以下代码对 i 的不同情况进行了判断
    分别是大于 90、80～90、70～80、60～70、
    小于 60
'''
if i >= 90:
   print('成绩优秀')
elif i >= 80:
   print('成绩良好')
elif i >= 70:
   print('成绩中等')
elif i >= 60:
   print('成绩及格')
else:
print('成绩不及格')
```

2.7 while 循环判断游戏是否结束

在猜拳游戏中，如果玩家不输入游戏结束的指令，则游戏进程将永远处于和玩家交互的状态。如何根据玩家输入来决定是持续游戏还是结束游戏，就必须用到 while 循环，while 循环的语法如下：

```
while 表达式:
   语句块
```

while 循环在游戏编程中经常使用，在后续章节的编码中，读者也会看到更多使用 while 循环的代码，while 循环运行流程图如图 2-14 所示。

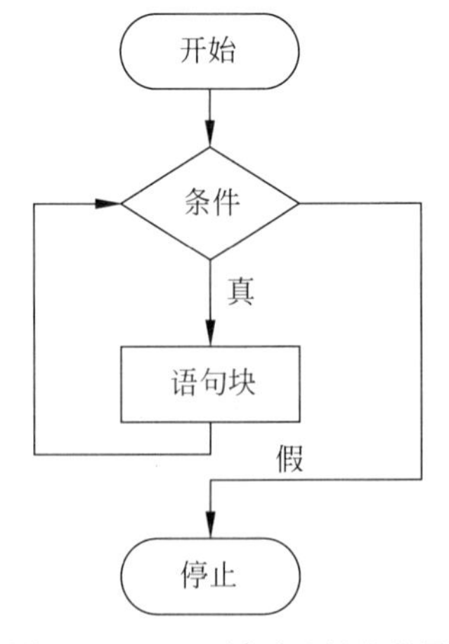

图 2-14 while 循环运行流程图

在 2.5.2 节条件表达式的多分支条件表达式中，采用对输入的成绩进行判断，并根据不同的成绩进行不同的等级显示，读者可能已经发现，采用前边章节的代码只能对成绩做一次判断，每做一次输入都要重新执行程序，非常

不符合现实逻辑。对前述代码采用 while 循环进行改进，程序不停地对输入的成绩进行等级判断，直到输入的成绩大于 100 或者小于 0 为止，代码如下：

```
#printLearn/main.py
i = int(input('请输入成绩'))
while i >= 0 and i <= 100:
    if i >= 90:
        print('成绩优秀')
    elif i >= 80:
        print('成绩良好')
    elif i >= 70:
        print('成绩中等')
    elif i >= 60:
        print('成绩及格')
    else:
        print('成绩不及格')
    i = int(input('请输入成绩'))
```

运行上述代码可以发现，如果用户输入的成绩在 0～100，则程序将一直处于运行状态，并根据成绩的不同进行等级显示，输入的成绩如果不在 0～100，程序将会退出。在游戏开发过程中，经常采取 while 循环来保持游戏的持续运行，在后续章节中将会看到更多 while 循环的使用。

2.8 “石头、剪刀、布”猜拳游戏代码解析

在前边已经对 Python 输出显示、输入处理、随机模块导入及使用、条件判断、循环控制加以说明，有了这些先验知识，就可以对“剪刀、石头、布”猜拳游戏进行游戏编码。读者可以利用所学的知识建立一个新的 PyCharm 工程，并将其命名为 guess，在 guess 工程的 main.py 文件里输入代码，代码如下：

```
#第 2 章/guess/main.py
import random #导入随机数产生模块
#以下代码显示游戏的欢迎信息
print("#****************************************#")
print("                                        ")
print("                欢迎来到                 ")
print("                                        ")
print("            石头、剪刀、布小游戏           ")
print("                                        ")
print("#****************************************#")
#以下代码提示用户可以输入 0、1、2、8 来表示出的是“石头”“剪刀”“布”或退出游戏
print("请输入你要出的拳：")
print("0:石头")
print("1:剪刀")
print("2:布")
print("8: 退出游戏")
```

```
i = int(input())                    # 从键盘得到输入值并转换为整型,将整型赋值给 i 变量
over = False                        # 引入游戏结束判断变量
if i == 8:
    over = True
# 当 over 为假的时候,游戏无限循环,当 over 为真的时候,游戏结束
while not over:
    if i == 8:
        over = True
    o = random.randint(0, 2)        # 得到一个 0~2 的随机值
# 根据随机值的不同,在屏幕上分别显示计算机出的拳
    if o == 0:
        print("计算机出的是: 石头")
    elif o == 1:
        print("计算机出的是: 剪刀")
    elif o == 2:
        print("计算机出的是: 布")
# 判断玩家和计算机出拳是否相同
    if i == o:
        print("平手,请继续出拳。")
        print("0:石头")
        print("1:剪刀")
        print("2:布")
        print("8: 退出游戏")
        i = int(input())
# 判断是否为玩家出石头,计算机出剪刀
    elif i == 0 and o == 1:
        print("祝贺,你取得了本局胜利!")
        print("继续游戏请输入 g,输入其他按键将退出游戏: ")
        if input() == "g":
            print("请输入你要出的拳: ")
            print("0:石头")
            print("1:剪刀")
            print("2:布")
            print("8: 退出游戏")
            i = int(input())
        else:
            over = True
# 判断是否为玩家出石头,计算机出布
    elif i == 0 and o == 2:
        print("计算机取得了本局胜利。")
        print("继续游戏请输入 g ,输入其他按键将退出游戏:")
        if input() == "g":
            print("请输入你要出的拳: ")
            print("0:石头")
            print("1:剪刀")
            print("2:布")
            print("8: 退出游戏")
            i = int(input())
        else:
```

```
            over = True
#判断是否为玩家出剪刀,计算机出石头
    elif i == 1 and o == 0:
        print("计算机取得了本局胜利。")
        print("继续游戏请输入 g ,输入其他按键将退出游戏:")
        if input() == "g":
            print("请输入你要出的拳:")
            print("0:石头")
            print("1:剪刀")
            print("2:布")
            print("8: 退出游戏")
            i = int(input())
        else:
            over = True
#判断是否为玩家出剪刀,计算机出布
    elif i == 1 and o == 2:
        print("祝贺,你取得了本局胜利!")
        print("继续游戏请输入 g ,输入其他按键将退出游戏:")
        if input() == "g":
            print("请输入你要出的拳:")
            print("0:石头")
            print("1:剪刀")
            print("2:布")
            print("8: 退出游戏")
            i = int(input())
        else:
            over = True
#判断是否为玩家出布,计算机出石头
    elif i == 2 and o == 0:
        print("祝贺,你取得了本局胜利!")
        print("继续游戏请输入 g ,输入其他按键将退出游戏:")
        if input() == "g":
            print("请输入你要出的拳:")
            print("0:石头")
            print("1:剪刀")
            print("2:布")
            print("8: 退出游戏")
            i = int(input())
        else:
            over = True
#判断是否为玩家出布,计算机出剪刀
    elif i == 2 and o == 1:
        print("计算机取得了本局胜利。")
        print("继续游戏请输入 g ,输入其他按键将退出游戏:")
        if input() == "g":
            print("请输入你要出的拳:")
            print("0:石头")
            print("1:剪刀")
            print("2:布")
```

```
        print("8: 退出游戏")
        i = int(input())
    else:
        over = True
```

在以上代码中,while 循环里进行了 if 的多次判断,代码看似很复杂,实际上就是对玩家和计算机的出拳进行了情况罗列。在每种情况中,根据比较结果输出对应的提示信息,同时提示用户进一步进行输入操作。

对猜拳游戏进行规则分析可知,玩家和计算机每次出拳都各自有 3 种出拳方式,经过排列组合后,可以生成如表 2-4 所示的 9 种情况。

表 2-4 玩家和计算机出拳组合

玩家出拳	计算机出拳	提示信息
石头	石头	出拳相同,平局
石头	剪刀	玩家胜利
石头	布	计算机胜利
剪刀	石头	计算机胜利
剪刀	剪刀	出拳相同,平局
剪刀	布	玩家胜利
布	石头	玩家胜利
布	剪刀	计算机胜利
布	布	出拳相同,平局

从表 2-4 可知,玩家和计算机有 3 种情况得到的是平局,这样在代码中就可以通过“if i==o:”语句判断玩家出拳变量和计算机出拳变量是否相同来判断平局,剩余的 6 种情况则通过 6 个 if 判断语句来分别考虑,每次通过 if 判断后,当玩家继续输入 g 的时候,游戏开始下一局,如果输入任何非 g 值,则游戏结束的判断变量将被设为真,从而在下一次 while 循环判断时,结束游戏。

读者可能已经发现,在通过 if 进行判断时有很多重复的代码,如果每次都输入重复代码,则会使程序变得臃肿不堪,在后续章节将学习如何使用函数来避免这个问题。

2.9 小结

本章主要介绍了“石头、剪刀、布”猜拳游戏的具体实现,同时对本章涉及的输出显示、输入处理、模块导入、条件判断、while 循环进行了简要介绍。

学习本章后,读者应能掌握 print()、input()函数的常见用法,并会使用模块导入,会运用条件判断和循环判断,读者可根据本章的游戏,设计出逻辑上接近的猜数字游戏等。

本章知识可为后续章节的学习打下良好基础。

			4			3	8	
							6	
7					6			
		9						8
			9					
8				2		9		
	5		7					
	7					5		1
	3	2			1			

第3章

数独游戏

数独游戏起源于18世纪初瑞士数学家欧拉等人研究的拉丁方阵，通过数独游戏可以锻炼人的逻辑思维能力，同时能提高人的专注力、观察力和反应力。自数独游戏起源到现今，一直十分受欢迎。通过对数独游戏的编程实现，将帮助读者掌握Python中list变量、for循环、自定义函数等知识的用法，同时本章将介绍在游戏编程中常用的深度优先递归算法。

3.1 数独游戏规则

数独是在一个具有81个方格的正方形棋盘内按照一定规则填入1～9的数字，从而使81个方格都填满数字的一种游戏，其游戏棋盘如图3-1所示。

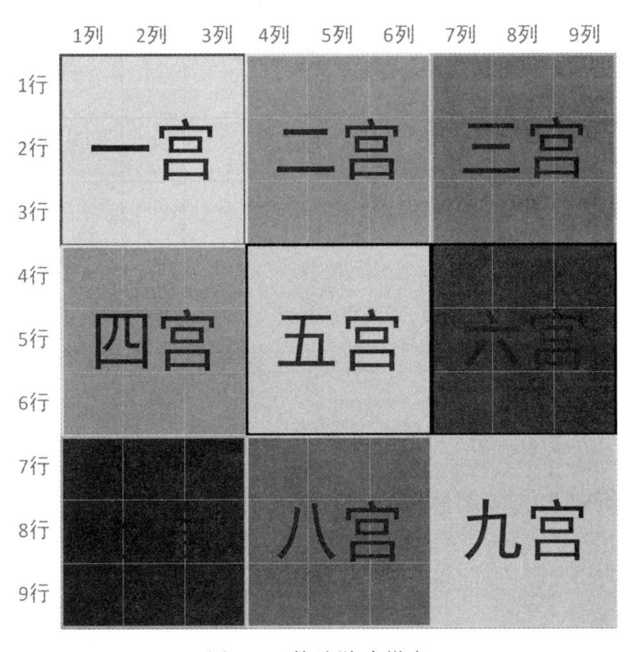

图3-1 数独游戏棋盘

从图3-1可知，棋盘共有9行，每一行具有9列，同时在棋盘内分成了9个宫格，按照从左到右，从上到下分别是一宫到九宫。游戏开始时，棋牌内将会给一些初始数字，按照难度的不同，给出的数字的个数也不同，玩家需要做的就是使用1～9的数字填满空白格子，并同时满足以下条件。

（1）行数字不重复：每一行的数字都不同，并且必须包含1～9。

（2）列数字不重复：每一列的数字都不同，并且必须包含1～9。

（3）宫格内数字不同：每一宫格内数字都不同，并且必须包含1～9。

图3-2为一个数独游戏的初始开局界面，从图中可知，81个方格已经填了32个数字，其余49个空格子需要按照上述规则进行填满。

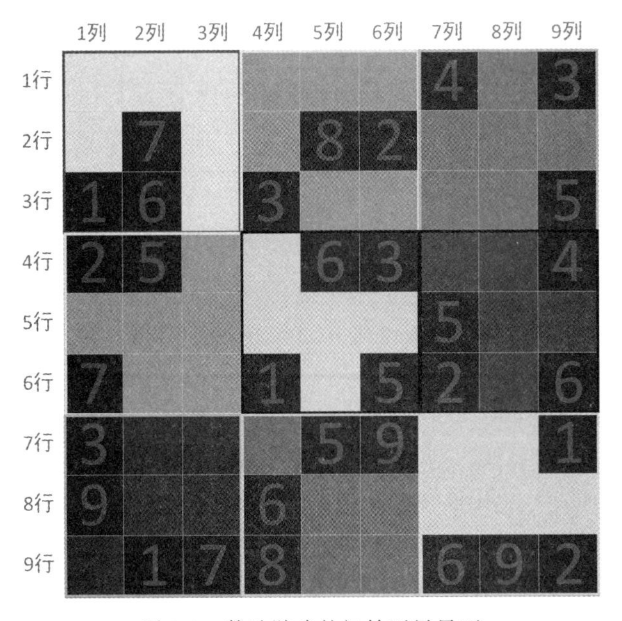

图3-2 数独游戏的初始开局界面

对图3-2的数独初始开局界面进行解答后，可以得到如图3-3所示的一个解答。需要说明的是，对于数独的某一个初始开局界面，存在着的解答有可能不止一个正确答案，但也有可能无解，这都是在游戏设计时需要关注的点。

	1列	2列	3列	4列	5列	6列	7列	8列	9列
1行	8	2	5	9	1	6	4	7	3
2行	4	7	3	5	8	2	1	6	9
3行	1	6	9	3	4	7	8	2	5
4行	2	5	8	7	6	3	9	1	4
5行	6	9	1	4	2	8	5	3	7
6行	7	3	4	1	9	5	2	8	6
7行	3	8	6	2	5	9	7	4	1
8行	9	4	2	6	7	1	3	5	8
9行	5	1	7	8	3	4	6	9	2

图3-3 数独游戏的一个解答

3.2 数独游戏运行示例

在 3.1 节对数独游戏的游戏规则进行了说明，从游戏规则可知，设计一个数独游戏应包含以下内容。

（1）创建数独的初始开局界面：游戏需要根据玩家的输入提供不同难度的游戏初始开局界面。

（2）创建的数独初始开局界面的解答：创建好数独初始开局界面后，需要提供给玩家相应的开局界面解答。

（3）玩家输入的数独开局界面的解答：玩家输入某一个初始开局界面后，游戏具备给出正确答案的能力。

按照上述内容要求，进行游戏编码后，游戏运行如图 3-4 所示。

```
**********************    欢迎来到数独游戏    **********************

1：创建简单难度数独游戏。
2：创建困难难度数独游戏。
3：输入数独并得到答案(每个数字用空格隔开，空白数字用0代替)。
4：退出!

请输入对应的数字：1
简单难度的数独为：
[0, 8, 0, 0, 1, 3, 5, 0, 0]
[6, 0, 0, 8, 9, 2, 0, 0, 1]
[0, 0, 0, 0, 4, 0, 8, 2, 0]
[0, 0, 5, 0, 8, 0, 0, 0, 7]
[4, 0, 0, 0, 0, 0, 2, 0, 0]
[0, 0, 0, 3, 0, 0, 6, 9, 5]
[8, 9, 6, 1, 0, 0, 0, 5, 0]
[0, 1, 0, 0, 0, 0, 0, 0, 6]
[0, 4, 0, 0, 6, 0, 1, 7, 0]
```

图 3-4 数独游戏运行示例

游戏运行后，玩家有 4 种方式与计算机进行交互，输入 1 将创建简单难度的数独游戏；输入 2 将创建困难难度的数独游戏；输入 3 后则计算机会解答玩家输入的数独题目；输入 4 则退出游戏。

按照上述游戏逻辑，画出的数独游戏流程图如图 3-5 所示。

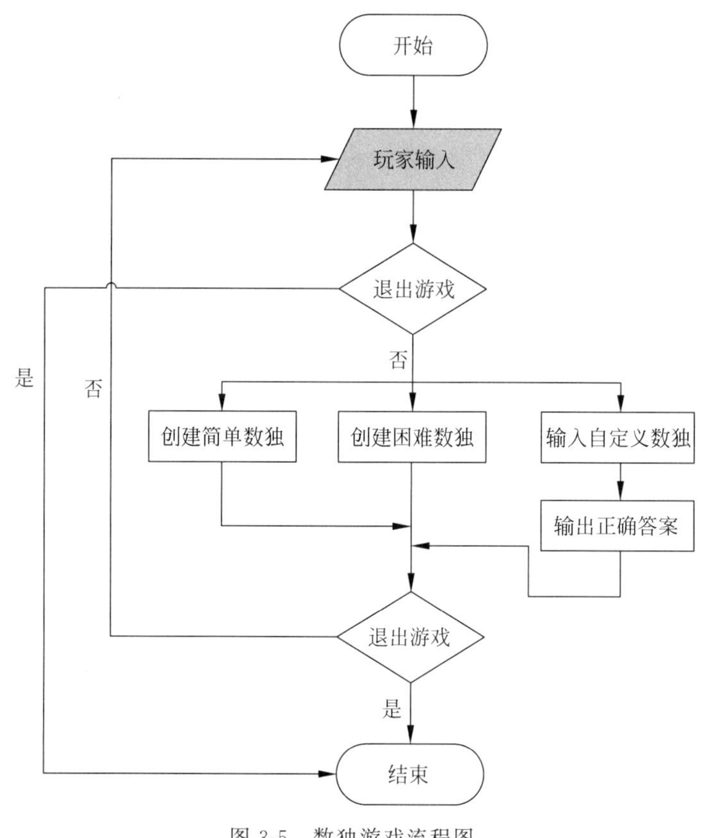

图 3-5 数独游戏流程图

3.3 使用 list 存储棋盘状态

数独游戏实际上是在由 81 个格子组成的棋盘上按照一定的规则在空白格子内填入相应的数字(1～9),在游戏设计中需要解决的第 1 个问题就是用什么形式来存储这 81 个格子。因每个格子都需要填写数字,所以可以用整型数据类型来存储每个格子的数值,由于 81 个格子的数据类型相同,并且存在相互关联的关系,所以可以采用 Python 中提供的 list 数据类型来存储这种数据结构。

3.3.1 list 数据类型的定义和访问

list 类型是 Python 内置的数据类型,其所有的数据元素均在“[ ]”内。list 内的数据元素用“,”进行分割,理论上每个 list 数据类型可存储 0 个或者无数个数据元素,支持数据元素的动态添加和动态删除。list 数据类型是 Python 中使用最广泛的数据类型之一,在本章和以后章节的游戏编程中将大量使用这种数据类型,读者需要认真掌握 list 数据类型的使用。

1. list 数据类型的定义

定义 list 数据类型可以采用赋值运算符“=”来定义具体的 list 变量。接下来看一个具体的示例。打开 PyCharm 后创建一个名为 listLearn 的工程，在工程中的 main. py 文件里输入以下代码，并按快捷键 Shift+F10 运行：

```
#第 3 章/listLearn/main.py
li1 = []
li2 = [1,2,3,4,5]
li3 = ['a','b','c']
li4 = [1,2,3,'a','b','c']
li5 = [[1,2,3],['a','b','c']]
print(li1)
print(li2)
print(li3)
print(li4)
print(li5)
```

代码的运行结果如图 3-6 所示。

从图 3-6 的运行结果可知，li1、li2、li3、li4、li5 为 5 个不同的 list 数据类型的输出显示。li1 的内容为空；li2 共存储了 5 个数据元素，每个数据元素的内容为整型；li3 存储了 3 个数据元素，每个数据元素的类型为字符串型；li4 存储了 6 个数据元素，前 3 个数据元素为整型，后 3 个数据类型为字符串型；li5 存储了两个数据元素，第 1 个数据元素为 list 类型，第这两个数据元素也为 list 类型，这两个 list 数据元素又各含了 3 个元素。

2. list 数据类型的访问方法

数据类型的定义最终还是要服务于使用，list 数据类型提供了非常方便的访问方法，在具体的访问之前，需要学习一下 Python 提供的 list 索引机制。

1）list 内数据元素的索引与访问

Python 对 list 内的数据元素采用了正向和负向两种索引机制，list 为其内的每个数据元素都分配了两个数字，这两个数字称为数据元素在 list 中的索引，图 3-7 为图 3-6 中 li4 的索引示例。

```
[]
[1, 2, 3, 4, 5]
['a', 'b', 'c']
[1, 2, 3, 'a', 'b', 'c']
[[1, 2, 3], ['a', 'b', 'c']]

Process finished with exit code 0
```

图 3-6　list 创建运行结果

正向索引：	0	1	2	3	4	5
	1	2	3	a	b	c
负向索引：	−6	−5	−4	−3	−2	−1

图 3-7　li4 索引示例

从图 3-7 可知，list 数据类型 li4 的每个数据元素都有两个索引。在正向索引中，数据元素的索引为从左到右并从 0 开始依次编号，顺序递增；在负向索引中，数据元素的索引为从右向左并从 −1 开始依次编号，顺序递减。

采用索引机制后，list 内数据元素的访问就非常简单了，可以采用“list 数据类型名称[索引]”的访问方法访问 list 内的数据元素。读者可以在 main. py 文件里输入以下代码来感受 list 数据类型索引访问的便利性：

```
#第3章/listLearn/main.py
li4 = [1,2,3,'a','b','c'] #定义 list 数据类型 li4
print(li4[3])             #输出索引为 3 的数据元素
print(li4[-1])            #输出索引为 -1 的数据元素
li4[1] = 4                #将索引为 1 的数据元素修改为 4
print(li4[1])
print(li4)                #输出 li4 的内容
```

从图 3-7 可知，li4 的索引位置为 3 的数据元素为 a，索引位置为 −1 的数据元素为 c，所以程序代码的前两行将分别在屏幕上显示 a 和 c。list 支持直接改变索引位置的元素内容，在代码的第 4 行将 li4 的索引位置 1 的内容变成了 4，在第 5 行对索引为 1 的 list 进行内容输出，在屏幕上会显示 4。程序的第 6 行直接输出 li4 的所有内容，屏幕上将显示“1 4 3 a b c”。当要访问的索引编号超过 list 的最大索引时，会发生什么情况？读者可以编写代码进行尝试。

2）list 内数据元素的切片与访问

Python 支持对 list 进行切片访问，通过切片可以直接得到 list 内的一系列数据元素，切片的语法规则如下：

```
[number1:number2:number3]
```

（1）number1：整型数值，表示切片的开始序号，正向切片时默认为 0，负向切片时默认为 −1。

（2）number2：整型数值，表示切片的结束序号，但切片内容不包含这个序号，正向切片时默认为 list 的元素个数，负向切片时默认为 list 的元素个数加 1 后取负。

（3）number3：整型数值，表示切片的步长，如果不写 number3，则表示默认步长为 1，这时 number2 后边的“：”可以省略。

切片同时支持正向切片和负向切片，在游戏编程中经常使用，同时也是比较难以理解的内容，读者只要遵循一条准则“number1 无论切片为正向或负向，都是 list 开始位置；number2 无论切片为正向或负向，都是 list 结束位置”，这样掌握切片就不会很困难了。

在 main.py 文件里输入以下代码，并运行，会得到如图 3-8 所示的运行结果。

```
#第3章/listLearn/main.py
li = [10,20,30,40,50,60,70,80,90,100] #将 li 定义为含有 10 个整型元素的 list 类型
print(li[:3])                         #得到索引大于或等于 0,并且小于 3 的所有数据元素
print(li[1:5])                        #得到索引大于或等于 1,并且小于 5 的所有数据元素
print(li[2:])                         #得到索引大于或等于 2 的所有数据元素
print(li[::2])                        #从索引 0 开始,每隔一个元素取一个
print(li[::-1])                       #反向输出 list 的所有元素
print(li[-1:-5:-1])                   #得到索引小于或等于 -1,并且小于 -5 的反向数据元素
```

在 main.py 文件中代码的第一行定义了一个名为 li 的 list 数据类型，li 中共有 10 个数据元素，在内存中的存储如图 3-9 所示。

程序代码的第 2 行对 li 进行[:3]切片，此时 number1 采用默认值 0，number3 采用默认值 1，根据切片规则，又因 number2 的值为 3，切片的结尾取不大于 number2 的最大索引 2，

```
[10, 20, 30]
[20, 30, 40, 50]
[30, 40, 50, 60, 70, 80, 90, 100]
[10, 30, 50, 70, 90]
[100, 90, 80, 70, 60, 50, 40, 30, 20, 10]
[100, 90, 80, 70]

Process finished with exit code 0
```

图 3-8　list 的切片访问

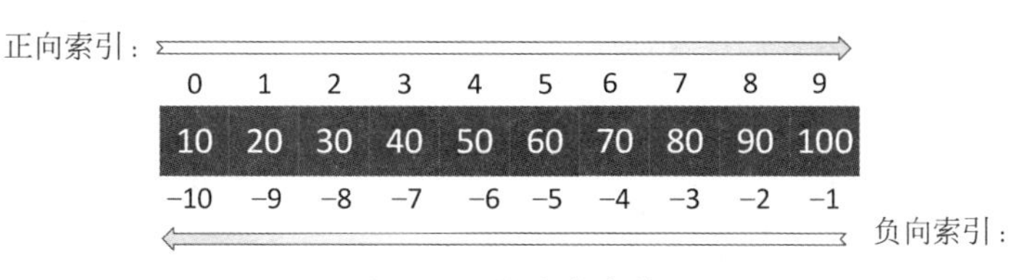

图 3-9　li 的内存存储

故屏幕上将显示索引为 0、1、2 的数据元素 10、20、30。

程序代码的第 3 行对 li 进行[1:5]切片，number1 取值 1，number2 取值 5，number3 采用默认值 1，根据切片规则，屏幕上将显示索引为 1、2、3、4 的数据元素 20、30、40、50。

程序代码的第 4 行对 li 进行[2:]切片，number1 取值 2，number2 使用默认值 li 的元素个数 10，number3 的默认值为 1，根据切片规则，屏幕上将显示索引为 2、3、4、5、6、7、8、9 的数据元素 30、40、50、60、70、80、90、100。

程序代码的第 5 行对 li 进行[::2]切片，number1 取默认值 0，number2 取默认值 li 的元素个数 10，number3 代表的步长为 2，根据切片规则，屏幕上将显示索引为 0、2、4、6、8 的数据元素 10、30、50、70、90。

程序代码的第 6 行对 li 进行[::－1]的负向切片，number1 取默认值－1，number2 取 li 的元素个数加 1 的负数－11，number3 代表步长为－1，根据切片规则，屏幕上将显示索引为－1、－2、－3、－4、－5、－6、－7、－8、－9、－10 的数据元素 100、90、80、70、60、50、40、30、20、10。

程序代码的第 7 行对 li 进行[－1:－5:－1]的负向切片，number1 取值－1，number2 取值－5，number3 取步长值－1，根据切片规则，屏幕上将显示索引为－1、－2、－3、－4 的数据元素 100、90、80、70。

3.3.2　数独 81 个格子的 list 存储

在采用 list 数据类型对数独 81 个格子进行存储时，可以定义为含有 9 个 list 数据元素的 list，9 个 list 数据元素又分别含有 9 个整型元素。根据数独的棋盘规则，每一宫格都由 1～9 组成，并且每行和每列的 1～9 数字都不可重复，81 个格子的一种可能数字存储如下：

```
sudo = [[ 1, 2, 3, 4, 5, 6, 7, 8, 9],
        [4, 5, 6, 7, 8, 9, 1, 2, 3],
        [7, 8, 9, 1, 2, 3, 4, 5, 6],
        [2, 3, 4, 5, 6, 7, 8, 9, 1],
        [5, 6, 7, 8, 9, 1, 2, 3, 4],
```

```
        [8, 9, 1, 2, 3, 4, 5, 6, 7],
        [3, 4, 5, 6, 7, 8, 9, 1, 2],
        [6, 7, 8, 9, 1, 2, 3, 4, 5],
        [9, 1, 2, 3, 4, 5, 6, 7, 8]]
```

在上面的代码中定义了一个名为 sudo 的 list 变量，由 3.3.1 节的索引内容可知，list 内的数据元素都是从 0 开始进行索引的，9 个数据元素，索引为 0～8，在现实世界，人们计数往往从 1 开始计数，这样每个格子的位置就和现实世界的计算规则相差 1。为了解决这个问题，可以将 sudo 定义为含有 10 个 list 数据元素的 list 类型，只是在编程设计时，不使用索引为 0 的数据元素，对 sudo 重新进行定义，代码如下：

```
sudo = [[0, 0, 0, 0, 0, 0, 0, 0, 0, 0],
        [0, 1, 2, 3, 4, 5, 6, 7, 8, 9],
        [0, 4, 5, 6, 7, 8, 9, 1, 2, 3],
        [0, 7, 8, 9, 1, 2, 3, 4, 5, 6],
        [0, 2, 3, 4, 5, 6, 7, 8, 9, 1],
        [0, 5, 6, 7, 8, 9, 1, 2, 3, 4],
        [0, 8, 9, 1, 2, 3, 4, 5, 6, 7],
        [0, 3, 4, 5, 6, 7, 8, 9, 1, 2],
        [0, 6, 7, 8, 9, 1, 2, 3, 4, 5],
        [0, 9, 1, 2, 3, 4, 5, 6, 7, 8]]
```

3.4 使用 for 循环对棋盘格子内容赋值

如 3.3.2 节所述，对已有的棋盘状态可以使用明确的 list 数据类型进行存储，但游戏玩家输入的棋盘状态的数字并不明确，这时就无法直接定义 list 的数据内容，必须找到一种方法可以根据玩家的输入对格子内容依次赋值。

Python 提供的循环可以解决上述问题，其共提供两种循环方法。一种是 2.6 节提到的 while 循环，另外一种是 for 循环，for 循环对于已知循环次数的循环特别适用。接下来看一下 for 循环的具体使用方法。

3.4.1 for 循环的定义方法

for 循环的语法格式如下：

```
for <取值> in <序列或者迭代对象的所有值>
    语句块
```

for 循环开始后，首先会将序列或者迭代对象的所有值列出，依次取序列或者迭代对象内的每个值，每取一个值将对语句块运行一次，其具体的流程如图 3-10 所示。

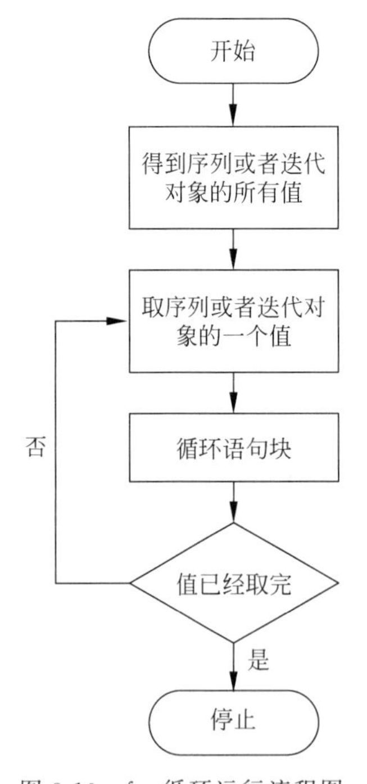

图 3-10 for 循环运行流程图

如何得到 for 循环中“序列或者迭代对象的所有值”从而使循环可以进行下去，是使用 for 循环必须解决的问题，通常使用 range()函数来解决这个问题。

3.4.2 range()函数得到迭代对象的所有值

range()函数的使用方法非常类似于 3.3.1 节提到的切片操作，其语法规则如下：

```
range(number1,number2,number3)
```

(1) number1：循环的开始值，默认值为 0。

(2) number2：循环的结束值。

(3) number3：步长值，默认为 1。

依据上述规则，结合 3.4.1 节提到的 for 循环，在 main.py 文件里输入的代码如下：

```
for i in range(5):
    print(i,end = ' ')
```

运行上述代码，在屏幕上将显示“0 1 2 3 4”。从运行结果可知，当使用 range()函数得到迭代对象值时，number2 的值将会是一个开区间。

迭代对象默认的序列是正向序列，如果想得到负向序列，则 number1、number2、number3 的值就必须全部提供。在 main.py 文件里输入代码，并查看运行结果，代码如下：

```
for i in range(10,0,-1):
    print(i,end = ' ')
```

上述代码运行后，在屏幕上将显示“10 9 8 7 6 5 4 3 2 1”，读者可以尝试将步长值 number3 从−1 修改成−2 来体会 range()函数迭代对象的取值方法。

3.4.3 for 循环得到用户棋盘

数独游戏的一个重要功能就是得到用户的数独棋盘并给出正确答案。从 3.3 节可知，数独棋盘是一个 9×9 的二维矩阵，但是为了计算方便，采用 10×10 的 list 数据类型进行棋盘存储。游戏得到用户输入的过程实际上就是在对应的二维坐标填入用户输入的相应数据，可以采用 for 循环嵌套的方法来根据玩家的输入填入对应棋盘位置的数据。

以下代码将得到用户的数独棋盘，并在屏幕上打印输出：

```
sudo = [[0, 0, 0, 0, 0, 0, 0, 0, 0, 0],
        [0, 1, 2, 3, 4, 5, 6, 7, 8, 9],
        [0, 4, 5, 6, 7, 8, 9, 1, 2, 3],
        [0, 7, 8, 9, 1, 2, 3, 4, 5, 6],
        [0, 2, 3, 4, 5, 6, 7, 8, 9, 1],
        [0, 5, 6, 7, 8, 9, 1, 2, 3, 4],
        [0, 8, 9, 1, 2, 3, 4, 5, 6, 7],
        [0, 3, 4, 5, 6, 7, 8, 9, 1, 2],
        [0, 6, 7, 8, 9, 1, 2, 3, 4, 5],
        [0, 9, 1, 2, 3, 4, 5, 6, 7, 8]]
```

```
for k in range(1,10):
    sudo[k][1:10] = list(map(int,input().split()))
for i in range(1,10):
    print(sudo[i][1:10])
```

在代码中使用了两个新函数：input().split()和 map()函数。input().split()函数将用户输入的值按照空格分割成多个值，map()函数将 input().split()函数得到的每个值转换为整型。

3.5 使用函数提高代码重复利用率

函数是将组织好的可重复使用的代码组织起来，从而实现某一个功能。函数能提高程序的模块性和代码的重复利用率。到目前为止，已经使用了很多 Python 的内置函数来处理数据，对于内置函数，读者只需知道其具体的调用方法，不必关心其具体的定义。

Python 允许用户自定义函数，其具体的语法规则如下：

```
def 函数名称([形参列表]):
        函数体
```

函数定义的第一行以 def 关键字作为开始，函数名称一般以函数的具体功能作为名称，形参之间以“,”隔开。

以下代码定义了一个求 $n!$ 的函数，读者可以尝试在 main.py 文件里输入代码并查看其运行结果，代码如下：

```
#第 3 章/listLearn/main.py
def factorial(n):
    result = 1
    for i in range(n,0, - 1):
            result = result * i
    return result


print("10 的阶乘为:",factorial(10))
```

在上述代码中，factorial()函数用于得到形参 n 的阶乘。需要说明的是，如果定义的函数有返回值，则需要用 return 关键字进行值的返回。定义好函数后，直接使用“函数名([实参列表])”的方法进行函数调用，例如在上述代码中采用 factorial(10)进行阶乘函数的调用。

数独棋盘的内容需要经常向玩家展现，如果将展现代码定义成一个函数，则程序的可读性将会大大提高。对数独棋盘内容进行展现的函数的代码如下：

```
#第 3 章/sudo/main.py
def printSudo():
    """打印数独"""
    for i in range(1, 10):
        print(sudo[i][1:10])
```

3.5.1　函数内的局部变量

定义函数时，在函数内部不可避免地要定义变量，在函数内部定义的变量，其作用范围为函数内部，所以把函数内部定义的变量称为局部变量。

以下代码为求 0+2+4+6+…+100 的值的函数，在函数中定义了一个局部变量 s，如果在函数外调用 s，则会显示错误。输入代码并运行，结果如图 3-11 所示，代码如下：

```
#第 3 章/listLearn/main.py
def sum100():
    s = 0
    for i in range(0,101,2):
         s = s + i
    return s


print("100 以内的偶数的和为",sum100())
print(s)
```

```
100以内的偶数的和为： 2550
Traceback (most recent call last):
  File "C:/Users/24849/PycharmProjects/第2章/forth.py", line 7, in <module>
    print(s)
NameError: name 's' is not defined

Process finished with exit code 1
```

图 3-11　局部变量的使用

从图 3-1 可以看出，在函数外部使用函数内定义的 s 变量时，编译器提示 s 没有定义，并报错。这说明局部变量只能在函数体中被访问，超出函数体的范围就会出错。

3.5.2　函数内使用全局变量

在函数外定义的变量可以在函数内被使用，把这种在函数外定义的变量称为全局变量，全局变量的作用域是整个程序范围。

下面的代码是求圆的面积的函数并在程序中加以调用：

```
#第 3 章/listLearn/main.py
pi = 3.14
def area(r):
    s = pi * r * r
    return s


print("π 的值为:",pi)
print("半径为 3 的圆的面积为",area(3))
```

在上述代码中，pi 变量为全局变量，s 为函数内的局部变量。在 area()函数内调用了全局变量 pi 的值,运行上述代码可得如图 3-12 所示的结果。

从图 3-12 可知,在函数内部使用全局变量 pi 时,直接调用即可,不需要做任何变量说明。

以下代码尝试在函数内改变全局变量 pi 的值,读者可在 main.py 文件里输入代码并运行,运行结果如图 3-13 所示,代码如下:

```
pi = 3.14
def area(r):
    pi = 3.13
    s = pi * r * r
    return s
print("半径为 3 的圆的面积为",area(3))
print("π 的值为:",pi)
```

```
π的值为 3.14
半径为3的圆的面积为： 28.259999999999998

Process finished with exit code 0
```

图 3-12 函数内调用全局变量

```
半径为3的圆的面积为： 28.17
π的值为 3.14

Process finished with exit code 0
```

图 3-13 函数内尝试改变全局变量

从图 3-13 可知,虽然在函数内将全局变量的 pi 的值修改为 3.13,但是函数运行完毕后,pi 的值并没有改变。实际上当函数内将全局变量 pi 重新赋值时,编译器会自动创建一个名为 pi 的局部变量,在函数内接下来的语句将使用同名的局部变量 pi 而不是函数外定义的全局变量 pi。那么,有没有办法在函数内修改全局变量的值?Python 提供了 global 关键字,此关键字可实现这个功能。

还是求圆的面积的函数,对其代码进行修改,运行后得到如图 3-14 所示的结果,代码如下:

```
pi = 3.14
def area(r):
  global pi
  pi = 3.13
  s = pi * r * r
  return s
print("半径为 3 的圆的面积为",area(3))
print("π 的值为",pi)
```

从图 3-14 可知,当函数内需要修改全局变量的值时,需要在函数内使用 global 关键字对全局变量加以说明,这样编译器在函数内碰到声明过的全局变量时,就不会产生局部变量的副本,同时在函数内改变全局变量的值时,函数外的全局变量的值也随之进行了改变。

```
半径为3的圆的面积为： 28.17
π的值为 3.13

Process finished with exit code 0
```

图 3-14 函数内改变局部变量值

在函数定义时经常使用全局变量,在数独游戏设计中也使用了全局变量,并以此进行了棋盘内容的传递,读者只要牢记以下两个准则,全局变量的使用就不会出问题。

（1）在函数内部使用全局变量，如果只是使用而不改变其值，则可以直接使用。

（2）当在函数内部需要改变全局变量的值时，必须在函数体内使用 global 关键字对全局变量加以说明。

3.6　建立数独谜题

5min

数独游戏最重要的一个功能就是给玩家建立数独谜题，让玩家求解。建立数独谜题的一个选择是将互联网上所有数独谜题搜集下来，并存储到后台数据库，每次玩家在需要数独谜题的时候，就从后台数据库里分配一个。搜集题库这种方案虽然可行，但是需要进行大量的整理工作，同时题库很有可能还要涉及版权问题，故本书没有选择这种方案。建立数独谜题的另外一个选择是根据数独的数学规律进行谜题建立，这也是本书建立数独谜题所采取的方法。

3.6.1　数独棋盘交换不同数字的位置

从 3.1 节已经知道数独游戏的游戏规则，仔细分析数独棋盘的游戏特性可知，如果一个数独游戏的数独谜题已经成立，交换数独矩阵里的所有某两个数字的位置，则数独谜题依旧存在。图 3-15 是一个符合数独游戏规则的棋盘，将棋盘内所有 2 和所有 5 的位置进行交换，便可得到图 3-16 所示的新棋盘。

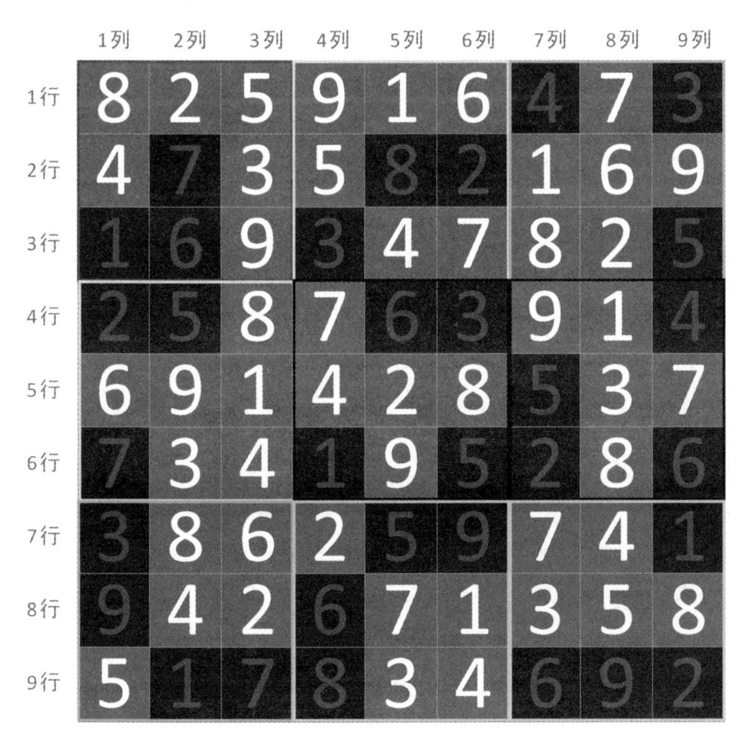

图 3-15　符合数独游戏规则的棋盘

从图 3-15 和图 3-16 可知，交换两个不同数字的位置后，数独棋盘里的数字仍旧符合游戏规则。

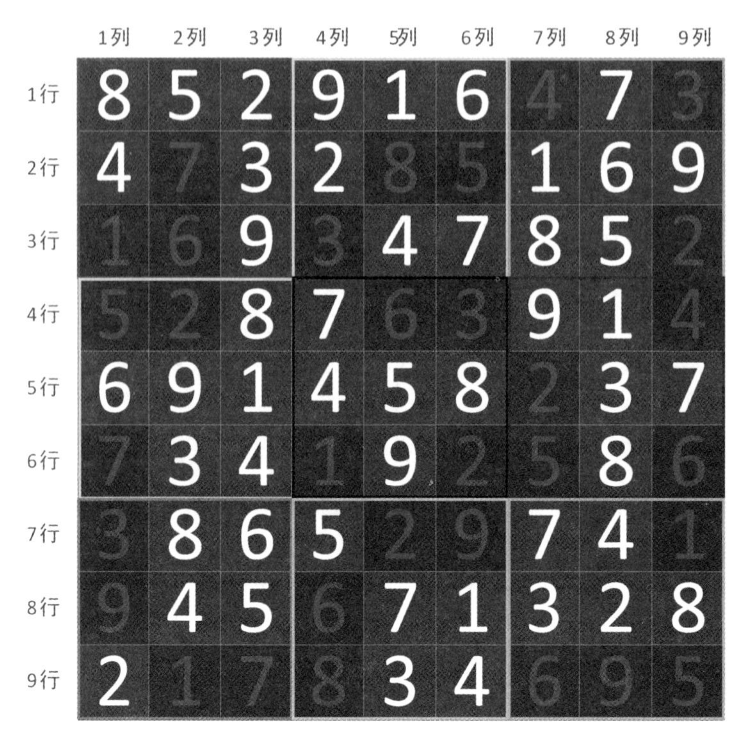

图 3-16　2 和 5 交换位置后的数独棋盘

3.6.2　数独棋盘行列交换

依据数学规律可知，对数独棋盘里的不同行之间或不同列之间的数据进行交换后，数独棋盘依旧符合游戏规则。需要注意的是，行或列进行交换的时候，需要注意数独棋盘的宫格的游戏规则。为了保证每一宫格都由不重复的数字(1～9)组成，交换行或者列的时候，只能在同一个宫格内进行。以行交换为例，1～3 行可以随意交换(第 1 行和第 2 行交换或者第 2 行和第 3 行交换)；4～6 行可以随意交换；7～9 行可以随意交换。列交换和行交换类似，此处不再赘述。将图 3-15 所示的棋盘里的数字的第 2 行和第 3 行交换，第 4 行和第 6 行交换，第 7 行和第 9 行交换后，便可得到如图 3-17 所示的棋盘内容。

从图 3-17 可知，行交换后数独棋盘里的数字依旧符合数独的游戏规则。列交换的方法和行交换的方法类似，此处就不再进行描述，读者可以根据列交换规则自行求解。

数独谜题同时支持以 3 行或者 3 列为一个整体进行交换，交换后的棋盘内容也将符合数独游戏规则。例如，可以将 1～3 行或 1～3 列内的内容和 7～9 行或 7～9 列的内容进行整体交换，也可以将 1～3 行或 1～3 列内的内容和 4～6 行或 4～6 列的内容进行交换。将图 3-15 所示的棋盘的 1～3 列内容和 7～9 列内容整体交换后，便可得到如图 3-18 所示的新棋盘。

从图 3-18 可知，3 列作为一个整体进行交换后，新棋盘里的数字也符合游戏规则。

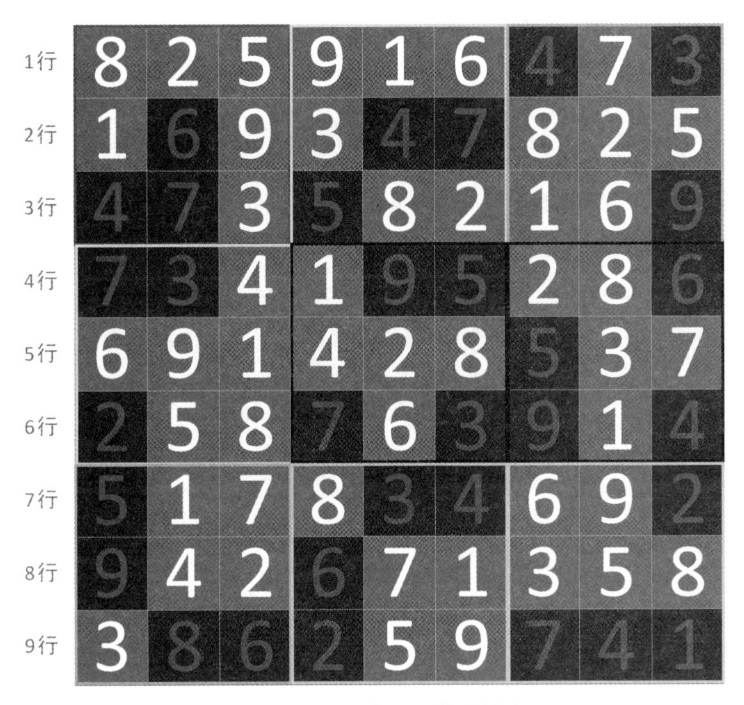

图 3-17　行交换后的数独棋盘

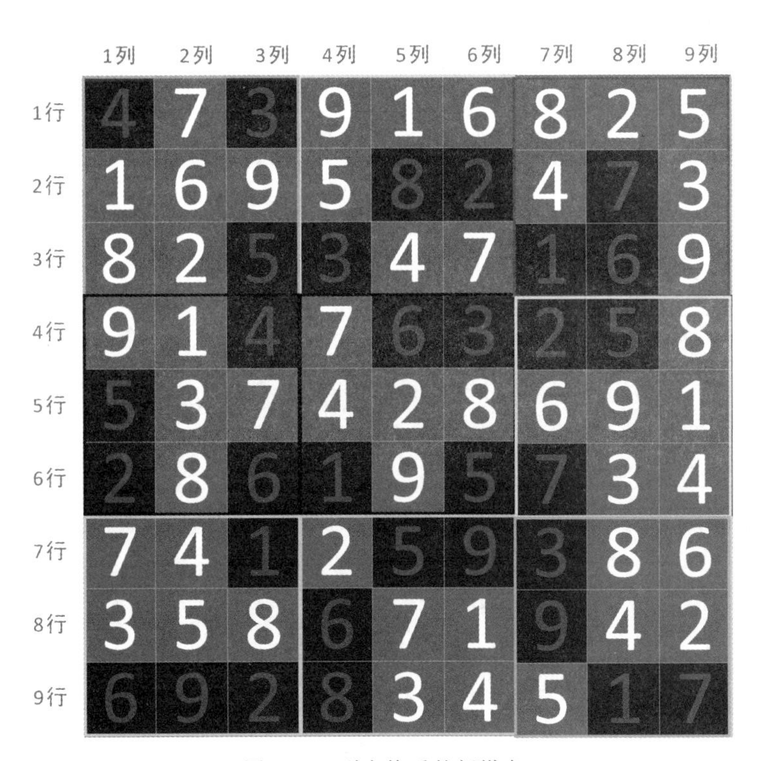

图 3-18　列交换后的新棋盘

3.6.3 挖洞建立数独谜题

在数独谜题给玩家进行解答时，需要玩家根据游戏规则在空白方格内填入相应的数字(1～9)，通常来讲未知的空白方格越多，数独谜题的难度就越大。从统计分析可知，49个未知空白方格对应于数独游戏的简单难度，59个未知空白方格对应于数独游戏的困难难度。

在数独游戏设计时，采用对数独棋盘挖洞的方法建立数独谜题，可以利用随机函数选取不同的行列位置，将得到的位置内容设为空白方格，在程序中空白方格用0表示。具体的挖洞函数的代码如下：

```
#第3章/sudo/main.py
def buildHole(num):
    #全局变量 sudo 用于存储原始棋盘
    global sudo
    li = []
    n = 1
#在数独棋盘随机产生 num 个位置,并将位置存储到 li 变量里
    while n <= num:
        temp = [random.randint(1,9),random.randint(1,9)]
        if temp not in li:
            li.append(temp)
            n += 1
#在产生的 num 个位置里放入 0,表示空白方格
    for i in range(len(li)):
        sudo[li[i][0]][li[i][1]] = 0
```

在函数代码中，使用存储了原始棋盘数据的 sodu 变量作为要挖洞的数据，通过[random.randint(1,9),random.randint(1,9)]语句在数独棋盘内产生要挖洞的随机坐标，当产生的坐标的个数等于函数的入口参数 num 时，while 循环结束。for 循环将所有产生的坐标所对应的棋盘位置设置为0，表示此处为空白方格。

3.6.4 数独谜题的具体实现

在3.6.1～3.6.3节分析了数独谜题的数学特性与挖洞的方法，本节将利用其特性进行数独谜题的具体实现。

具体的实现流程如图3-19所示。

1. 建立数独谜题主函数

创建数独谜题的第一步是创建入口函数 generateSudo()，通过这个函数来建立初始数独棋盘，并由此调用混淆函数，其具体的代码如下：

```
#第3章/sudo/main.py
#建立数独谜题主函数
def generateSudo():
    global sudo #数独棋盘全局变量
    #建立原始符合游戏规则的数独棋盘
    sudo = [[0, 0, 0, 0, 0, 0, 0, 0, 0, 0],
```

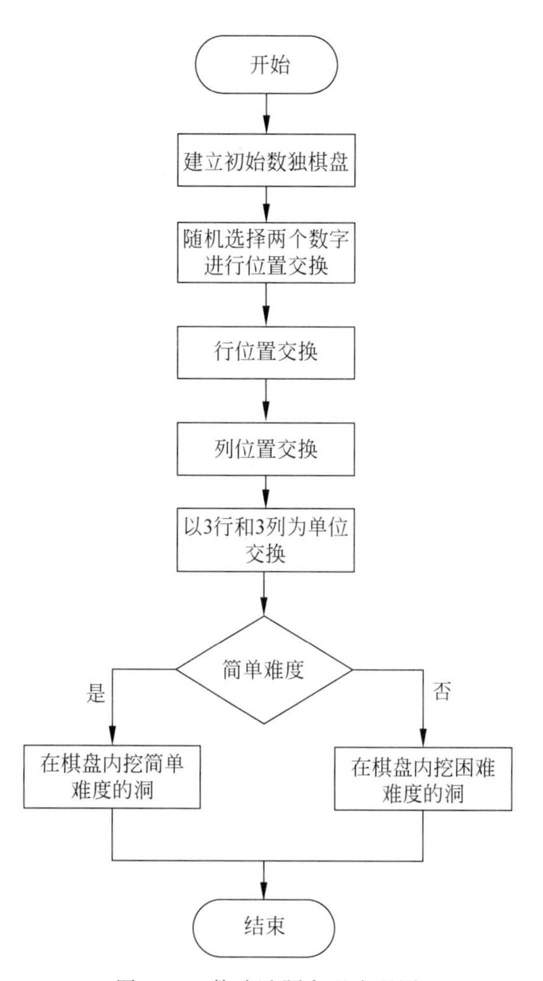

图 3-19　数独谜题实现流程图

```
            [0, 1, 2, 3, 4, 5, 6, 7, 8, 9],
            [0, 4, 5, 6, 7, 8, 9, 1, 2, 3],
            [0, 7, 8, 9, 1, 2, 3, 4, 5, 6],
            [0, 2, 3, 4, 5, 6, 7, 8, 9, 1],
            [0, 5, 6, 7, 8, 9, 1, 2, 3, 4],
            [0, 8, 9, 1, 2, 3, 4, 5, 6, 7],
            [0, 3, 4, 5, 6, 7, 8, 9, 1, 2],
            [0, 6, 7, 8, 9, 1, 2, 3, 4, 5],
            [0, 9, 1, 2, 3, 4, 5, 6, 7, 8]]
    nums = random.randint(10,15)
    #进行 10～15 次数独矩阵位置混淆
    for i in range(nums):
        shuffleSudo()
```

在 generateSudo()函数里对全局变量 sudo 进行了初始值设置，笔者在这里选择了最简的数独棋盘作为初始值，读者也可以根据已有的任意一个数独解的棋盘作为开局初始值，nums 是一个随机值为 10～15 的局部变量，通过这个局部变量的值来调用接下来要提到的 shuffleSudo()混淆函数。通常来讲，nums 的值越大，数独棋盘的混淆度就越大，但是程序的运行时间就越长，因此这个值不宜选得过大。

2. 混淆函数进行数值交换

在混淆函数 shuffleSudo()里，共分为 3 个阶段，第 1 个阶段为数独棋盘交换不同数字的位置，第 2 个阶段为交换行和列的位置，第 3 个阶段为以 3 行和 3 列为单位进行值的交换，其具体的代码如下：

```
#第 3 章/sudo/main.py
#数独棋盘混淆函数
def shuffleSudo():
    global sudo                              #数独棋盘全局变量
    #第 1 阶段：数字交换
    #产生要替换的数字和要被替换的数字
    source = random.randint(1,9)
    replace = random.randint(1,9)
    #产生两个不同的数字
    while source == replace:
        source = random.randint(1, 9)
        replace = random.randint(1, 9)
    #在 9×9 的数独棋盘内对选定的两个数字的位置进行全部替换
    for i in range(1,10):
        for j in range(1,10):
            if sudo[i][j] == source:
                sudo[i][j] = replace
            elif sudo[i][j] == replace:
                sudo[i][j] = source
    #第 2 阶段：行列交换
    #为了保证小宫格也符合规则，1～3 内部交换，4～6 内部交换，7～9 内部交换
    for i in range(5):
        base = random.choice([1,4,7])        #在 1、4、7 里随机选择 1 个数
        #在 base 行开始的三行内随机产生两行
        source = random.randint(base,base + 2)
        replace = random.randint(base,base + 2)
        while source == replace:
            source = random.randint(base, base + 2)
            replace = random.randint(base, base + 2)
        #行交换
        sudo[source],sudo[replace] = sudo[replace],sudo[source]
        #列交换
        for k in range(1,10):
        sudo[k][source],sudo[k][replace] = sudo[k][replace],sudo[k][source]
    #第 3 阶段：3 行和 3 行交换、3 列和 3 列交换
    source = random.choice([1,4,7])
    replace = random.choice([1,4,7])
    while source == replace:
        source = random.choice([1, 4, 7])
        replace = random.choice([1, 4, 7])
    for i in range(3):
        sudo[source + i],sudo[replace + i] = sudo[replace + i],sudo[source + i]
        for k in range(1,10):
            sudo[k][source + i],sudo[k][replace + i] = sudo[k][replace + i],sudo[k][source + i]
```

混淆函数的第 1 个阶段是通过 source 和 replace 两个随机变量产生了要进行位置交换的数字，因为这两个值都是通过 random.randint(1,9)产生的，有可能会产生相同的数值，对相同的数值进行位置交换毫无意义，因此需要使用 while source==replace 循环语句来保证产生不同的交换值。

混淆函数的第 2 个阶段是对 1～3 行、4～6 行、7～9 行的数独棋盘的值进行交换，将 base 变量定义为 1、4、7 中的一个随机值，以 base 为基准再产生两个要交换的行，同时使用 while 循环保证要交换的行号不同。

混淆函数的第 3 个阶段以 3 行和 3 列为整体进行数独棋盘值的交换，通过 source 和 replace 变量分别产生要交换的 3 行的起始行号，通过 while 循环保证 source 和 replace 变量的不同。

3.7 深度优先解答数独谜题

2min

解答数独谜题的过程就是在数独棋盘的空白方格内填入数字(1～9)的过程，每填入一个数字需要对数独棋盘上所有的数字进行规则判断。如果当前填入的数字符合游戏规则，就进行下一个空白方格的数字填写；如果填入的数字不符合游戏规则，就换一个数字填写，直到符合规则为止。当前空白方格内填入的数字 1～9 有没有可能都不符合游戏规则？答案是肯定的，这时就必须回溯到上一个已经填写好数字的空白方格处，对其内容更换数字进行填写，以保证当前的空白方格有数字可以符合游戏规则，这种需要进行回溯的解答游戏的算法就称为深度优先。深度优先算法需要递归调用本身，程序编写也较为困难，需要读者仔细体会。

1. 填写数字后的数独棋盘判断

在编写深度优先算法前，需先解决较为简单的判断数独棋盘已经填写的数字是否符合游戏规则的问题，其具体的代码如下：

```
#第 3 章/sudo/main.py
def validSudo():
    """校验当前 sudo 数组是否满足数独的规则,True 表示数组符合规则,False 表示数组不符合规则"""
    #检查行和列是否有重复值
    for i in range(1, 10):
#每一行的开始,将 li_row 和 li_col 设置为空
        li_row = []
        li_col = []
        for j in range(1, 10):
            if sudo[i][j] != 0:
                if sudo[i][j] not in li_row:
                    li_row.append(sudo[i][j])
                else:
                    return False
            if sudo[j][i] != 0:
                if sudo[j][i] not in li_col:
                    li_col.append(sudo[j][i])
```

```
                else:
                    return False
    #检查九宫格是否有重复值
    #得到每个小的九宫格的边界值
    for i in range(1, 10, 3):
        for j in range(1, 10, 3):
    #在判断每个九宫格的重复值前,将 li_sq 设置为空
            li_sq = []
            for row in range(i, i + 3):
                for col in range(j, j + 3):
                    if sudo[row][col] != 0:
    #判断 li_sq 里是否存在当前值
                        if sudo[row][col] not in li_sq:
                            li_sq.append(sudo[row][col])
                        else:
                            return False
    return True
```

为检测当前的 sudo 数组里行列是否存在重复值,定义两个 list 变量 li_row 和 li_col,分别用于存储行和列出现过的值。通过两个 for 循环的嵌套,依次对二维数独棋盘数组中的每个值进行判断。如果当前的值在 li_row 或 li_col 中不存在,则添加到 li_row 和 li_col 中;如果当前的值在 li_row 或 li_col 中已经存在,则说明当前行或者列中存在重复值,函数的返回值为 False。

对每个九宫格内是否存在重复值的判断和行列重复值的判断很类似,不同的是,在对小的九宫格的重复值进行判断时,需要首先使用两个 for 循环定位到每个九宫格的边界,再在边界部分进行两个 for 循环的嵌套,依次判断每个小的九宫格的值是否存在于 li_sq 变量中。如果 li_sq 变量中没有这个值,则添加进去;如果 li_sq 变量中有这个值,则说明存在重复值,函数的返回值为 False。

2. 数独空白方格位置保存

每个数独谜题需要填写的空白方格的位置都是不同的,在游戏编程中,空白方格的值以 0 表示。为解答数独谜题,需要把每个要填写位置的空白方格的坐标保存下来,其具体的代码如下:

```
#第 3 章/sudo/main.py
def getPuzzle():
    """将所有的待填入位置保存下来"""
    #全局变量 allPuzzle 用于存储棋盘空白方格的坐标位置
    global allPuzzle
    allPuzzle = []
    for i in range(1, 10):
        for j in range(1, 10):
            if sudo[i][j] == 0:
                p = [i, j]
                allPuzzle.append(p)
```

allPuzzle 全局变量存储了数独棋盘内所有的空白方格的坐标,在代码里通过判断坐标

位置的值是否为0来判断是否为空白方格,如果坐标值为0,则为空白方格;如果坐标值不为0,则不是空白方格。如果是空白方格,则将行列坐标 i 和 j 组成的[i,j]列表存储到 allPuzzle 全局变量里。

3. 深度优先递归解决数独谜题

有了前边的准备工作,接下来就可以采用深度优先递归算法解决数独谜题,其具体的代码如下:

```
#第3章/sudo/main.py
def getAnswer(n):
    global sudo, allPuzzle, over
    #判断是否已经填写完所有的空白方格
    if n == len(allPuzzle):
        over = True
        return True
    #依次对空白方格填入数字(1~9)
    for i in range(1, 10):
    #将空白格子的值设定为i
        sudo[allPuzzle[n][0]][allPuzzle[n][1]] = i
#判断当前填写的数字是否满足数独规则,如果满足,则填下一个空白格子
        if validSudo():
            getAnswer(n + 1)
#如果格子已经填充完毕,则结束函数
        if over:
            return True
#将当前格子重新设置回空白格子
        sudo[allPuzzle[n][0]][allPuzzle[n][1]] = 0
    return False
```

在用深度优先递归解决数独谜题时,函数的初始值 n 为0,表示解答了0个空白格子,当 n 为 allPuzzle 的大小时,表示解答了所有的数独空白方格,递归函数结束。在函数的内部调用 for 循环对每个空白方格进行数字(1~9)填写,如果填写的数字符合游戏规则,则对下一个空白方格进行 getAnswer(n+1)的递归函数调用;如果当前空白方格依次填入的数字(1~9)都不能符合游戏规则,则回退到上一个空白方格并换别的数字尝试。getAnswer()函数调用结束后,全局变量 sudo 就存储了所有的空白方格的数字解。

3.8 数独游戏代码解析

至此,数独游戏的玩家对数独谜题输入、数独游戏建立、数独游戏解答等数独游戏设计部分已经做了详细的设计。然而对于一个完整的数独游戏来讲,还需要有给玩家交互的主程序部分,通过主程序调用前述已经完成的函数,从而串联起整个游戏代码。运行 PyCharm 后,新建名为 sudo 的工程,在工程的 main.py 文件里输入的代码如下:

```
#第3章/sudo/main.py
#导入随机模块
import random
```

```
#建立数独棋盘的全局变量
sudo = [[0, 0, 0, 0, 0, 0, 0, 0, 0, 0],
        [0, 1, 2, 3, 4, 5, 6, 7, 8, 9],
        [0, 4, 5, 6, 7, 8, 9, 1, 2, 3],
        [0, 7, 8, 9, 1, 2, 3, 4, 5, 6],
        [0, 2, 3, 4, 5, 6, 7, 8, 9, 1],
        [0, 5, 6, 7, 8, 9, 1, 2, 3, 4],
        [0, 8, 9, 1, 2, 3, 4, 5, 6, 7],
        [0, 3, 4, 5, 6, 7, 8, 9, 1, 2],
        [0, 6, 7, 8, 9, 1, 2, 3, 4, 5],
        [0, 9, 1, 2, 3, 4, 5, 6, 7, 8]]
#建立存储所有待解决的空白方格的坐标的全局变量
allPuzzle = []
#全局变量,用来判断游戏是否结束
over = False
#简单难度为 49 个空格需要填写,困难难度为 59 个空格需要填写
EASY = 49
HARD = 59


def getPuzzle():
    """将所有的空白格子的位置坐标保存起来"""
    global allPuzzle
    allPuzzle = []
    for i in range(1, 10):
        for j in range(1, 10):
            if sudo[i][j] == 0:
                p = [i, j]
                allPuzzle.append(p)


def validSudo():
    """校验当前 sudo 数组是否满足数独的规则,True 表示数组符合规则,False 表示数组不符合规
则"""
    #检查行和列是否有重复值
    for i in range(1, 10):
        li_row = []
        li_col = []
        for j in range(1, 10):
            if sudo[i][j] != 0:
                if sudo[i][j] not in li_row:
                    li_row.append(sudo[i][j])
                else:
                    return False
            if sudo[j][i] != 0:
                if sudo[j][i] not in li_col:
                    li_col.append(sudo[j][i])
                else:
                    return False
```

```
    #检查九宫格是否有重复值
    for i in range(1, 10, 3):
        for j in range(1, 10, 3):
            li_sq = []
            for row in range(i, i + 3):
                for col in range(j, j + 3):
                    if sudo[row][col] != 0:
                        if sudo[row][col] not in li_sq:
                            li_sq.append(sudo[row][col])
                        else:
                            return False
    return True


def getAnswer(n):
    """深度优先解决数独谜题"""
    global sudo, allPuzzle, over
    if n == len(allPuzzle):
        over = True
        return True
    for i in range(1, 10):
        sudo[allPuzzle[n][0]][allPuzzle[n][1]] = i
        if validSudo():
            getAnswer(n + 1)
        if over:
            return True
        sudo[allPuzzle[n][0]][allPuzzle[n][1]] = 0
    return False


def printSudo():
    """打印数独"""
    for i in range(1, 10):
        print(sudo[i][1:10])


def shuffleSudo():
    """对已知的数独矩阵进行混淆运算,从而产生新的谜题"""
    global sudo
    #第一步:数字交换
    #产生要替换的数字和要被替换的数字
    source = random.randint(1,9)
    replace = random.randint(1,9)
    while source == replace:
        source = random.randint(1, 9)
        replace = random.randint(1, 9)
    #对 9×9 的棋子进行全部替换
    for i in range(1,10):
        for j in range(1,10):
```

```
            if sudo[i][j] == source:
                sudo[i][j] = replace
            elif sudo[i][j] == replace:
                sudo[i][j] = source
    #第二步:行列交换
    #为了保证小宫格也符合规则,1~3 内部交换,4~6 内部交换,7~9 内部交换
    for i in range(5):
        base = random.choice([1,4,7])
        source = random.randint(base,base + 2)
        replace = random.randint(base,base + 2)
        while source == replace:
            source = random.randint(base, base + 2)
            replace = random.randint(base, base + 2)
        #行交换
        sudo[source],sudo[replace] = sudo[replace],sudo[source]
        #列交换
        for k in range(1,10):
            sudo[k][source],sudo[k][replace] = sudo[k][replace],sudo[k][source]
    #第三步:3 行和 3 行交换、3 列和 3 列交换
    source = random.choice([1,4,7])
    replace = random.choice([1,4,7])
    while source == replace:
        source = random.choice([1, 4, 7])
        replace = random.choice([1, 4, 7])
    for i in range(3):
        sudo[source + i],sudo[replace + i] = sudo[replace + i],sudo[source + i]
        for k in range(1,10):sudo[k][source + i],sudo[k][replace + i] = sudo[k][replace + i],
sudo[k][source + i]


def generateSudo():
"""产生数独谜题"""
    global sudo
    sudo = [[0, 0, 0, 0, 0, 0, 0, 0, 0, 0],
            [0, 1, 2, 3, 4, 5, 6, 7, 8, 9],
            [0, 4, 5, 6, 7, 8, 9, 1, 2, 3],
            [0, 7, 8, 9, 1, 2, 3, 4, 5, 6],
            [0, 2, 3, 4, 5, 6, 7, 8, 9, 1],
            [0, 5, 6, 7, 8, 9, 1, 2, 3, 4],
            [0, 8, 9, 1, 2, 3, 4, 5, 6, 7],
            [0, 3, 4, 5, 6, 7, 8, 9, 1, 2],
            [0, 6, 7, 8, 9, 1, 2, 3, 4, 5],
            [0, 9, 1, 2, 3, 4, 5, 6, 7, 8]]
    nums = random.randint(10,15)
    #多次混淆运算,从而保证每次产生数独谜题重复的概率降低
    for i in range(nums):
        shuffleSudo()

i = -1
```

```
while i!= 4:
    print("*********************    欢迎来到数独游戏    *********************")
    print()
    print("1: 创建简单难度数独游戏")
    print("2: 创建困难难度数独游戏")
    print("3: 输入数独并得到答案(每个数字用空格隔开,空白数字用0代替)")
    print("4: 退出!")
    print()
    i = int(input("请输入对应的数字: "))
    if i == 1:
        print("简单难度的数独为")
        generateSudo()
        buildHole1(EASY)
        printSudo()
    elif i == 2:
        print("困难难度的数独为")
        generateSudo()
        buildHole1(HARD)
        printSudo()
    elif i == 3:
        for k in range(1,10):
            sudo[k][1:10] = list(map(int,input().split()))
        print("输入的数独答案为")
        getPuzzle()
        getAnswer(0)
        printSudo()
```

主程序里通过 while 循环得到玩家的键盘输入，对于不同的输入会跳转到不同的处理分支。在游戏设计中经常使用 while 的循环判断来得到玩家的输入响应，在后续章节读者会看到更多这样的例子。

3.9 小结

本章主要介绍了数独游戏的具体实现，同时对本章涉及的 list 数据类型、for 循环、range()函数、自定义函数、深度优先递归算法等相关知识做了简要介绍。

学习本章后，读者能够掌握 list 数据类型的索引访问和切片访问、多重 for 循环的嵌套使用、自定义函数的定义方法、局部变量和全局变量的使用等知识。

本章采用了挖洞的思想来创建数独谜题，读者也可使用诸如拉斯维加斯等数独谜题创建算法来创建数独谜题。

本章知识可为后续章节的学习打下良好基础。

24

第4章

"24点"游戏

"24点"游戏,顾名思义,就是让表达式计算结果为24的一种数学益智游戏。"24点"游戏可以锻炼人的右脑,考验人的智力和数学敏感性,可以在游戏中提高心算能力。对"24点"游戏的编程实现,将帮助读者掌握Python中dict数据类型、json数据交换等知识的用法。本章也将介绍穷举算法、中缀表达式转后缀表达式的算法和后缀表达式计算算法等知识。

4.1 "24点"游戏规则

"24点"游戏是玩家针对计算机给出的4个整数(数有可能重复),运用加、减、乘、除、括号这5个运算符进行组合运算,并设法得到结果24。需要注意的是,使用给出的4个数时,每个数只能使用一次,但4个数的顺序没有要求,运算符的使用可以重复。例如:计算机给出12、7、11和3这4个数,玩家输入"(12+7−11)×3"或者"12+(11−7)×3"等正确表达式后,计算机运算表达式得到结果24,反馈结果达成;如果玩家输入"12+11+1"或者"12+7−11+3"等错误表达式,则计算机根据规则计算表达式得出结果不为24,并给出表达式错误的反馈。

4.2 "24点"游戏运行示例

已知"24点"游戏的基本规则后,就可以进行游戏编码设计。"24点"游戏应该有以下基本功能。

(1) 计算机给出的随机的4个整数应保证有正确的表达式。

(2) 玩家碰到不会的"24点"谜题后,应有帮助功能。

(3) 游戏应有排行榜功能,对玩家的游戏成绩可以进行排名。

按照上述内容的要求,进行游戏编码后,游戏运行如图4-1所示。

游戏运行后,计算机给玩家出4个数字,玩家需要根据这4个数字,依照游戏规则输入表达式,如果表达式的计算结果正确,玩家的分数加1,并给出下一个题目;如果玩家输入的表达式的结果不为24,则游戏在退出的同时,给出玩家的游戏排名。图4-2为玩家输入错误的表达式后游戏的反馈结果。

从图4-2可以看出,玩家输入的表达式"3×6−11+3"的计算结果为10,并不是24,同时因为玩家一道题目也没有对,所以得分为0,且没有进入游戏排名。

```
#****************************************#

                欢迎来到

              “24点”小游戏

#****************************************#
请输入表达式来使下面4个数得到的结果为24:
输入answer得到正确答案:
3 6 11 3
```

图 4-1 “24 点”游戏运行示例

```
#****************************************#

                欢迎来到

                24点小游戏

#****************************************#
请输入表达式来使下面4个数得到的结果为24:
输入answer得到正确答案:
3 6 11 3
3*6-11+3
表达式计算的结果为10, 结果不为24
游戏结束，您的得分是 0
游戏排名： 未进入排名

进程已结束，退出代码为 0
```

图 4-2 玩家输入错误表达式后的游戏结果

依照“24 点”游戏设计准则，其游戏运行流程图如图 4-3 所示。

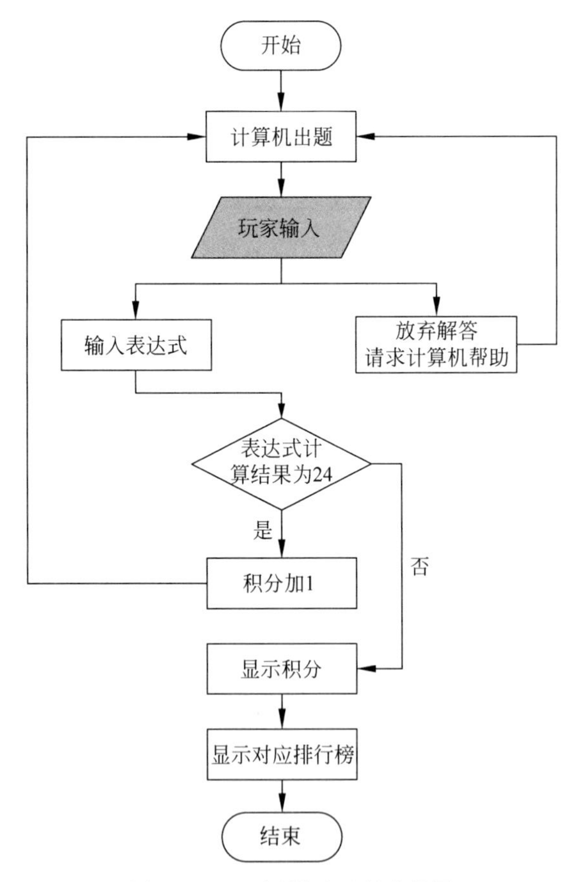

图 4-3 “24 点”游戏运行流程图

4.3 计算机给出“24 点”游戏题目

计算机给出题目是“24 点”游戏最重要的一个环节，只有给出合适的题目，才能把后续的游戏环节连接上。根据 4.1 节提出的“24 点”游戏的规则，计算机出的题目必须符合以下两个要求。

（1）给出的题目由 4 个整数数字组成，每个数字在 1～12 的范围内。

（2）计算机给出的题目必须有正确的答案。

对于第 1 个要求来讲，比较容易实现，借助 random()函数，可以很轻松地给出 4 个符合要求的整数数字，代码如下：

```
import random
li = []
for i in range(4):
    li.append(random.randint(1,13))
```

运行上述代码后，list 数据类型 li 将存储 4 个 1～12 的整型数字。如果随机函数生成的这 4 个数字没有对应的解答表达式，则把这 4 个数字提供给玩家毫无意义，必须考虑重新生成新的 4 个数字，计算机出题的逻辑流程图如图 4-4 所示。

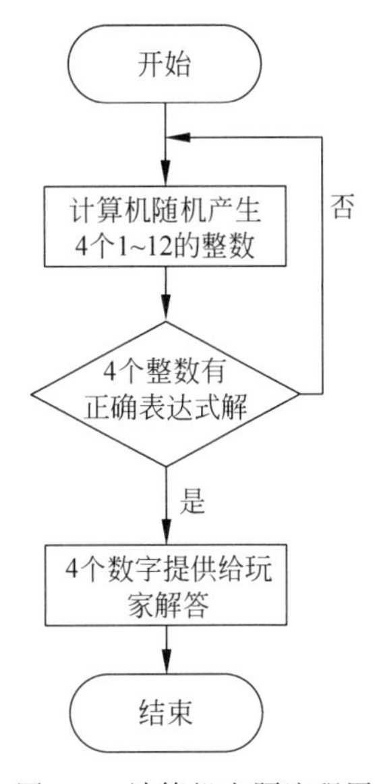

图 4-4 计算机出题流程图

接下来要解决的问题是，如何判断生成的 4 个数字经过加、减、乘、除、括号这 5 个运算符运算后是否可以得到 24 这个结果。

4.3.1 递归得到 4 个数字全排列

根据 4.1 节提到的“24 点”游戏规则可知，给出的 4 个数字在表达式中没有先后次序，这意味着 4 个数字有可能出现在当运算符确定后的表达式的任何位置，这样就转换成了求 4 个数字的全排列问题。例如，给定“4、3、2、6”这 4 个数字，其存在的排列如下：

```
4 3 2 6
4 3 6 2
4 2 3 6
4 2 6 3
4 6 2 3
4 6 3 2
3 4 2 6
3 4 6 2
3 2 4 6
3 2 6 4
3 6 2 4
3 6 4 2
2 3 4 6
2 3 6 4
```

```
2 4 3 6
2 4 6 3
2 6 4 3
2 6 3 4
6 3 2 4
6 3 4 2
6 2 3 4
6 2 4 3
6 4 2 3
6 4 3 2
```

从“4、3、2、6”这4个数字可知，其全排列一共有24种排列。因为给出的4个数字都为随机数字，每次生成的全排列都不同，所以需要找出一个可以得到任意4个数字全排列的算法。

仔细分析“4、3、2、6”这4个数字，当前3个数字确定后，最后一个数字6没有其他变化，形成的全排列是确定的，即为“4、3、2、6”，如图4-5所示。

图4-5 一个数字未知的全排列

当前两个数字确定后，还剩下“2、6”这两个数字，其形成的全排列为“4、3、2、6”和“4、3、6、2”，如图4-6所示。

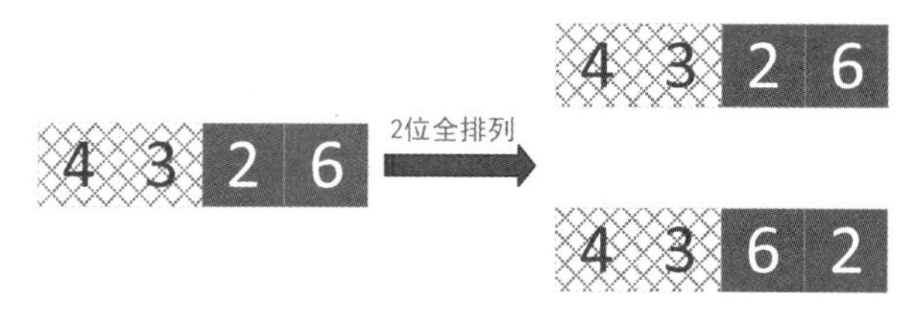

图4-6 两个数字未知的全排列

当前一个数字确定后，还剩下“3、2、6”这3个数字，可以认为剩下3个数字的全排列是：3确定后，“2、6”形成的全排列；3和2交换后，“3、6”形成的全排列；3和6交换后，“2、3”形成的全排列，两个数字的全排列由图4-6可知。这样就把求3个数字的全排列转化为求两个数字的全排列，如图4-7所示。

从图4-7可以得出，当3个数字求全排列时，可以让第1个数字分别与自身、第2个数字以及第3个数字交换，交换后就变成了求剩下两个数字的全排列。同理可得，当求4个数字的全排列时，可以让第1个数字分别与自身、第2个数字、第3个数字以及和第4个数字交换，交换后就变成求剩下3个数字的全排列。

从以上推断可以得到结论，当求n个未知数字的全排列时，可以让第1个数字分别与自身、第2个数字、第3个数子以及一直到和第n个数字进行交换，交换后就变成了求$n-1$个数字的全排列。按照这种算法递归规则，可以一直递归到求1个数字的全排列。有了算法思想，可以写出求4个数字的全排列的代码，代码如下：

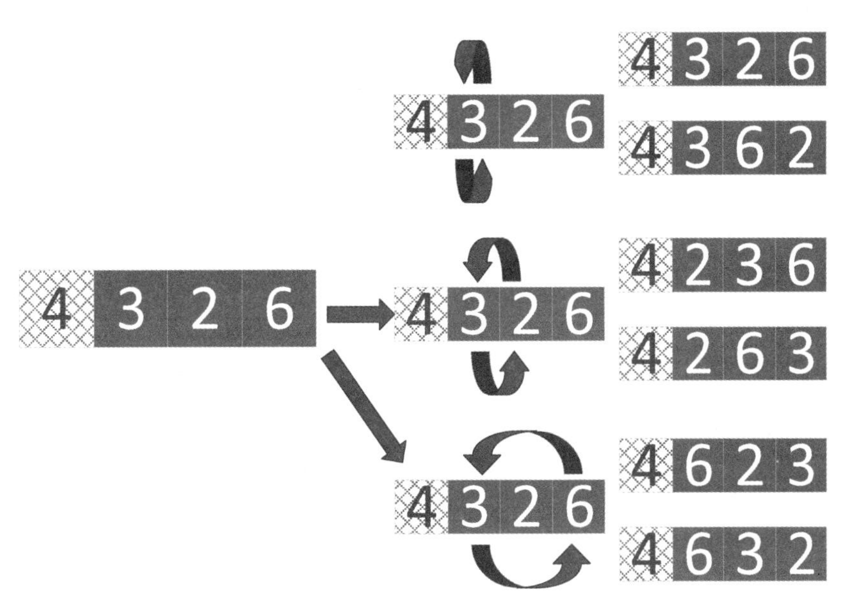

图 4-7 3 个数字未知的全排列

```
#第 4 章/24/main.py
def allPossible(pos):
    global li
    global liAll
    if pos == len(li) - 1:                    #只剩下一个未知数字
        liAll.append(li.copy())               #生成 li 的内存复制,并加入 liAll 全局变量
    else:
        for i in range(pos, len(li)):         #依次和后边的数字进行交换
            li[pos], li[i] = li[i], li[pos]   #位置交换
            allPossible(pos + 1)
            li[pos], li[i] = li[i], li[pos]


li = []                                       #全局变量,用于存储计算机生成的 4 个数字
liAll = []                                    #全局变量,用于存储 4 个数字的所有全排列
for i in range(4):
    li.append(random.randint(1,13))
allPossible(0)                                #得到 4 个数字的全排列
```

代码中 li 和 liAll 为全局变量,其中 li 的值为随机函数 random. randint(1,13)生成的 1~13 范围内的 4 个数字,allPossible()函数递归求 li 的全排列,并赋值给 liAll 变量。需要注意的是,当 li 进行位置交换后,需要使用 li. copy()函数得到 li 的内存复制,不然 liAll 无法得到 li 的所有全排列的值。

4.3.2 数字表达式求值

1. 运算符位置

在 4.3.1 节已经得到了计算机随机产生的 4 个数字的全排列,这 4 个数字是否可以通过表达式求得24？经过观察可知，4个数字，如果不考虑括号运算，一共只有3个位置可以放置除括号外的运算符，如图4-8所示。

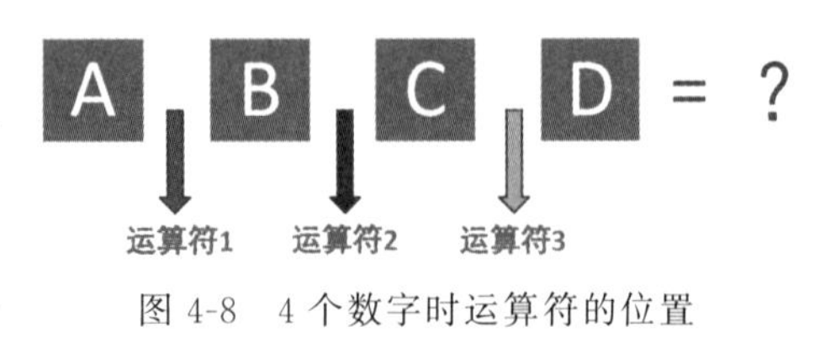

图4-8　4个数字时运算符的位置

在图4-8中，A、B、C、D代表4个未知数字，运算符1、运算符2、运算符3代表"＋""－""*""/"4个运算符中的任一个。

容易可知，对运算符1、运算符2、运算符3进行4个运算符的穷举，可以得到43个结果，算法代码如下：

```
oper = ['+', '-', '*', '/']
for i in range(4):
    for j in range(4):
        for k in range(4):
            print(oper[i],oper[j],oper[k])
```

已知运算符和操作数后，容易写出根据运算符来计算操作数的代码，代码如下：

```
#第4章/24/main.py
def getResult(a, b, oper):
    if oper == '+':
        return a + b
    elif oper == '-':
        return a - b
    elif oper == '*':
        return a * b
    elif oper == '/' and b != 0:
        return a / b
    elif oper == '/' and b == 0:    #如果除数为0,返回一个大的负数,不影响最终结果
return -10000
```

因为除数为0在数学中是不允许的，所以在代码中需要单独考虑这种情况。为了保证函数返回的结果都为数值，当除数为0时返回一个大的特殊值是游戏编程中常用的技巧，读者需加以掌握。

2. 括号运算的种类

从4.3.1节可知，4个数的全排列共有4！种排列，每个排列对应4^3种运算符位置，则对任意一组数，不考虑括号运算符，一共需要计算$4!\times4^3=1536$次，这对于计算机来讲计算非常容易，现在唯一需要考虑的是加上括号运算符的问题。

幸运的是，对于4个操作数加3个运算符的表达式来讲，括号运算也只有5种变化，第1种变化是形如"((A?B)?C)?D"的形式，其中"?"代表运算符，如图4-9所示。

对形如第1种变化的括号形式，按照括号的运算符优先级，需要进行如下计算。

(1) A和B进行运算符1的运算。

(2) 前一步的结果和C进行运算符2的运算。

(3) 前一步的结果和D进行运算符3的运算。

对第1种变化进行编码，得到的代码如下：

```
#第 4 章/24/main.py
#question 代表存储 4 个操作数的 list 类型
#oper1、oper2、oper3 代表 3 个运算符
def express1(question, oper1, oper2, oper3):
    '''计算((A?B)?C)?D 的形式'''
    r1 = getResult(question[0], question[1], oper1)
    r2 = getResult(r1, question[2], oper2)
    r3 = getResult(r2, question[3], oper3)
    return r3
```

第 2 种变化是形如“(A?(B?C))?D”的形式，其中“?”代表运算符，如图 4-10 所示。

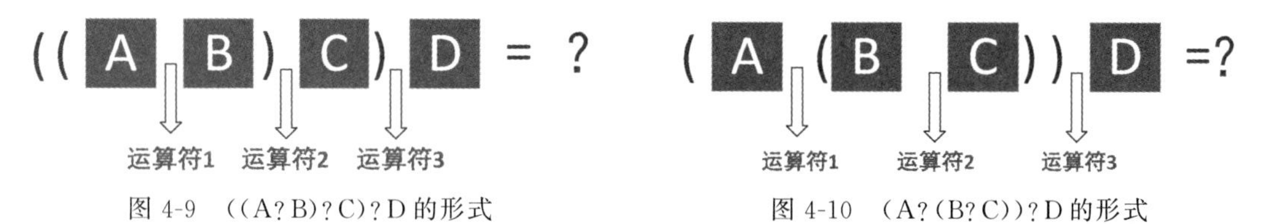

图 4-9 ((A?B)?C)?D 的形式

图 4-10 (A?(B?C))?D 的形式

对形如第 2 种变化的括号形式，按照括号的运算符优先级，需要进行如下计算。

(1) B 和 C 进行运算符 2 的运算。

(2) A 和前一步的结果进行运算符 1 的运算。

(3) 前一步的结果和 D 进行运算符 3 的运算。

对第 2 种变化进行编码，得到的代码如下：

```
#第 4 章/24/main.py
#question 代表存储 4 个操作数的 list 类型
#oper1、oper2、oper3 代表 3 个运算符
def express2(question, oper1, oper2, oper3):
    '''计算(A?(B?C))?D 的形式'''
    r1 = getResult(question[1], question[2], oper2)
    r2 = getResult(question[0], r1, oper1)
    r3 = getResult(r2, question[3], oper3)
    return r3
```

第 3 种变化是形如“A?((B?C)?D)”的形式，其中“?”代表运算符，如图 4-11 所示。

对形如第 3 种变化的括号形式，按照括号的运算符优先级，需要进行如下计算。

(1) B 和 C 进行运算符 2 的运算。

(2) 前一步的结果和 D 进行运算符 3 的运算。

(3) A 和前一步的结果进行运算符 1 的运算。

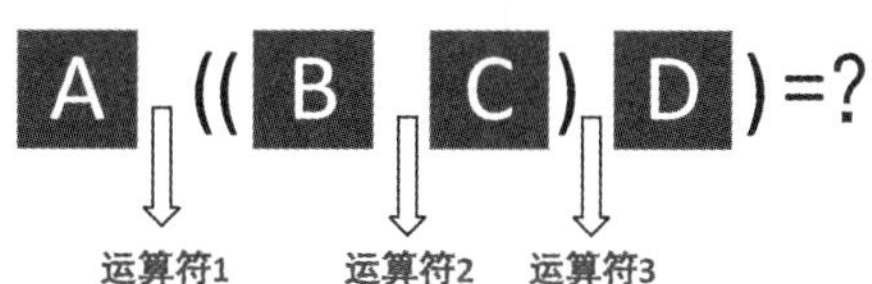

图 4-11 A?((B?C)?D)的形式

对第 3 种变化进行编码，得到的代码如下：

```
#第 4 章/24/main.py
#question 代表存储 4 个操作数的 list 类型
#oper1、oper2、oper3 代表 3 个运算符
```

```
def express3(question, oper1, oper2, oper3):
    '''计算 A?((B?C)?D)的形式'''
    r1 = getResult(question[1], question[2], oper2)
    r2 = getResult(r1, question[3], oper3)
    r3 = getResult(question[0], r2, oper1)
    return r3
```

第 4 种变化是形如“A?(B?(C?D))”的形式，其中“?”代表运算符，如图 4-12 所示。

对形如第 4 种变化的括号形式，按照括号的运算符优先级，需要进行如下计算。

(1) C 和 D 进行运算符 3 的运算。

(2) B 和前一步的结果进行运算符 2 的运算。

(3) A 和前一步的结果进行运算符 1 的运算。

对第 4 种变化进行编码，得到的代码如下：

```
#第 4 章/24/main.py
#question 代表存储 4 个操作数的 list 类型
#oper1、oper2、oper3 代表 3 个运算符
def express4(question, oper1, oper2, oper3):
    '''计算 A?(B?(C?D))的形式'''
    r1 = getResult(question[2], question[3], oper3)
    r2 = getResult(question[1], r1, oper2)
    r3 = getResult(question[0], r2, oper1)
    return r3
```

第 5 种变化是形如“(A?B)?(C?D)”的形式，其中“?”代表运算符，如图 4-13 所示。

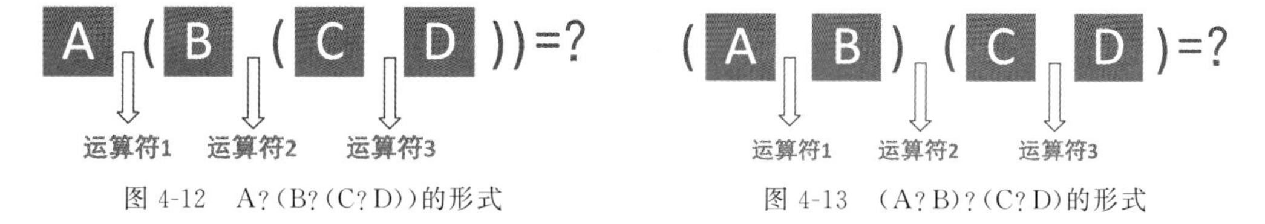

图 4-12 A?(B?(C?D))的形式

图 4-13 (A?B)?(C?D)的形式

对形如第 5 种变化的括号形式，按照括号的运算符优先级，需要进行如下计算。

(1) A 和 B 进行运算符 1 的运算。

(2) C 和 D 进行运算符 3 的运算。

(3) 第一步和第二步的结果进行运算符 2 的运算。

对第 5 种变化进行编码，得到的代码如下：

```
#第 4 章/24/main.py
#question 代表存储 4 个操作数的 list 类型
#oper1、oper2、oper3 代表 3 个运算符
def express5(question, oper1, oper2, oper3):
    '''计算(A?B)?(C?D)的形式'''
    r1 = getResult(question[0], question[1], oper1)
    r2 = getResult(question[2], question[3], oper3)
    r3 = getResult(r1, r2, oper2)
    return r3
```

3. 全遍历求解 4 个随机数

从前述分析可知，计算机给出的任意 4 个随机数，共有 4! 种全排列，每种全排列对应 4^3 种运算符的位置，每种运算符的位置共有 5 种括号的位置。因而可知，如果 4 个随机整数在上边的 $4!\times4^3\times5$ 的表达式变化中都没有得到结果为 24 的解，就说明这 4 个随机整数不能作为题目出给玩家，需要重新得到新的随机数。

综合前述，容易写出验证 4 个操作数经过计算后是否为 24 的表达式的代码如下：

```
#第 4 章/24/main.py
#question 代表存储 4 个操作数的 list 类型
def getSolution(quetion):
    '''4 个操作数，则有 3 个操作符，进行全遍历求解'''
    global haveQuestion, display
    oper = ['+', '-', '*', '/']
    for i in range(4):
        for j in range(4):
            for k in range(4):
                if express1(quetion, oper[i], oper[j], oper[k]) == 24:
                    if display:
                        print("((%d%c%d)%c%d)%c%d" % (quetion[0], oper[i], quetion[1],
oper[j], quetion[2], oper[k], quetion[3]))
                    haveQuestion = True
                if express2(quetion, oper[i], oper[j], oper[k]) == 24:
                    if display:
                        print("(%d%c(%d%c%d))%c%d" % (quetion[0], oper[i], quetion[1],
oper[j], quetion[2], oper[k], quetion[3]))
                    haveQuestion = True
                if express3(quetion, oper[i], oper[j], oper[k]) == 24:
                    if display:
                        print("%d%c((%d%c%d)%c%d)" % (quetion[0], oper[i], quetion[1],
oper[j], quetion[2], oper[k], quetion[3]))
                    haveQuestion = True
                if express4(quetion, oper[i], oper[j], oper[k]) == 24:
                    if display:
                        print("%d%c(%d%c(%d%c%d))" % (quetion[0], oper[i], quetion[1],
oper[j], quetion[2], oper[k], quetion[3]))
                    haveQuestion = True
                if express5(quetion, oper[i], oper[j], oper[k]) == 24:
                    if display:
                        print("(%d%c%d)%c(%d%c%d))" % (quetion[0], oper[i], quetion[1],
oper[j], quetion[2], oper[k], quetion[3]))
                    haveQuestion = True
```

代码中引入了 haveQuestion 和 display 两个全局变量，haveQuestion 表示 4 个随机整数有表达式为 24 的解。当 display 为 True 时，屏幕上会显示解为 24 的表达式。当玩家请求正确答案时，则将这个全局变量设为 True。

4.4 玩家输入的表达式求解

9min

计算机给玩家出了4个数字的题目后，就需要对玩家输入的表达式进行求解，验证其结果是否为24，从而进入下一步流程。

如果不考虑运算符优先级的话，表达式可以按照从左到右的顺序依次计算。例如，9－5＋3－2这个表达式，从左到右计算共分为以下几步：

(1) 计算9－5得到4。

(2) 计算4＋3得到7。

(3) 计算7－2得到5。

大家都知道，表达式里不仅会出现"＋"和"－"运算符，还会出现运算优先级更高的"*"和"/"及括号运算符，这时表达式就不能从左到右进行顺序计算。例如，9*(5－3)＋2这个表达式就不能按从左到右的顺序运算，必须先进行(5－3)的运算，再进行"*"和"＋"的运算。需要找到一种算法来解决这种不能进行从左到右按顺序计算的表达式。

4.4.1 中缀表达式和后缀表达式

通常来讲，人们习惯于将操作符放在两个操作数的中间，例如A*B，一看到这样的式子就知道是A乘以B，这种操作符放在两个操作数中间的表示法称为中缀表达式，但有时中缀表达式的表示方法会引起混淆，例如A＋B*C是A加上B的结果乘以C还是B乘以C后再加上A？为了解决这个问题，引入了操作符优先级的概念，规定了"*"和"/"的优先级高于"＋"和"－"，"( )"的优先级最高。计算机在处理这种混合了多种优先级表达式的时候，需要对表达式根据运算符优先级进行多次回溯处理，这样编码就变得非常复杂。如果表达式明确地规定了所有的计算顺序，计算机就无须处理复杂的优先规则，对运算符编码计算也就变得容易得多。

后缀表达式又称为逆波兰表达式，这种表达式的运算符都写在操作数的后边，例如AB*、AB＋、AB＋C*都是后缀表达式。计算机计算后缀表达式时可以从左到右按顺序进行计算，大大简化了编码难度。

4.4.2 中缀表达式转后缀表达式

从4.4.1节可知，在编程计算表达式解时，对后缀表达式的编码较为简单，现在需要做的就是将中缀表达式转换为后缀表达式。

在求"24点"的表达式中，共会出现"＋""－""*""/""( )"共5种运算符，"( )"运算符比较特殊，将其拆分为"("和")"。"("的运算优先级最低，将其优先级设为－1，"＋"和"－"的运算优先级较低，将其优先级设为1，"*"和"/"的运算符优先级较高，将其优先级设为2，")"运算符暂不设优先级。

设置两个list变量hz和tempStack，用来存储后缀表达式和中间的临时结果，在对中缀表达式从左到右进行遍历时，中缀表达式转后缀表达式可以依照以下规则进行。

(1) 如果遍历到操作数，则作为数据项尾插入hz。

(2) 如果遍历到"("操作符，则作为数据项尾插入tempStack。

(3) 如果遍历到“)”操作符，则不停地从 tempStack 里按照由后到前的顺序取出数据项，并尾插入 hz，直到碰到“(”为止。需要注意的是，“(”取出后，不插入 hz 里。

(4) 如果遍历到“+”“-”“*”“/”操作符，若 tempStack 为空，则直接尾插到 tempStack 里；若 temStack 不为空，则首先比较 tempStack 里最后加入的操作符，如果最后加入的操作符的优先级大于当前遍历的操作符，则不停地从 tempStack 里按照由后到前的顺序取出数据项，并尾插入 hz，直到 tempStack 为空或者最后的操作符的优先级小于当前遍历的操作符为止，再将当前遍历的操作符放入 tempStack 最后的位置。

(5) 中缀表达式遍历后，如果 tempStack 里有数据项，则按照由后到前的顺序依次插入 hz 后。

以上算法规则较为复杂，接下来用一个中缀表达式 9+(8-2)*5 转后缀表达式为例，看一下具体的转化流程。

当中缀表达式从左到右进行遍历时，遍历到的第 1 个项为“9”，“9”是操作数，按照规则，将其尾插入 hz 里，如图 4-14 所示。

遍历完“9”这一项后，继续遍历下一项“+”，因为 tempStack 为空，所以直接将“+”尾插到 tempStack 里，如图 4-15 所示。

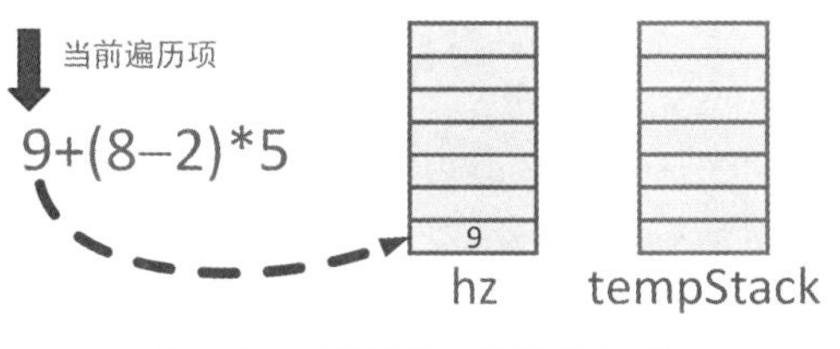

图 4-14 遍历到 9 时操作示意

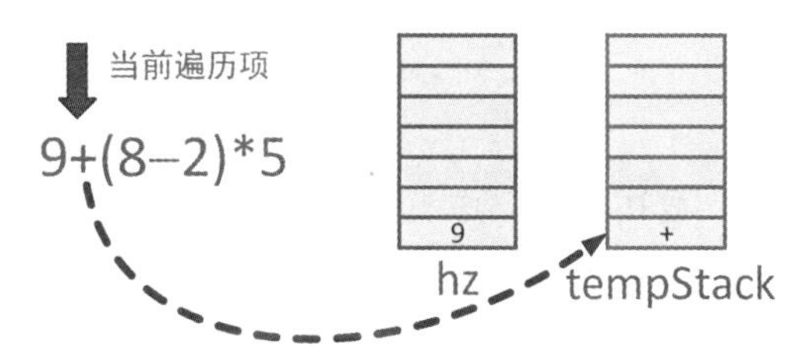

图 4-15 遍历到“+”时操作示意

遍历完“+”这一项后，继续遍历下一项“(”，按照规则，直接将其尾插到 tempStack 里，如图 4-16 所示。

遍历完“(”这一项后，继续遍历下一项“8”，因为 8 是操作数，直接将其尾插到 hz 后，如图 4-17 所示。

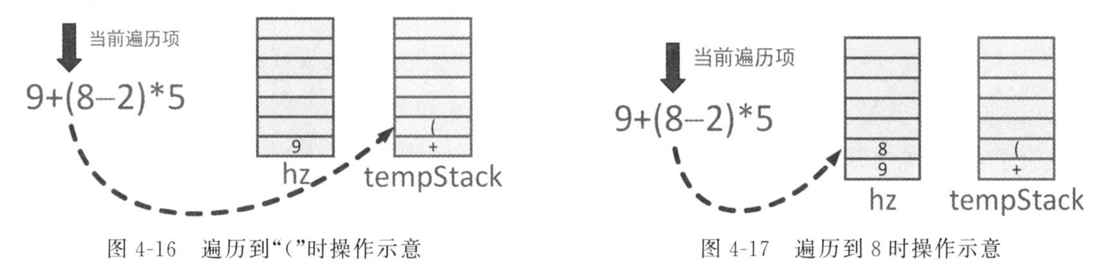

图 4-16 遍历到“(”时操作示意

图 4-17 遍历到 8 时操作示意

遍历完“8”这一项后，继续遍历下一项“-”。“-”是运算符，优先级为 1，tempStack 最后一项为“(”，优先级为-1，“-”的优先级大于“(”，按照规则，直接将其尾插到 tempStack 后，如图 4-18 所示。

遍历完“-”这一项后，继续遍历下一项“2”。“2”是操作数，直接尾插到 hz 后，如图 4-19 所示。

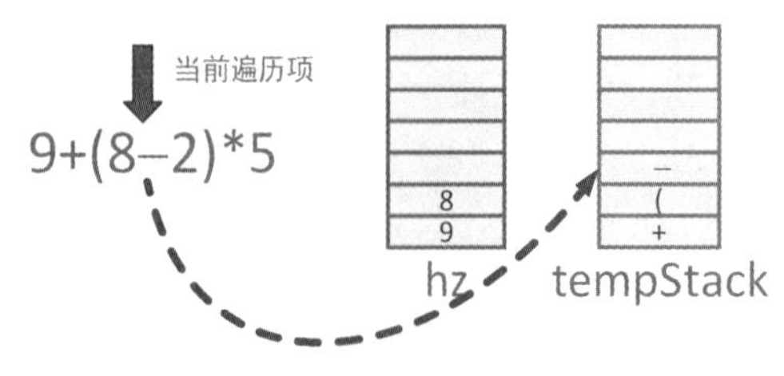

图 4-18 遍历到"−"时操作示意

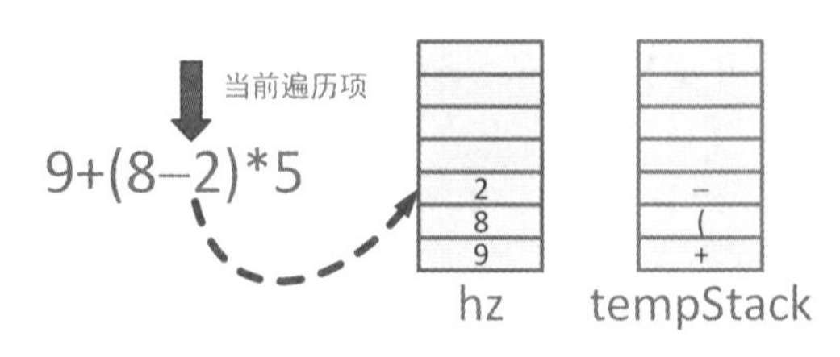

图 4-19 遍历到 2 时操作示意

遍历完"2"这一项后,继续遍历下一项")",因为")"是操作符,依照规则不停地从 tempStack 中由后到前取数据,并将取到的数据尾插到 hz 后,当取到"("操作符时,"("不尾插到 hz 后,将其舍去,如图 4-20 所示。

遍历完")"后,hz 和 tempStack 的存储状态如图 4-21 所示。

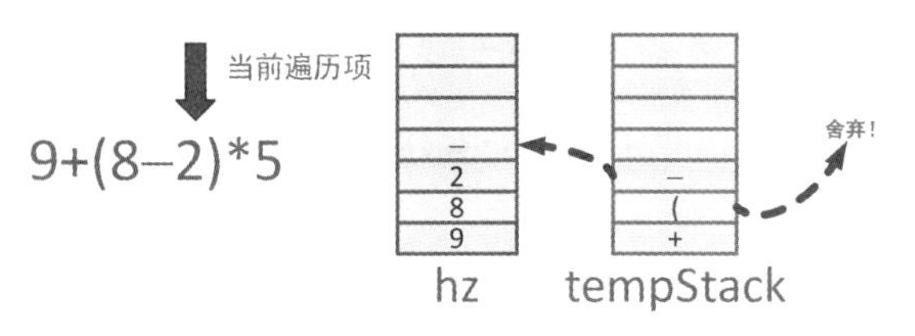

图 4-20 遍历到")"时操作示意

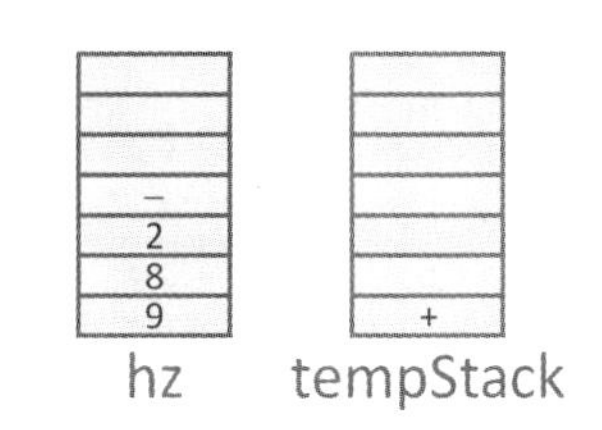

图 4-21 遍历")"后 hz 和 tempStack 存储状态

遍历的下一项为"＊","＊"的优先级为 2,此时 tempStack 里最后一项为"＋",优先级为 1,"＊"的优先级大于"＋",按照规则,直接将"＊"尾插到 tempStack 后,如图 4-22 所示。

遍历的下一项为"5","5"是操作数,按照规则,直接将其尾插到 hz 后,如图 4-23 所示。

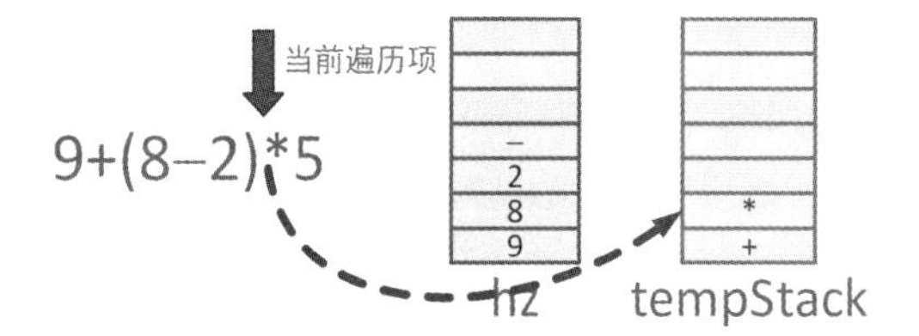

图 4-22 遍历到"＊"时操作示意

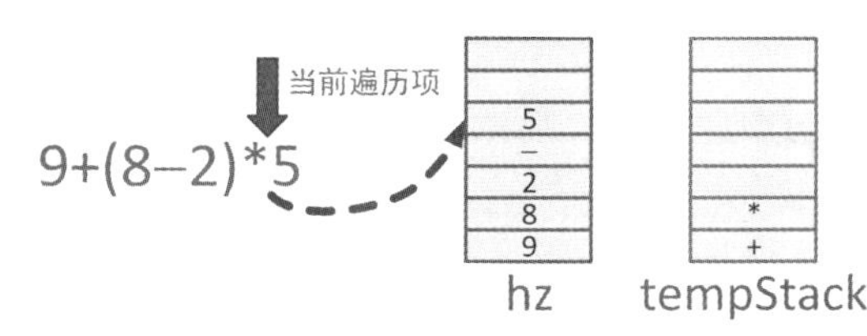

图 4-23 遍历到 5 时操作示意

此时中缀表达式已经遍历完毕,按照规则,如果 tempStack 里有数据,需将其数据按照从后到前的顺序取出,并后尾插到 hz,如图 4-24 所示。

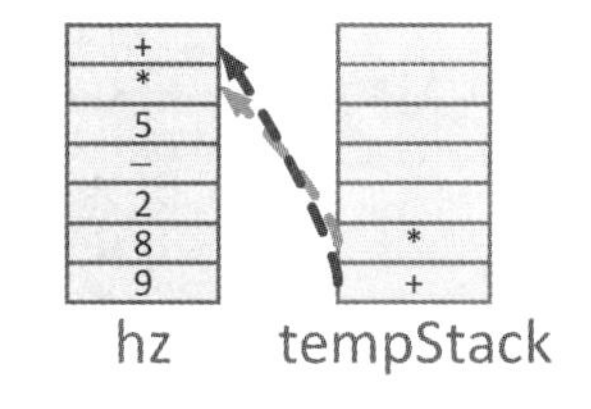

图 4-24 将 tempStack 数据尾插到 hz 后

至此,中缀表达式"9＋(8－2)＊5"已经完全遍历完毕,将 hz 从前到后进行输出就是其后缀表达式的值"982－5＊＋"。

按照上述规则,对中缀表达式转后缀表达式进行编码,代码如下:

```
#第 4 章/24/main.py
#中缀表达式转后缀表达式的函数
#str 为要转换的中缀表达式,g 用于存储计算机出的谜题中的 4 个数字
def getHouZhui(str, g):
```

```
    '''将用户输入的中缀表达式转变为后缀表达式'''
    allNumber = []
    li = list(str)
    i = 0
    li1 = []                              # 存储正确的表达式
    o = ['(', ')', '+', '-', '*', '/']
    n = ['1', '2', '3', '4', '5', '6', '7', '8', '9', '0']
    # 对中缀表达式进行转变,使其支持两个连续的数字
while i < len(li):
        if li[i] in o:
            li1.append(li[i])
            i = i + 1
        elif li[i] in n:
            if i == len(li) - 1:
                li1.append(int(li[i]))
                allNumber.append(int(li[i]))
                i = i + 1
            elif li[i + 1] in n:          # 后续字符也是数字
                temp = int(li[i]) * 10 + int(li[i + 1])
                li1.append(temp)
                allNumber.append(temp)
                i = i + 2
            else:
                li1.append(int(li[i]))
                allNumber.append(int(li[i]))
                i = i + 1
        else:
            # print("输入的表达式不符合四则运算规则")
            return False
    g.sort()
    allNumber.sort()
    if g != allNumber:
        print("输入的数字不是给定的数字")
        return False
    # 中缀表达式转后缀
    hz = []
    tempStack = []
    d = {'(': -1, '+': 1, '-': 1, '*': 2, '/': 2}
    for i in range(len(li1)):
        # 如果是数字,则直接压栈
        if isinstance(li1[i], int):
            hz.append(li1[i])
        elif li1[i] == '(':
            tempStack.append(li1[i])
        elif li1[i] in ['+', '-', '*', '/']:
            # 和栈顶符号进行比较
            if len(tempStack) == 0:       # 如果栈为空,则符号直接压栈
                tempStack.append(li1[i])
    # 如果当前符号优先级大于栈顶元素,则压栈
```

```
            elif d[li1[i]] > d[tempStack[-1]]:
                tempStack.append(li1[i])
            else:
#当前符号优先级低于栈顶元素,不停地出栈,直到栈为空或者栈顶元素优先级小于当前符号优先级
#为止
                v = tempStack[-1]           #得到栈顶元素
                while d[v] >= d[li1[i]] and len(tempStack) != 0:
                    #当前临时栈符号出栈并且压到后缀表达式
                    hz.append(tempStack.pop())
                    if len(tempStack) != 0:
                        v = tempStack[-1]
                tempStack.append(li1[i])
        elif li1[i] == ')':
            #连续出栈,直到把"("出完为止
            while tempStack[-1] != '(':
                hz.append(tempStack.pop())
            tempStack.pop()
    while len(tempStack) != 0:
        hz.append(tempStack.pop())
    return hz
```

在上述代码中,将计算机出的谜题中的4个数字作为参数传递给中缀表达式转后缀表达式的函数,在函数中对用户输入的表达式进行判断,判断其是否只用到了计算机给出的4个数字,如果用了其余的数字或者计算机给出的4个数字没有全用到,则函数的返回值为False。如果中缀表达式不符合表达式的规则,则函数的返回值为False。如果中缀表达式转换后缀表达式成功,则函数返回后缀表达式。

代码中也用到了list类型的一些常见函数,其具体含义如表4-1所示。

表4-1 list类型常见方法

函　　数	功能描述
list.append(object)	在列表的尾部追加元素
list.pop()	返回列表中的最后一个元素,并删除该元素

4.4.3 后缀表达式求解

已知后缀表达式后,利用一个list类型变量 r 作为中间变量来对后缀表达式进行求解,后缀表达式求解时,从左到右进行遍历,并按照以下规则操作。

(1) 遍历到操作数后,将操作数尾插到 r 后。

(2) 遍历到运算符时,在 r 中按照从后到前的顺序取出操作数2和操作数1,进行"操作数1运算符操作数2"的运算,并将结果尾插到 r 后。

(3) 后缀表达式遍历结束后,r 中的数据就是后缀表达式的计算结果。

对4.4.2节得到的后缀表达式"982－5 * ＋"进行计算。当后缀表达式从左到右遍历时,前3个数都为操作数,依照规则,将其依次尾插到 r 后,如图4-25所示。

遍历完前3项后,下一项为运算符"－",依照规则,依次从 r 中由后向前取出两个数"2"和

“8”,并进行“－”运算,结果为“8－2＝6”,将运算结果 6 尾插到 r 中。需要注意的是,虽然“2”最先被取出,但是其运算时,需要放在运算符的右边。遍历“－”后的操作如图 4-26 所示。

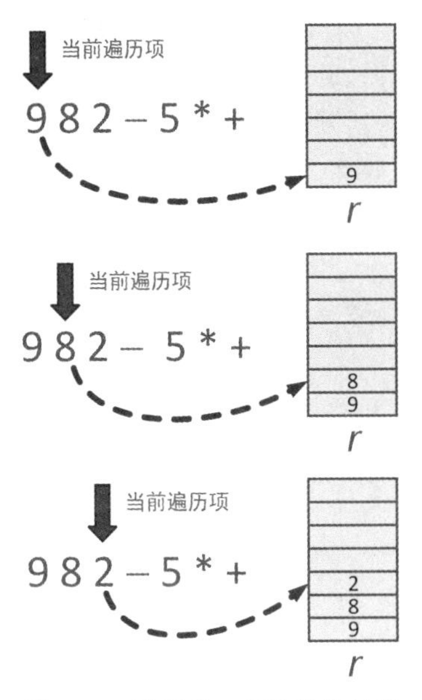

图 4-25 遍历前 3 项的操作示意

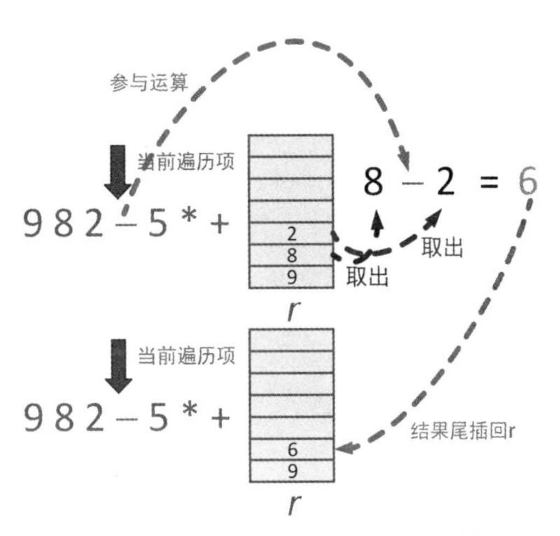

图 4-26 遍历到“－”时后缀表达式求解

遍历的下一项为“5”操作数,依照规则,将其尾插到 r 后。遍历“5”后的操作如图 4-27 所示。

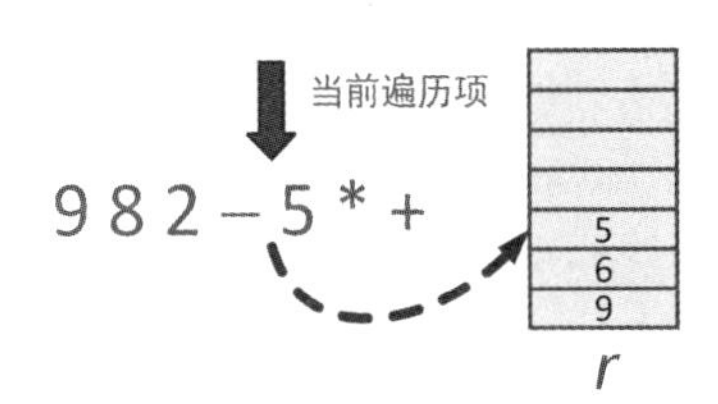

图 4-27 遍历到 5 时后缀表达式求解

遍历的下一项为“*”运算符,依照规则,依次从 r 中由后向前取两个数“5”和“6”进行“*”运算,结果为“6*5＝30”,将运算结果 6 尾插到 r 中,如图 4-28 所示。

后缀的表达式最后的遍历项为“＋”,依照规则,依次从 r 中由后向前取两个数“30”和“9”进行“＋”运算,结果为“9＋30＝39”,将运算结果 39 再尾插到 r 中,因后缀表达式已经没有可遍历的项,r 中存储的 39 即为最终后缀表达式的值,如图 4-29 所示。

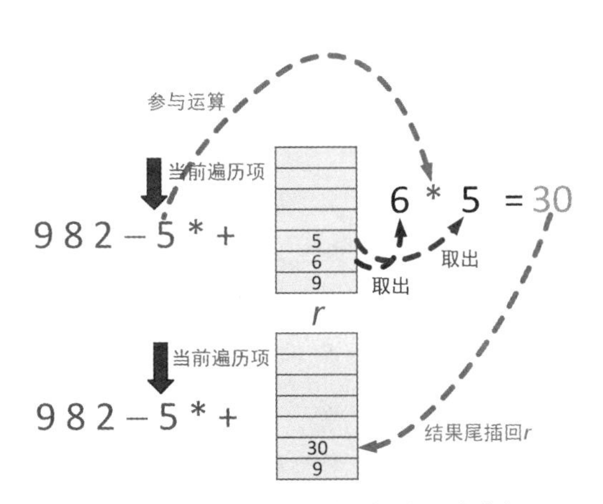

图 4-28 遍历到“*”时后缀表达式求解

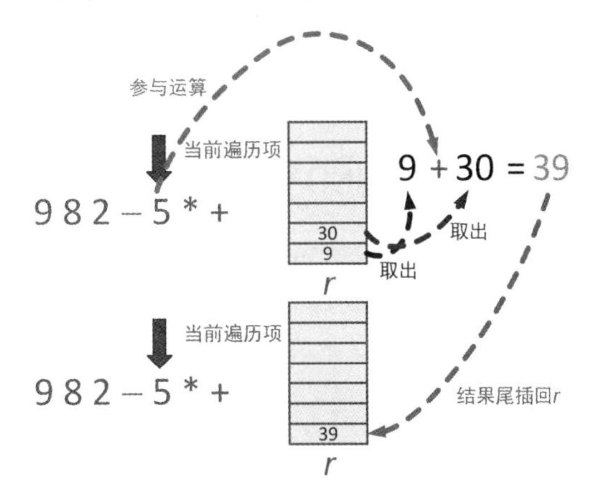

图 4-29 遍历到“＋”时后缀表达式求解

至此，后缀表达式就已经计算完毕，其最终的解为 39，依照这个算法思想，可以写出后缀表达式的求解代码如下：

```
#第 4 章/24/main.py
#后缀表达式求解函数
#hz 为要求解的后缀表达式,r 为中间 list 变量
def getAnswer(hz):
    '''后缀表达式求值'''
    r = []
for v in hz:
    #使用 isinstance()函数来判断当前的遍历对象是否是数字
        if isinstance(v, int):
            r.append(v)
        else:
            o2 = r.pop()
            o1 = r.pop()
            r.append(getResult(o1, o2, v))
    return r.pop()
```

代码中用到了一个新函数 isinstance()，此函数用来判断一个对象的变量类型，其函数语法如下：

isinstance(object,classinfo)。

(1) object：实例对象。

(2) classinfo：直接或间接类名、基本类型或者由它们组成的元组。

当 object 对象的类型与 classinfo 的类型一致时，isinstance()函数的返回值为 True，否则返回值为 False。利用 isinstance()函数这个特性可以使用 isinstance(v,int)来判断当前遍历对象 v 是否是数字。

4.5 玩家成绩排名

“24 点”游戏设计的最后一环是加入游戏排名系统，每当玩家游戏结束的时候，根据玩家成绩对其排名。为了能对历史成绩加以记录，需要引入新的数据存储方法，并且对不同的名次和名次对应的答题次数加以记录。

4.5.1 JSON 数据存储成绩排名

JSON(JavaScript Object Notation)是目前最常用的数据交换格式，常用于轻量级的数据交互，JSON 使用 JavaScript 语法来描述数据对象，但是其独立于语言和平台，JSON 的数据类型较少，其数据类型值如表 4-2 所示。

表 4-2 JSON 常用数据类型值

JSON 值	JSON 值描述
数字	整数或浮点数
字符串	双引号中的内容

续表

JSON 值	JSON 值描述
逻辑值	用 True 或 False 表示
数组	中括号中的内容
对象	大括号中的内容

"24 点"游戏在进行成绩排名的时候，需要记录每个玩家对应的答题数目，在此采用文件里存储 JSON 对象的方法来存储排名信息。在 PyCharm 里新建"24"的工程文件，并且在工程文件上右击，选择 New→File，如图 4-30 所示。

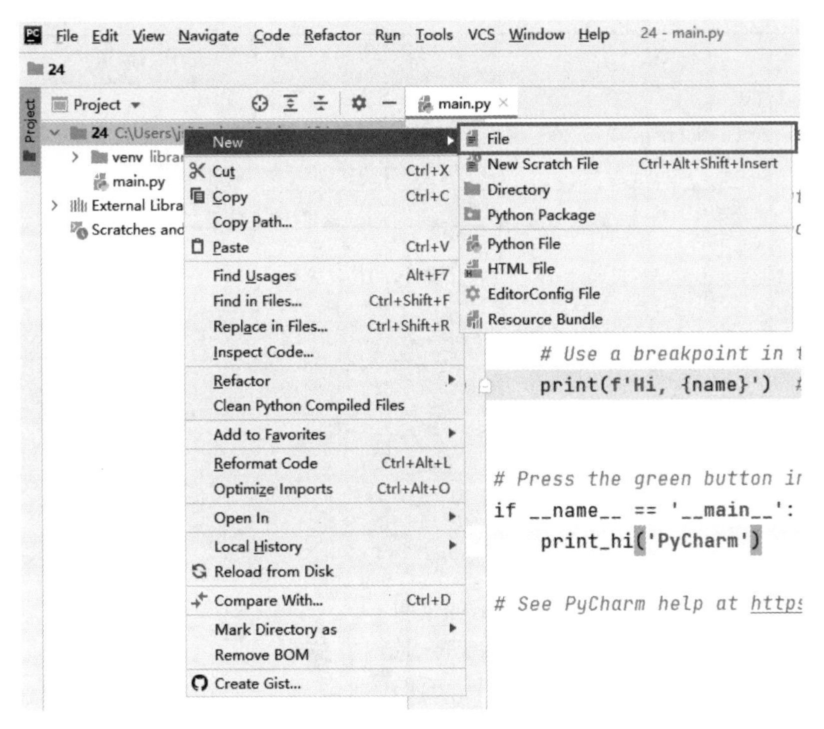

图 4-30 新建文件存储排名数据

在弹出的窗口内输入 rank.txt，从而建立排名信息文件，如图 4-31 所示。

New File
rank.txt

图 4-31 新建 rank.txt 文件

在新建的 rank.txt 文件里存储排名信息，其内容如下：

```
{"1":18,"2":16,"3":14,"4":12,"5":10,"6":8,"7":6,"8":4,"9":2,"10":0}
```

在上述内容中，每个引号括起来的数字表示排名，冒号后的数字表示答对的题目数量。例如"1":18 表示答对 18 道题就会排名第 1。

4.5.2 dict 类型存储 JSON

文件中是以 JSON 的形式存储排名信息的，幸运的是，Python 里的内置数据类型 dict 非常类似于 JSON 的形式，通过内置数据类型 dict 可以对玩家的排名进行记录，从而和文件里的 JSON 数据进行交互。

dict 数据类型的每个数据元素都以键值对的形式存在，使用"{}"将所有的数据元素括起来，每个数据元素之间用","分隔。需要注意的是 dict 里存储的数据是无序的，并且 dict 里的键不允许重复。dict 常用的操作方法如表 4-3 所示。

表 4-3 dict 常用操作方法

dict 方法	方 法 描 述
dict.clear()	清空 dict
dict.get(k,[default])	获得 k(键对应的值)
dict.keys()	获得键的迭代器
dict.items()	获得键和值的迭代器

以下代码使用 dict 对排名信息进行了输出，其内容如下：

```
r = {}
r = {"第一名":18,"第二名":16,"第三名":14}
for v in r.keys():
  print(v,r[v])
r["第四名"] = 12
for k,v in r.items():
    print(k,v)
```

运行上述代码会得到如图 4-32 所示的结果。

在代码中首先定义了 dict 类型的变量 v，同时存储了前三名的信息，使用 r.keys()得到所有键的迭代器后，使用 for 循环输出了前三名的信息。当需要在 r 里引入第四名信息时，直接通过和新键赋值的方法引入新的键值对。程序的最后使用 dict 的 items()方法同时得到键和值的迭代器，使用 for 循环和 print()函数输出了迭代信息。

```
第一名 18
第二名 16
第三名 14
第一名 18
第二名 16
第三名 14
第四名 12

Process finished with exit code 0
```

图 4-32 dict 示例结果

4.5.3 读取与更新 rank.txt 排名文件

在 4.5.1 节里使用 rank.txt 文件来存储初始排名信息，当玩家答题结束后，游戏程序需要根据玩家答题数目进行排名文件的更新，这时候就需要掌握 rank.txt 文件读取和写入的操作方法了。

Python 使用 open()函数来打开文件或创建文件，其基本语法如下：

```
open(file_name[,access_mode][,buffering])
```

(1) file_name：要打开的文件名称。

(2) access_mode：打开文件的模式，对应有只读、写入、追加，默认为只读。

(3) buffering：缓存值。如果值为0，则表示没有缓存；如果值为1，则表示访问文件有缓存。

常见的打开文件模式如表4-4所示。

表4-4 文件模式

模式	模式描述
r	以只读模式打开文件，文件指针放在文件的开头
r+	以读写模式打开文件，文件指针放在文件的开头
w	打开一个文件，用于写入，如果文件不存在，则创建文件
w+	打开一个文件，用于读写，如果文件不存在，则创建文件

打开rank.txt文件后，就可以对用户的答题数目进行排名了，代码如下：

```
#第4章/24/main.py
#s为玩家的答题数量
import json
def getRank(s):
    rankData = None
    rank = "未进入排名"
    #读取排名数据
    with open('rank.txt', 'r') as f:
        rankData = json.load(f)
    for i in range(1, 11):
        if s >= rankData[str(i)]:
            rank = "第" + str(i) + "名"
            rankData[str(i)] = score
            break
    #写入排名文件
    with open('rank.txt', 'w') as f:
        json.dump(rankData, f)
    return rank
```

在上述代码中，使用with open语句对文件的读模式和写模式进行打开操作。采用这种方法进行文件操作，当发生文件读写异常时，会自动进行文件的关闭。json.load()函数将读取的JSON数据转换为dict数据类型rankData，程序根据玩家的答题数量进行排名，显示和排名数据更新后，通过json.dump()函数将rankData重新写入rank.txt文件。

4.6 “24点”游戏代码主函数

“24点”游戏涉及的计算机出题、玩家输入的表达式求解、玩家成绩排名都已经分别进行说明。接下来需要做的就是创建主函数并将各个功能函数串联起来，代码如下：

```
import json
import random
#得到4个数字的全排列
```

```
def allPossible(pos):
    global li
    global liAll
    if pos == len(li) - 1:
        liAll.append(li.copy())
    else:
        for i in range(pos, len(li)):
            li[pos], li[i] = li[i], li[pos]
            allPossible(pos + 1)
            li[pos], li[i] = li[i], li[pos]


#得到 aoperb 的结果
def getResult(a, b, oper):
    if oper == '+':
        return a + b
    elif oper == '-':
        return a - b
    elif oper == '*':
        return a * b
    elif oper == '/' and b != 0:
        return a / b
    elif oper == '/' and b == 0:   #如果除数为 0,则返回一个大的负数,不影响最终结果
return -10000


def express1(question, oper1, oper2, oper3):
    '''计算((A?B)?C)?D 的形式'''
    r1 = getResult(question[0], question[1], oper1)
    r2 = getResult(r1, question[2], oper2)
    r3 = getResult(r2, question[3], oper3)
    return r3


def express2(question, oper1, oper2, oper3):
    '''计算(A_(B_C))_D 的形式'''
    r1 = getResult(question[1], question[2], oper2)
    r2 = getResult(question[0], r1, oper1)
    r3 = getResult(r2, question[3], oper3)
    return r3


def express3(question, oper1, oper2, oper3):
    '''计算 A_((B_C)_D)的形式'''
    r1 = getResult(question[1], question[2], oper2)
    r2 = getResult(r1, question[3], oper3)
    r3 = getResult(question[0], r2, oper1)
    return r3
```

```
def express4(question, oper1, oper2, oper3):
    '''计算 A_(B_(C_D))的形式'''
    r1 = getResult(question[2], question[3], oper3)
    r2 = getResult(question[1], r1, oper2)
    r3 = getResult(question[0], r2, oper1)
    return r3


def express5(question, oper1, oper2, oper3):
    '''计算(A_B)_(C_D)的形式'''
    r1 = getResult(question[0], question[1], oper1)
    r2 = getResult(question[2], question[3], oper3)
    r3 = getResult(r1, r2, oper2)
    return r3


def getSolution(question):
    '''如果有 4 个操作数,则有 3 个操作符,进行全遍历求解'''
    global haveQuestion, display
    oper = ['+', '-', '*', '/']
    for i in range(4):
        for j in range(4):
            for k in range(4):
                if express1(question, oper[i], oper[j], oper[k]) == 24:
                    if display:
                        print("((%d%c%d)%c%d)%c%d" % (question[0], oper[i],
question[1], oper[j], question[2], oper[k], question[3]))
                    haveQuestion = True
                if express2(question, oper[i], oper[j], oper[k]) == 24:
                    if display:
                        print("(%d%c(%d%c%d))%c%d" % (question[0], oper[i], question[1],
oper[j], question[2], oper[k], question[3]))
                    haveQuestion = True
                if express3(question, oper[i], oper[j], oper[k]) == 24:
                    if display:
                        print("%d%c((%d%c%d)%c%d)" % (question[0], oper[i], question[1],
oper[j], question[2], oper[k], question[3]))
                    haveQuestion = True
                if express4(question, oper[i], oper[j], oper[k]) == 24:
                    if display:
                        print("%d%c(%d%c(%d%c%d))" % (question[0], oper[i], question[1],
oper[j], question[2], oper[k], question[3]))
                    haveQuestion = True
                if express5(question, oper[i], oper[j], oper[k]) == 24:
                    if display:
                        print("(%d%c%d)%c(%d%c%d))" % (question[0], oper[i], question[1],
oper[j], question[2], oper[k], question[3]))
                    haveQuestion = True
```

```
def getHouZhui(str, g):
    '''将用户输入的中缀表达式转变为后缀表达式'''
    allNumber = []
    li = list(str)
    i = 0
    li1 = []  #存储正确的表达式
    o = ['(', ')', '+', '-', '*', '/']
    n = ['1', '2', '3', '4', '5', '6', '7', '8', '9', '0']
    #对中缀表达式进行转变,使其支持两个连续的数字
while i < len(li):
        if li[i] in o:
            li1.append(li[i])
            i = i + 1
        elif li[i] in n:
            if i == len(li) - 1:
                li1.append(int(li[i]))
                allNumber.append(int(li[i]))
                i = i + 1
            elif li[i + 1] in n:                #后续字符也是数字
                temp = int(li[i]) * 10 + int(li[i + 1])
                li1.append(temp)
                allNumber.append(temp)
                i = i + 2
            else:
                li1.append(int(li[i]))
                allNumber.append(int(li[i]))
                i = i + 1
        else:
            #print("输入的表达式不符合四则运算规则")
            return False
    g.sort()
    allNumber.sort()
    if g != allNumber:
        print("输入的数字不是给定的数字")
        return False
    #中缀表达式转后缀
    hz = []
    tempStack = []
    d = {'(': -1, '+': 1, '-': 1, '*': 2, '/': 2}
    for i in range(len(li1)):
        #如果是数字,则直接压栈
        if isinstance(li1[i], int):
            hz.append(li1[i])
        elif li1[i] == '(':
            tempStack.append(li1[i])
        elif li1[i] in ['+', '-', '*', '/']:
            #和栈顶符号进行比较
            if len(tempStack) == 0:             #如果栈为空,则符号直接压栈
                tempStack.append(li1[i])
```

```
            elif d[li1[i]] > d[tempStack[-1]]:          # 如果符号优先级大于栈顶元素,则压栈
                tempStack.append(li1[i])
            else:       # 当前符号优先级低于栈顶元素,不停地出栈,直到栈为空或者栈顶元素优先
                        # 级小于当前符号优先级为止
                v = tempStack[-1]                       # 得到栈顶元素
                while d[v] >= d[li1[i]] and len(tempStack) != 0:
                    hz.append(tempStack.pop())          # 临时栈符号出栈并且压到后缀表达式
                    if len(tempStack) != 0:
                        v = tempStack[-1]
                tempStack.append(li1[i])
        elif li1[i] == ')':
            # 连续出栈,直到把"("出完为止
            while tempStack[-1] != '(':
                hz.append(tempStack.pop())
            tempStack.pop()
    while len(tempStack) != 0:
        hz.append(tempStack.pop())
    return hz


def getAnswer(hz):
    '''后缀表达式求值'''
    r = []
    for v in hz:
        if isinstance(v, int):
            r.append(v)
        else:
            o2 = r.pop()
            o1 = r.pop()
            r.append(getResult(o1, o2, v))
    return r.pop()


def calcProblem(str, li):
    '''计算用户输入的表达式'''
    hz = getHouZhui(str, li)
    if hz == False:
        return "输入的表达式不规范"
    else:
        return getAnswer(hz)


def getRank(s):
    rankData = None
    rank = "未进入排名"
    # 读取排名数据
    with open('rank.txt', 'r') as f:
        rankData = json.load(f)
    for i in range(1, 11):
```

```
        if s >= rankData[str(i)]:
            rank = "第" + str(i) + "名"
            rankData[str(i)] = score
            break
    #写入排名文件
    with open('rank.txt', 'w') as f:
        json.dump(rankData, f)
    return rank


print("# ************************************** #")
print("                                          ")
print("                欢迎来到                  ")
print("                                          ")
print("              “24点”小游戏                ")
print("                                          ")
print("# ************************************** #")

haveQuestion = False
#记录游戏分数
score = 0
while haveQuestion == False:
    display = False
    #产生随机的4个整数
li = []
    for i in range(4):
        li.append(random.randint(1, 13))

    #得到所有的4个数组合
liAll = []
    allPossible(0)
    for q in liAll:
        getSolution(q)
    #产生的4个数有答案
if haveQuestion == True:
        print("请输入表达式来使下面4个数得到结果为24:")
        print("输入answer得到正确答案: ")
        print(li[0], li[1], li[2], li[3])
        strInput = input()
        if strInput == 'answer':
            display = True
            for q in liAll:
                getSolution(q)
            haveQuestion = False
        else:
            a = calcProblem(strInput, li)
            if a == 24:
                print("回答完全正确!")
                haveQuestion = False
```

```
            score += 1
        elif isinstance(a,int):
            print("表达式计算结果为 %d,结果不为 24" % a)
        else:
            print("输入的表达式不符合计算规则")

    print("游戏结束,你的得分是", score)
    print("游戏排名: ", getRank(score))
```

代码开始执行时导入 json 和 random 模块从而使程序支持 JSON 解析和随机数生成。

allPosssible()、getResult()、express1()等函数功能已经在本章的前述章节做了讲解，此处不再赘述。当布尔变量 havaQuestion 的值为 True 时，表示随机生成的 4 个数有答案；当值为 False 时，表示没有答案，需要更换新的随机数字。score 为玩家的分数，当玩家解决了一个谜题后，分数加 1，当玩家解答谜题失败时，通过 getRank()函数得到 score 对应的游戏历史排名。

4.7　小结

本章主要介绍了"24 点"游戏的具体实现，同时对本章涉及的 dict 类型、JSON 数据解析、中缀表达式转后缀表达式算法、后缀表达式求解算法、文件读取等做了简要介绍。

学习本章后，读者应能掌握 dict 数据类型的迭代访问、文件的读写方法、中缀表达式转后缀表达式的方法，以及后缀表达式求解等知识。

本章采用了穷举的思想来创建"24 点"游戏谜题，采用后缀表达式求解玩家输入的表达式，采用 JSON 数据文件的方法进行游戏排名，读者可使用本章介绍的方法来编写扫雷等类似游戏。

本章知识可为后续章节的学习打下良好基础。

100分

第5章 “小猫顶球”游戏

前面章节编写的游戏主要使用控制台和玩家进行交互，无论从游戏界面还是游戏操作来讲，都不是很友好。从本章开始，将在 Python 中使用 Pygame 来编写带图形界面的游戏。

本章介绍的小猫顶球的游戏虽然较为简单，但读者将从这个游戏中掌握 Pygame 模块的基础用法，从而为后续章节复杂游戏的设计打下良好基础。

5.1 “小猫顶球”游戏运行示例

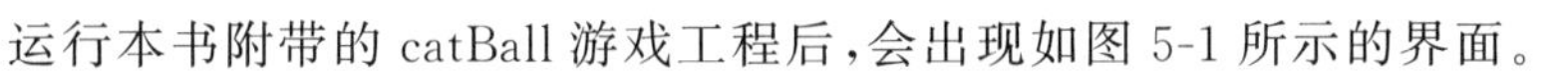

运行本书附带的 catBall 游戏工程后，会出现如图 5-1 所示的界面。

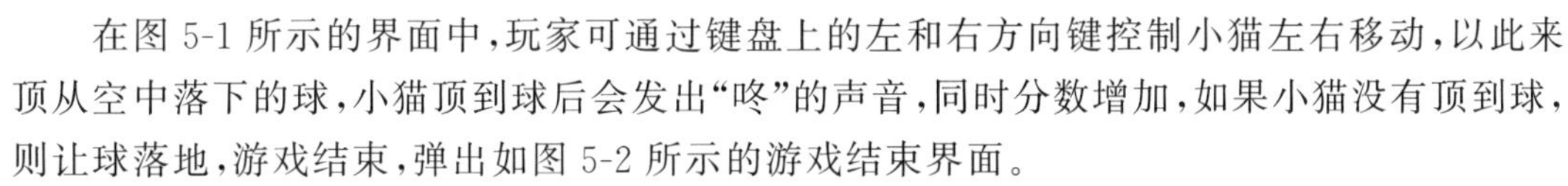

在图 5-1 所示的界面中，玩家可通过键盘上的左和右方向键控制小猫左右移动，以此来顶从空中落下的球，小猫顶到球后会发出“咚”的声音，同时分数增加，如果小猫没有顶到球，则让球落地，游戏结束，弹出如图 5-2 所示的游戏结束界面。

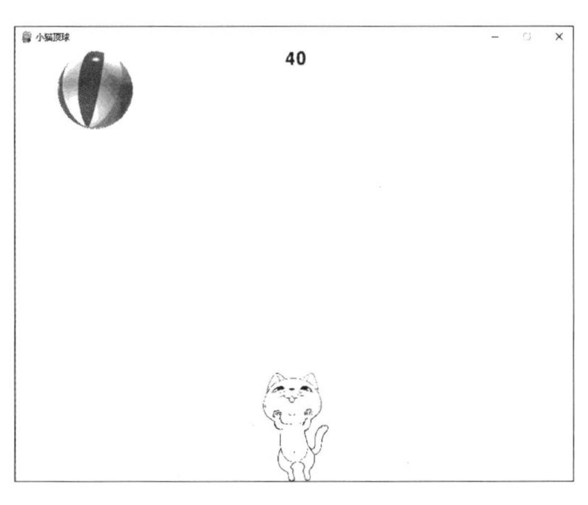

图 5-1 “小猫顶球”游戏开始界面

小猫顶球

Your Score is:1090

GAME OVER

Press Space Begin New Game

图 5-2 “小猫顶球”游戏结束

在游戏结束界面显示玩家已经获得的分数，同时提示玩家按 Space 键（键盘上的空格）开始新游戏，如果单击右上角的“×”按钮，则游戏结束。根据上述游戏过程，可画出如图 5-3 所示的小猫顶球的游戏流程图。

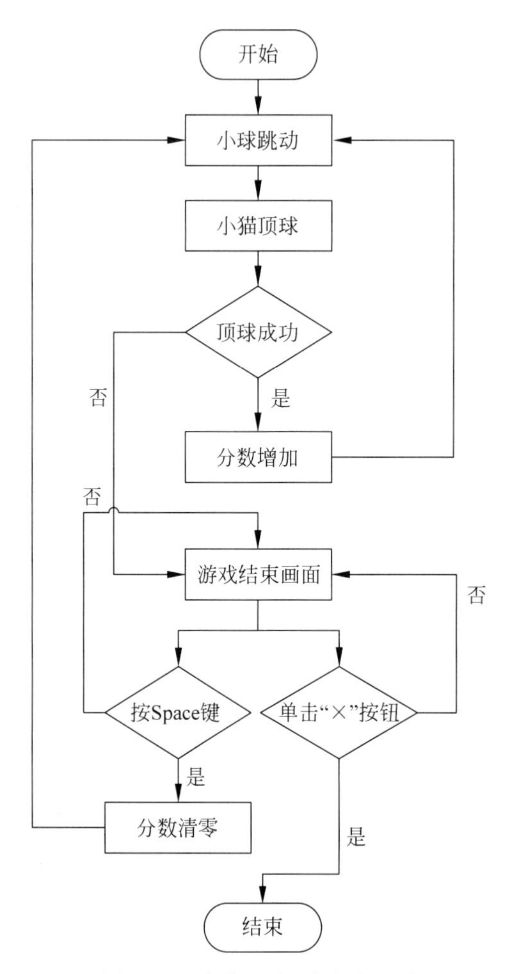

图 5-3 “小猫顶球”游戏流程图

5.2 Pygame 模块简介

“小猫顶球”游戏采用了 Pygame 模块进行编程。Pygame 是一个免费并且开源的编程语言库,其可用于 2D 游戏制作,包含对图像、声音、视频、事件、碰撞等支持,到现在 Pygame 已经有了 20 余年的发展历史。因 Pygame 建立在 SDL(Simple DirectMedia Layer)的基础上,SDL 是一套跨平台的多媒体开发库,底层用 C 语言实现,故 Pygame 的性能非常优越。

Pygame 模块在游戏开发上的易用性和跨平台的特性,使开发者不用被底层语言、游戏性能和所运行的操作系统平台所束缚,从而可以在游戏功能和逻辑上下更多功夫。

Pygame 模块的开发和支持者众多,开发上碰到的大部分问题可以在官网上找到答案。当读者碰到模块使用上的问题时,可以登录 http://www.pygame.org 求得帮助,同时在官网上提供了各个游戏种类的示例代码,读者也可根据这些开源的游戏示例代码学习更多游戏编程的知识。

说了这么多 Pygame 的优点,读者可能已经迫不及待地想掌握其用法。接下来一起用 Pygame 来完成本章的“小猫顶球”游戏。

5.3 “小猫顶球”游戏环境搭建

1. 创建“小猫顶球”游戏工程文件

在前面几章的游戏编程中，都是使用工程默认生成的 main. py 文件进行编码。虽然使用这个文件省事，但是不能从文件名中看出其要完成的功能，最好的办法就是文件根据功能的不同而有不同的名字。接下来一起看一下如何将新建的 catBall 里的 main. py 文件名修改为 catBall. py。

运行 PyCharm 后单击 File 菜单里的 New Project 按钮创建 catBall 工程，如图 5-4 所示。

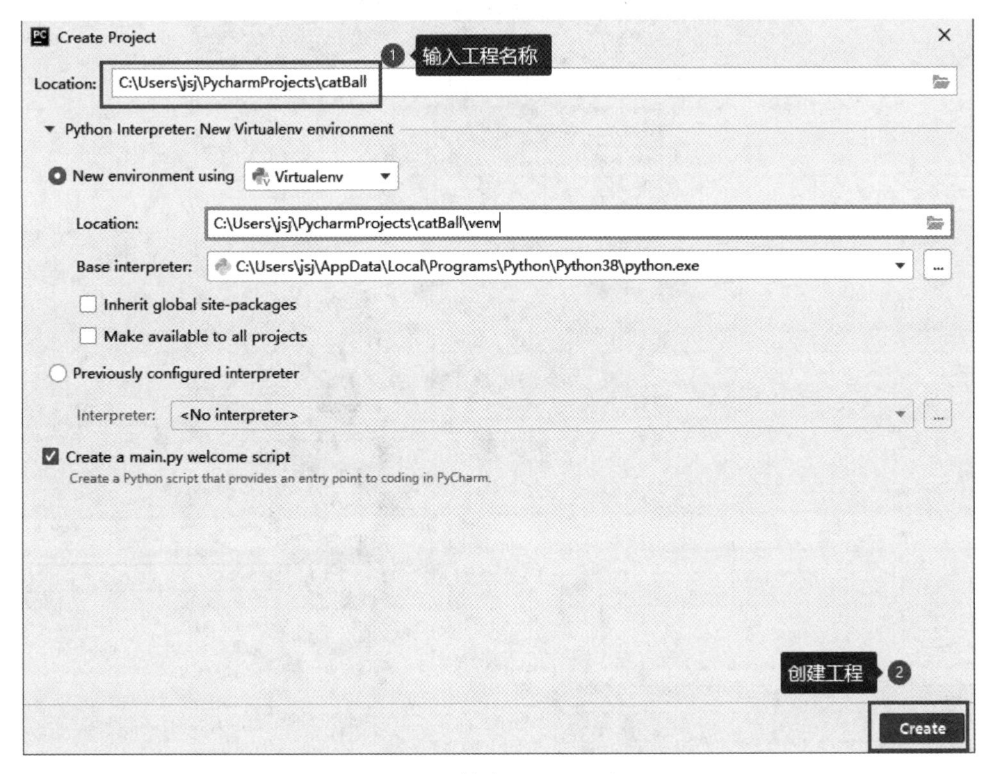

图 5-4 创建 catBall 工程

创建 catBall 工程后，在 main. py 文件上右击并单击 Refactor 按钮，在弹出的菜单中单击 Rename 按钮，如图 5-5 所示。

在弹出的对话框里将 main. py 修改为 catBall. py，单击 Refactor 按钮，如图 5-6 所示。

“小猫顶球”游戏需要小猫和球的素材，本书的附带资源已经提供了此素材。打开本章的附带资源后，复制 cat. png、ball. gif 和 dong. wav 文件，在 catBall 工程上右击，在弹出的菜单上单击 Paste 按钮，如图 5-7 所示。

至此，“小猫顶球”游戏的工程便建立完毕，读者应把 catBall. py 文件里的内容清空，从而为后续写入游戏代码做好准备。

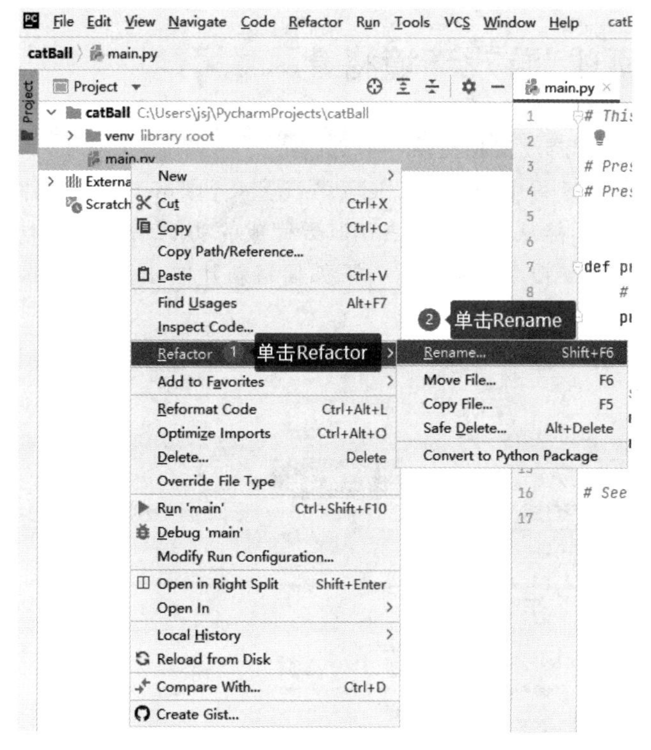

图 5-5 更改 main. py 文件

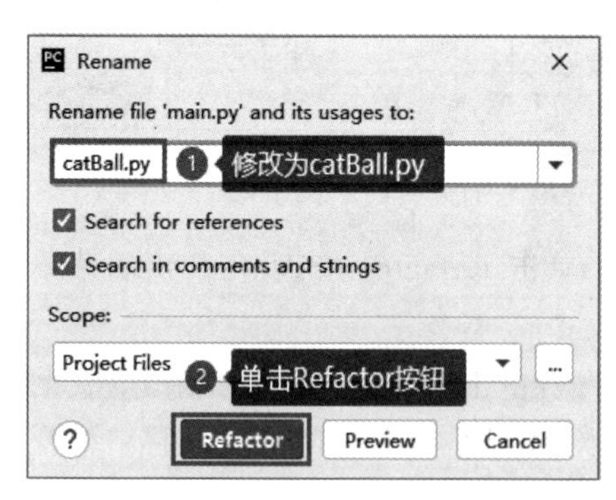

图 5-6 修改文件名称

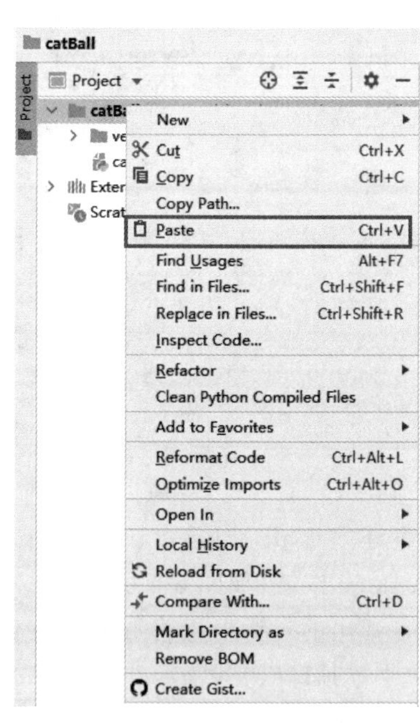

图 5-7 将资源文件粘贴到 catBall

2. 导入 Pygame 模块

Pygame 模块为外置模块，在使用前必须进行导入。在 PyCharm 里导入 Pygame 模块，既可以使用 Terminal 方式导入，也可以在图形界面下进行导入。

1）Terminal 导入

单击 PyCharm 下方的 Terminal 按钮，在弹出的窗口里输入命令，如图 5-8 所示，命令如下：

```
pip3 install pygame
```

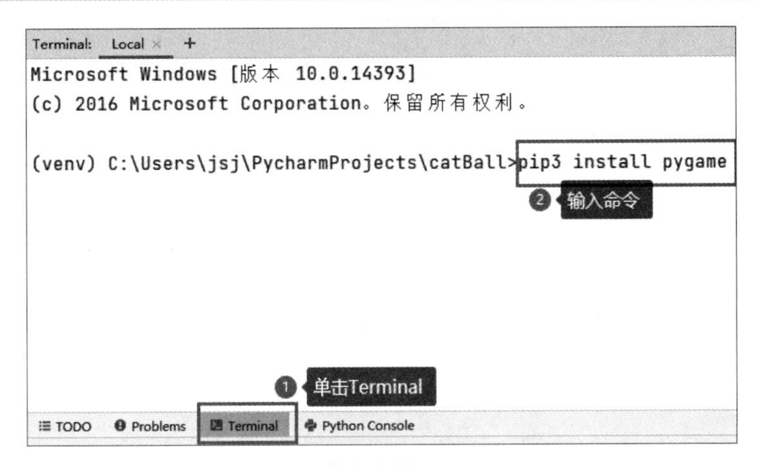

图 5-8　命令行导入 Pygame

输入命令并按 Enter 键执行后，pip3 包管理器会自动在 Python 仓库里查找最新版本的 Pygame 安装包，并将其安装在当前的工程环境中。

2）图形界面导入

图形界面下安装 Pygame 要稍微复杂。运行 PyCharm 后，单击 File 菜单下的 Settings 按钮，在弹出的窗口里打开 Project：catBall 下拉列表后，单击 Python Interpreter 选项，在右侧的窗口里单击“＋”按钮，如图 5-9 所示。

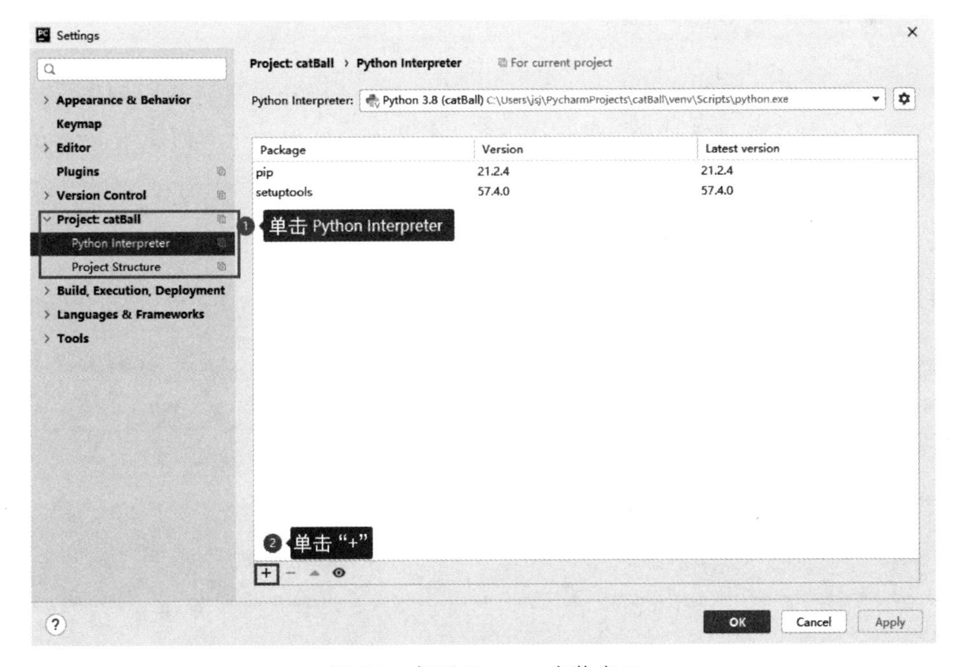

图 5-9　打开 Pygame 安装窗口

单击"＋"后，在弹出的窗口里输入 pygame，单击 Install Package 按钮，如图 5-10 所示。

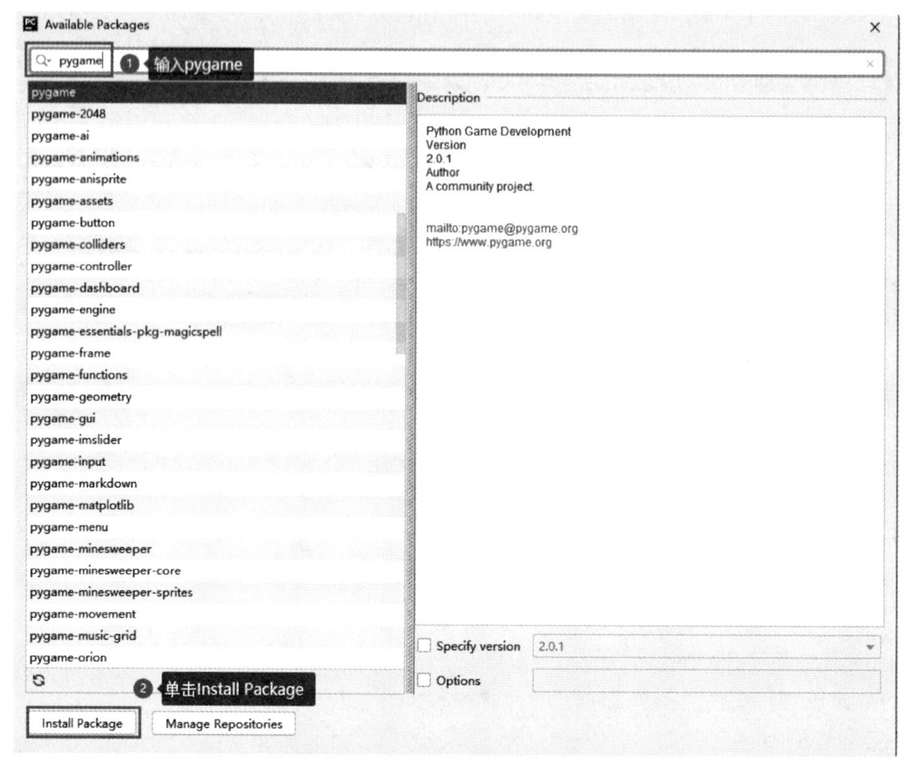

图 5-10 查找 pygame 并安装

5.4 图形界面初始化

Pygame 图形界面游戏编程非常类似于画家在一块儿画布上进行画图创作，作为一个"画家"首先需要做的就是掌握画布的创建方法。接下来一起看一下如何使用 Pygame 创建一个白色的画布，从而为后续"创作"打下良好基础。

5.4.1 无交互的图形界面创建

使用 PyCharm 打开 5.3 节创建好的 catBall 工程，双击 catBall.py 文件，输入代码如下：

```
#第 5 章/catBall/catBall.py
import pygame
pygame.init()
SIZE = WIDTH, HEIGHT = (800, 600)
screen = pygame.display.set_mode(SIZE)
pygame.display.set_caption('小猫顶球')
WHITE = (255, 255, 255)
screen.fill(WHITE)
while True:
    pygame.display.update()
```

运行上述的代码，神奇的事情发生了，短短 9 行代码竟然运行出如图 5-11 所示的完整图形界面，而且这个图形界面无论在 Windows 上还是在 Linux 上都具有相同的显示效果！这就是 Pygame 强大之处，一次编码，多平台使用。

图 5-11 无交互的图形界面

上述代码虽然简单，但是 Pygame 游戏编程基本上使用这种编程方法。接下来一起看一下代码都代表什么意义。

在代码的第 2 行使用了 pygame.init()函数，此函数用于对 Pygame 游戏编程进行初始化。调用此函数时，Pygame 在初始化游戏编程时可能会用到的声卡、显卡、游戏手柄等硬件的调用接口，如果硬件有问题，会以元组的形式返回相关的错误代码。

screen＝pygame.display.set_mode(SIZE)语句创建出了一个大小为 800×600 像素的画布，screen 代表创建后返回的画布对象，以后需要在画布上画其他图形时，可以通过得到的 screen 画布对象进行创作。

pygame.display.set_caption('小猫顶球')语句用于将画布标题设置为小猫顶球。pygame.display 还有很多和窗口设置相关的属性，在后续章节中将进一步说明。

screen.fill(WHITE)语句将当前画布设置为 WHITE 颜色填充，其中 WHITE 变量由 RGB 三原色搭配而得，Pygame 将 RGB 三原色中每种原色的数值范围都设置为 0～255，通过 3 个不同的数值将搭配出不同颜色。例如白色为(255,255,255)，黑色为(0,0,0)。

程序的最后两行为一个 while 无限循环，在无限循环里不停地调用 pygame.display.update()语句。while 无限循环是 Pygame 保持窗口一直可以在屏幕上显示的关键，如果不使用无限循环，则创建的画布将一闪而过。pygame.display.update()语句用来更新画布上所有的图像，本节的例程代码不涉及画布上的图像创作，后续章节读者将看到此语句的具体使用。

5.4.2 画布相关属性

在 5.4.1 节创建了一个大小为 800×600 像素的空白白色画布，并且将画布的标题设置为“小猫顶球”。为了在画布上创作出更多佳作，下面看一下和画布相关的一些属性。

1. 画布坐标系

画布大小为 800×600 像素，什么位置是其开始计算像素的(0,0)点？是和数学中常用的笛卡儿坐标系一样，即画布中心是(0,0)点吗？或者其他坐标体系？

Pygame使用了一种新的坐标体系，在这种坐标体系下，坐标原点(0,0)是画布的左上角，如图5-12所示。

从图5-12可知，如果画布大小为800×600像素，则从画布左上角的坐标原点水平向右，x坐标递增，最大值为800，从画布坐标原点垂直向下，y坐标递增，最大值为600，画布右下角的坐标值为(800,600)。

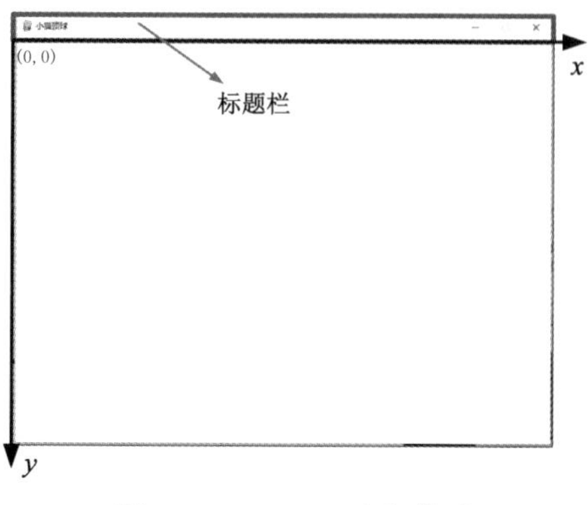

图5-12 Pygame坐标体系

2. 画布属性设置

在5.4.1节使用pygame.display.set_mode(SIZE)语句将画布大小设置为SIZE大小，即800×600像素，画布还有一些其他的属性可进行设置，其属性设置如下。

```
pygame.display.set_mode(resolution = (0,0),flags = 0,depth = 0)
```

(1) resolution：一个二元组参数，表示宽和高。如果不传递这个参数或使用默认值(0,0)，则将设置成和当前计算机屏幕一样的分辨率。

(2) flags：指定要显示的类型，共有如表5-1所示的几个属性。当要使用多个属性时可以使用"|"进行连接。例如pygame.FULLSCREEN | pygame.HWSURFACE表示同时使用了两个属性。

表5-1 flags常见参数

参　　数	参数描述
pygame.FULLSCREEN	画布全屏显示
pygame.DOUBLEBUF	双缓冲模式，在HWSURFACE或OPENGL下使用
pygame.HWSURFACE	硬件加速，只有全屏下才可以使用
pygame.OPENGL	使用OPENGL显示接口
pygame.RESIZABLE	创建的画布可以缩放
pygame.NOFRAME	画布没有边框，没有右上角最小化和关闭等按钮

(3) depth：表示要使用的颜色深度。通常情况下不要传递depth参数，Pygame会自动根据当前操作系统选择最好和最快的颜色深度。

5.5 认识小猫等Surface对象

空白的画布创建好后，便可以在画布上进行艺术创作。本章介绍的是小猫顶球游戏，该如何加载小猫和球，这就必须认识一下Pygame里的Surface对象。

Pygame认为创建好的画布是Surface对象，画布上所描绘的任何图形都是Surface对象，从外部加载的图形资源也是Surface对象。可以说，Surface对象是Pygame编程的灵魂，掌握好Surface对象对于学习Pygame游戏编程会事半功倍。

1. 认识 Surface 对象

Surface 对象是 Pygame 模块的一个子集，用于表示任何一张图像，其具有固定的分辨率和像素格式，只需指定尺寸，就能通过 pygame.Surface()方法创建一个新的图像 Surface。创建好的 Surface 对象可以做很多事情，例如在其上绘制图形、写入文字、填充颜色等。Surface 对象支持不同对象间的叠加显示，本章介绍的小猫顶球游戏就是利用 Surface 对象这个特性来完成的。

Surface 对象极其重要，以致 Pygame 为其设计了多达 50 余个属性和方法，覆盖了 Surface 对象操作的方方面面。在后续章节中，读者将接触到 Surface 对象的各种用法。

Surface 对象创建后是一个矩形区域，其默认填充颜色为黑色，如果没有指定其他参数，则将创建出最适合当前显示分辨率的 Surface 对象。

2. Surface 对象创建方法

在 5.4.1 节使用 screen＝pygame.display.set_mode(SIZE)语句得到了一个 800×600 像素的 Surface 对象 screen，screen 是一个特殊的 Surface 对象，它是游戏编程的主画布，是后续 Surface 对象显示的前提。通常来讲，使用 Pygame 游戏编程都要使用这一语句来创建主画布，在后续章节的游戏设计中，读者会经常看到此代码的出现。

大多数情况下，游戏编程中涉及的各种图形资源都不是由 CPU 或 GPU 即时绘制出来的，往往通过加载美工已经绘制好的图片资源来完成图形资源的显示，Pygame 游戏编程也不例外。Pygame 通过 pygame.image.load()方法来加载图片资源，加载后的图片资源将变为 Surface 对象。加载 cat.png 图片并赋值给 catSurface 对象，代码如下：

```
catSurface = pygame.image.load("cat.png")
```

上述代码对 cat.png 图片进行了加载，需要说明的是，Pygame 支持大多数图片格式，但是图片格式如果过于小众，则存在加载不出来的情况。Pygame 支持的图片格式有 JPG、PNG、GIF、PCX、TGA、TIF、LBM、PBM、PGM、PPM 和 XPM。

读者在编程中可能碰到这样的问题，图片资源的分辨率太大了，在 Pygame 的主画布里如果按照 1∶1 加载，则图片会过大，不符合编程中需要的图片大小。最容易解决这个问题的办法是让美工按照需求调整图片的分辨率，但图片资源往往要在各个游戏场景里复用，其分辨率也不尽相同，让美工按照各个场景需求调整图片分辨率似乎不大现实。幸运的是，Pygame 提供了 transform 方法来满足游戏场景里缩放图片资源的 Surface 对象，从而解决图片分辨率的问题。将小猫 Surface 对象缩小成 94×153 像素的 Surface 对象，并赋值给 catSurface，代码如下：

```
catSurface = pygame.image.load("cat.png")
catSurface = pygame.transform.scale(catSurface,(94,153))
```

3. Surface 对象属性获取

Pygame 游戏编程的实质就是对多个 Surface 对象的灵活运用。对于各个 Surface 对象，游戏编程中经常需要获取其位置、高度等信息，从而进行控制，为此，Pygame 提供了众多的 Surface 对象属性获取方法来满足游戏开发者的需求。Surface 对象常见属性如表 5-2 所示。

表 5-2 Surface 对象常见属性

方 法	方法描述
Surface.get_width()	获取 Surface 宽度,单位为像素
Surface.get_height()	获取 Surface 高度,单位为像素
Surface.get_size()	获取 Surface 的(width,height)尺寸
Surface.get_rect()	获取 Surface 的 Rect 矩形对象,Rect 矩形对象的值为(0,0,width,height)

加载 cat.png 图片,并使用 Surface 的属性及方法进行输出,代码如下:

```
#第 5 章/catBall/catShow.py
import pygame
pygame.init()
SIZE = WIDTH, HEIGHT = (800, 600)
screen = pygame.display.set_mode(SIZE)
pygame.display.set_caption('小猫顶球')
WHITE = (255, 255, 255)
catSurface = pygame.image.load("cat.png")
print(catSurface.get_width())
print(catSurface.get_height())
print(catSurface.get_size())
print(catSurface.get_rect())
catSurface = pygame.transform.scale(catSurface,(100,200))
print(catSurface.get_width())
print(catSurface.get_height())
print(catSurface.get_size())
print(catSurface.get_rect())
screen.fill(WHITE)
while True:
    pygame.display.update()
```

上述代码的运行结果如图 5-13 所示。

```
pygame 2.0.1 (SDL 2.0.14, Python 3.8.7)
Hello from the pygame community. https://www.pygame.org/contribute.html
765
1165
(765, 1165)
<rect(0, 0, 765, 1165)>
100
200
(100, 200)
<rect(0, 0, 100, 200)>

Process finished with exit code -1
```

图 5-13 Surface 对象属性获取

从图 5-13 可知,直接用 pygame.image.load()方法加载图片后,得到的是图片的原始宽度、高度、尺寸、Rect 等属性。使用 pygame.transform.scale()方法对 Surface 对象进行调整后,获取的就是调整后的各个属性。

5.6 显示小猫等 Surface 对象

在 5.5 节使用 pygame. image. load()方法加载了小猫等图片资源，并使用 pygame. transform. scale()方法对加载的图片资源根据需求进行了缩放。加载好的图片资源该如何显示到画布上，并且其在画布上的位置怎么确定？

在 5.5 节的最后使用 Surface. get_rect()方法得到了 Surface 对象的 Rect 对象，Pygame 使用 Rect 对象的位置来定位 Surface 的坐标位置。换句话说，如果改变 Rect 对象的位置，则代表 Surface 对象的图片位置也将随之跟着改变。Rect 对象是图像显示的关键，下面看一下 Rect 对象的相关知识。

5.6.1 创建 Rect 对象

Rect 对象是一个四元组，其由 4 个数字来表示一个矩形区域，例如(100,100,200,300)表示的 Rect 对象如图 5-14 所示。

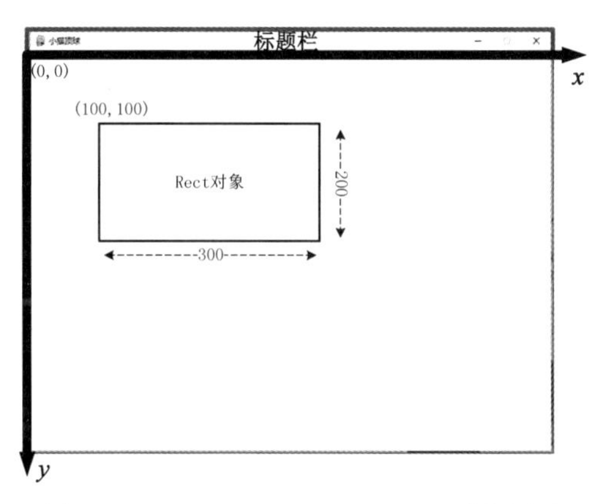

图 5-14 (100,100,200,300)Rect 对象图示

从图 5-14 可知，在 Rect 对象的四元组中，前两个数字表示 Rect 对象的左上角坐标为(100,100)，第 3 个数字表示 Rect 对象的宽度为 300 像素，第 4 个数字表示 Rect 对象的高度为 200 像素。Pygame 还支持用户自己创建 Rect 对象，其语法如下：

```
Rect(left,top,width,height)
```

(1) left：从左上角坐标原点开始向右计算的 x 坐标。

(2) top：从左上角坐标原点开始向下计算的 y 坐标。

(3) width：Rect 对象的宽度。

(4) height：Rect 对象的高度。

5.5 节加载图片资源为 Surface 对象后，通过 Surface 对象的 get_rect()方法得到图片的 Rect 对象，此 Rect 对象将继承图片的宽度和高度等信息，其四元组信息为(0,0,图片宽度,图片高度)，如果改变 Rect 对象的位置信息，则图片的位置将随之改变。

5.6.2 Rect对象位置属性

从5.6.1节可知，改变Rect对象的位置后，得到Rect对象的Surface对象的位置也随之改变，那么Rect对象都有哪些位置属性？其位置属性如图5-15所示。

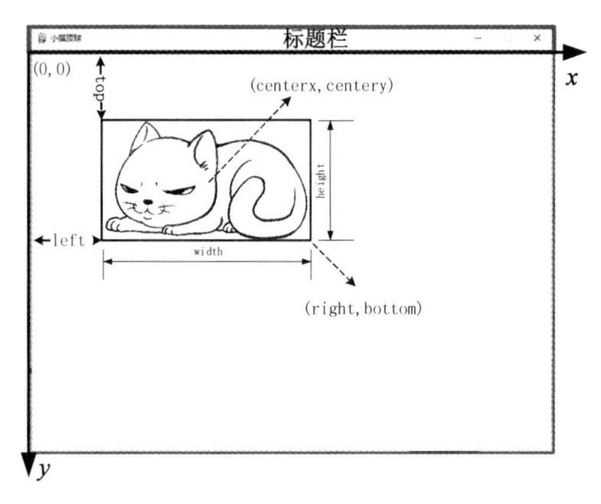

图5-15 Rect对象位置属性

图5-15为加载图片资源产生的Surface对象在更改位置后得到的Rect对象。虽然Rect对象有很多位置属性，但掌握了如图5-15所示的Rect对象的位置属性已经足够读者进行游戏编程，其每个位置的含义如下。

(1) top：Rect对象的左上角 y 坐标，也可以使用 y 代替。

(2) left：Rect对象的左上角 x 坐标，也可以使用 x 代替。

(3) width：Rect对象的宽度，也可以使用 w 代替。

(4) height：Rect对象的高度，也可以使用 h 代替。

(5) right：Rect对象右下角 x 坐标。

(6) bottom：Rect对象右下角 y 坐标。

(7) centerx：Rect对象中心点的 x 坐标。

(8) centery：Rect对象中心点的 y 坐标。

Rect对象的属性在代码中都可以改变。用PyCharm打开catBall工程后，新建catSleep.py文件，加载catSleep.jpg图片，并将其Rect对象的top移动到200像素，并且将left移动到300像素，代码如下：

```
#第5章/catBall/catSleep.py
import pygame
pygame.init()
SIZE = WIDTH, HEIGHT = (800, 600)
screen = pygame.display.set_mode(SIZE)
pygame.display.set_caption('小猫顶球')
WHITE = (255, 255, 255)
catSleepSurface = pygame.image.load("catSleep.jpg")
catSleepRect = catSleepSurface.get_rect()
catSleepRect.top = 200
catSleepRect.left = 300
```

```
screen.fill(WHITE)
while True:
    screen.blit(catSleepSurface,catSleepRect)
    pygame.display.update()
```

上述代码的运行结果如图 5-16 所示。

图 5-16 更改位置后的 Rect 对象

读者在输入代码并运行时，可能已经发现，当修改了 Rect 对象属性值后，其他的属性也会随之联动。如果代码中修改了 Rect 对象的 top 和 left，则此时 centerx 和 centery 的坐标会变成什么？读者可以编写代码加以验证。

5.6.3 Rect 对象进行移动

小猫顶球游戏中要控制小猫来顶球，如何让小猫和球运动起来？Rect 对象提供了移动的方法，又从前述章节可知，小猫和球都是 Surface 对象，都有 Rect 对象属性，因此可以通过 Rect 对象的移动来使 Surface 对象移动，Rect 对象的移动方法如表 5-3 所示。

表 5-3 Rect 对象移动方法

方　法	方法描述
move(x,y)	向 x 和 y 坐标移动 Rect 对象。如果 x 为正值，则向右移动，如果 x 为负值，则向左移动；如果 y 为正值，则向下移动，如果 y 为负值，则向上移动；x 和 y 值必须为整数；方法会返回一个新的 Rect 对象，原对象不变
move_ip(x,y)	向 x 和 y 坐标移动 Rect 对象。如果 x 为正值，则向右移动，如果 x 为负值，则向左移动；如果 y 为正值，则向下移动，如果 y 为负值，则向上移动；x 和 y 值必须为整数

万事开头难，先编写代码尝试着让一个 Surface 对象移动起来吧。

接下来将通过 Rect 对象的 move()方法实现一个在屏幕上跳动的小球。在 catBall 工程里新建 movingBall.py 文件，输入的代码如下：

```
#第5章/catBall/movingBall.py
import pygame,sys
pygame.init()
SIZE = WIDTH, HEIGHT = (800, 600)
screen = pygame.display.set_mode(SIZE)
pygame.display.set_caption('跳动的小球')
WHITE = (255, 255, 255)
x,y=3,3
ballSurface=pygame.image.load("ball.gif")
ballRect=ballSurface.get_rect()
screen.fill(WHITE)
tick = pygame.time.Clock()  #创建时钟对象(可以控制游戏的循环频率)
while True:
    tick.tick(60)  #每秒循环60次
    ballRect = ballRect.move(x, y)
    screen.fill(WHITE)
    if ballRect.left>screen.get_width()-ballRect.width or ballRect.left<0:
        x=-x
    if ballRect.top<0 or ballRect.top>screen.get_height()-ballRect.height:
        y=-y
    screen.blit(ballSurface,ballRect)
    pygame.display.update()
```

运行上边的代码后,会出现如图5-17所示的场景:小球在屏幕里跳动,碰到边界后自动改变跳动方向。

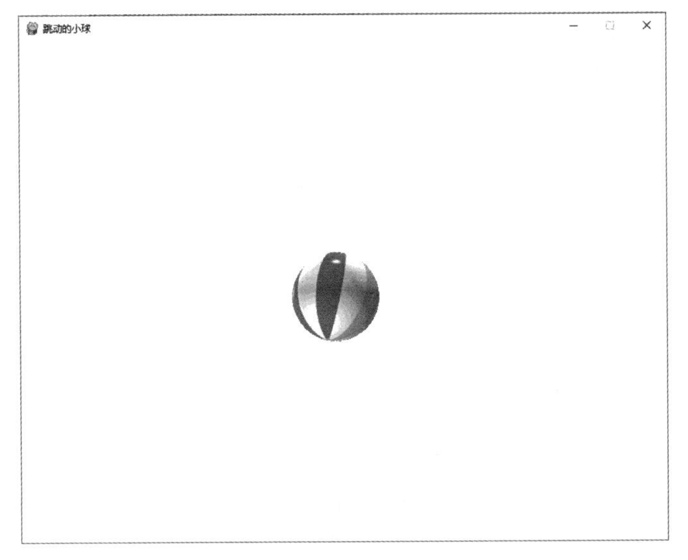

图5-17　跳动的小球

代码中将 x 和 y 的值设为3,每次小球的Surface对象调用move(x,y)方法时,小球将向 x 坐标和 y 坐标移动3像素。

pygame.time.Clock()方法可以帮助程序确定要以最大多少帧的速率运行,这样在游戏的每一次while循环后会设置一个暂停,以防程序运行过快。因为计算机的配置不同,所以编程的时候需要使用这种方法来让计算机以一个固定的速度运行。tick. tick(60)方法设置计算机程序每秒运行 60 次，这个值设置得越高，程序运行得越快，反之则越慢。

if ballRect. left > screen. get_width()-ballRect. width or ballRect. left < 0 语句对小球的 Rect 对象的 left 值进行判断，如果小球的 Rect 对象的 left 值大于画布右边界或小于左边界，则改变小球的 x 轴移动方向。

if ballRect. top < 0 or ballRect. top > screen. get_height()-ballRect. height 语句对小球的 Rect 对象的 top 值进行判断，如果小球的 Rect 对象的 top 值大于画布下边界或小于上边界，则改变小球的 y 轴移动方向。

screen. blit(ballSurface, ballRect)语句为 Surface 上的绘制语句。screen 为游戏的主画布，本行代码将小球的 Surface 对象以小球的 Rect 位置为基准绘制到 screen 主画布上。

pygame. display. update()语句为更新屏幕语句，每次 while 循环都必须运行此语句，否则屏幕上将不会显示任何 Surface 对象。

读者可能好奇，小球为什么能移动？它的移动机制到底是什么？其实小球的移动非常类似于读者看到的动画片。大家知道，动画片通过一秒播放 30 张或以上的连续的图片来让眼睛误认为是动画，从而形成了移动动画效果。Pygame 不断地把 Surface 对象以非常小的坐标改变绘制到屏幕上，当绘制的画面频率大于 30 画面/s 时，人的眼睛就认为 Surface 对象进行了移动。需要注意的是，每次绘制前需要把画布用底色填充，从而覆盖上次的绘制结果。

每次绘制前，如果不用底色填充画布会发生什么情况？读者可以尝试将 while 循环里的 screen. fill(WHITE)语句注释掉，其运行结果如图 5-18 所示。

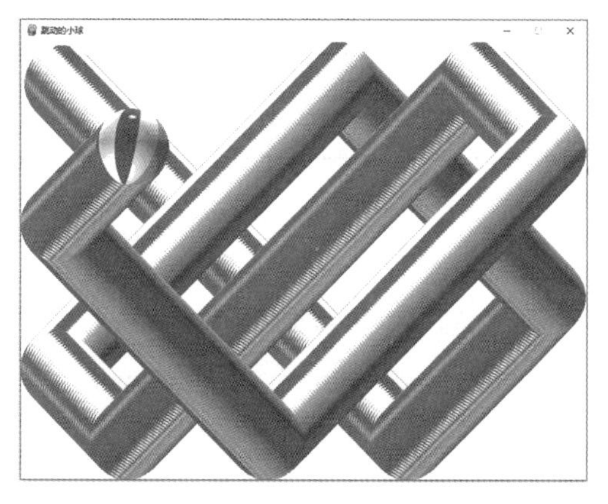

图 5-18 每次循环时不填充画布的结果

5.7 键盘和鼠标事件响应

读者可能已经发现，本章前面章节的游戏代码运行后无法关闭，必须通过停止程序任务的方式结束游戏，这个问题该如何解决？Pygame 提供了事件处理模块来帮助用户对游戏程序进行控制，Pygame 提供的事件处理模块为 pygame. event、pygame. key、pygame . mouse。

1. pygame.event

操作系统采取消息驱动机制来对键盘输入、鼠标移动等进行响应，每当按下键盘和移动鼠标时都会产生响应的 Event 事件，操作系统会自动将产生的 Event 事件存储到消息队列中。

Pygame 使用 pygame.event.get()方法从消息队列中获取操作系统的 event 事件，得到 event 事件后，可根据 event 事件的类型而对键盘、鼠标等进行响应。pygame.event.get()方法得到的 event 事件共有两类属性，分别是 type 和 dict。需要注意的是，消息队列严重依赖 pygame.display 模块，假如 pygame.display 模块没有正确初始化，消息队列则可能工作不正常。消息队列最多只能容纳 128 个 event 事件，当消息队列容量到达 128 像素后，新的事件将不会得到存储。

常用的 event 事件的 type 和 dict 属性如表 5-4 所示，在游戏编程中可以通过 type 和 dict 值来处理 event 事件。

表 5-4　常用的 event 事件的 type 和 dict 属性

type 属性	dict 属性
QUIT	None
ACTIVEEVENT	gain、state
KEYDOWN	key、mod、unicode、scancode
KEYUP	key、mod
MOUSEMOTTON	pos、rel、buttons
MOUSEBUTTONUP	pos、button
MOUSEBUTTONDOWN	pos、button
VIDEORESIZE	size、w、h
VIDEOEXPOSE	None
USEREVENT	code

表 5-4 对常用的 event 事件的 type 和 dict 属性进行了描述，有了这个表格，就可以响应玩家的程序关闭事件了。

以下代码将保证用户单击主画布右上方的“×”按钮时，程序会终止运行，代码如下：

```
#第 5 章/catBall/catBall.py
import pygame
import sys
pygame.init()
SIZE = WIDTH, HEIGHT = (800, 600)
screen = pygame.display.set_mode(SIZE)
pygame.display.set_caption('小猫顶球')
WHITE = (255, 255, 255)
screen.fill(WHITE)
while True:
    for event in pygame.event.get():
        if event.type == pygame.QUIT:
            sys.exit()
    pygame.display.update()
```

在上述代码中引入了 Python 的 sys 模块，sys 模块有很多重要的方法，读者用到的时候可以去查阅相关文献，此处使用 sys.exit()方法来退出程序。在程序中使用 for 循环得到每条消息队列的事件也是以后游戏编程中常用的一种方法，读者需掌握。

2. pygame.key 模块

pygame.key 模块是 Pygame 关于键盘操作的响应模块，其常见的 key 事件和含义如表 5-5 所示。

表 5-5 常见的 key 事件和含义

事　件	含　义
get_focused()	如果有键盘输入，则事件返回值为 True
get_pressed()	得到键盘按键的所有状态
get_modes()	检测是否有组合键被按下
set_mods()	将某些组合键设置为被按下状态
set_repeat()	控制重复响应持续按下按键的时间
get_repeat()	得到重复响应按键的参数

小猫顶球游戏要使用左右方向键控制小猫的左右移动，有了 pygame.key 模块知识就可以完成控制小猫左右移动的编码，代码如下：

```
import pygame
import sys
pygame.init()
SIZE = WIDTH, HEIGHT = (800, 600)
screen = pygame.display.set_mode(SIZE)
pygame.display.set_caption('小猫顶球')
#加载小猫图片
catSurface = pygame.image.load("cat.png")
#将小猫图片缩小为 94 像素×153 像素
catSurface = pygame.transform.scale(catSurface,(94,153))
catRect = catSurface.get_rect()
#将小猫的 Rect 对象放置到画布下方的中心
catRect.left = WIDTH//2 - catRect.width//2
catRect.top = HEIGHT - catRect.height
WHITE = (255, 255, 255)
screen.fill(WHITE)
tick = pygame.time.Clock()
while True:
    tick.tick(60)
    for event in pygame.event.get():
        if event.type == pygame.QUIT:
            sys.exit()
    screen.fill(WHITE)
    keyPressed = pygame.key.get_pressed()
    #小猫向左移动，当移到最左边界时，不能继续移动
    if keyPressed[pygame.K_LEFT]:
        catRect.left -= 2
```

```
    if catRect.left <= 0:
        catRect.left = 0
#小猫向右移动,当移到最右边界时,不能继续移动
    if keyPressed[pygame.K_RIGHT]:
      catRect.left += 2
      if catRect.left >= WIDTH - catRect.width:
        catRect.left = WIDTH - catRect.width
    screen.blit(catSurface,catRect)
    pygame.display.update()
```

运行上述代码,结果如图 5-19 所示,当玩家按键盘的左右方向键时,小猫也将左右移动。

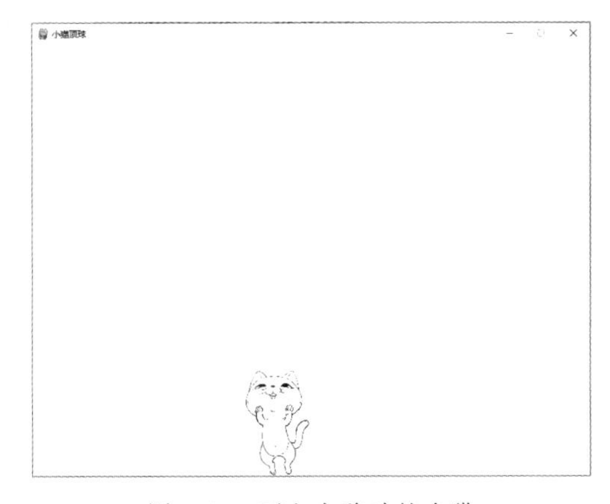

图 5-19 可左右移动的小猫

图像加载生成的 Surface 对象默认的 Rect 位置在画布的左上角。但根据游戏设计,Surface 对象的初始位置都应该在一个特定的地方,例如小猫顶球游戏就要求小猫的初始位置在画布下方的中心。游戏编码时可以通过 Surface 对象的 Rect 位置来初始化 Surface 的位置,例如代码中使用 catRect.left=WIDTH//2-catRect.width//2 和 catRect.top=HEIGHT-catRect.height 来使位置下方居中。

代码中使用 keyPressed[pygame.K_LEFT]和 keyPressed[pygame.K_RIGHT]来判断按键是否是左和右方向键,pygame.K_LEFT 和 pygame.K_RIGHT 是 Pygame 里提供的左和右方向键的键定义,Pygame 给键盘的每个键都提供了键定义,游戏编码时可以通过键定义来判断所按的键。常见的键定义如表 5-6 所示。

表 5-6 常见的键定义

键定义	含义	键定义	含义
K_BACKSPACE	空格	K_A	a 键
K_TAB	Tab 键	K_F1	F1 键
K_RETURN	回车键	K_NUMLOCK	Num Lock 键
K_0	数字 0 键	K_LCTRL	左 Ctrl 键
K_LEFT	方向左键	K_RCTRL	右 Ctrl 键
K_RIGHT	方向右键	K_POWER	Power 键

当小猫左右移动时，需要对画布的边界情况进行判断，防止小猫不停地移动，以至移到画布外部。

5.8 小猫和球类碰撞检测

小猫顶球游戏必须对小猫和球的碰撞加以检测，一种可行的方法是当小猫的 Rect 对象和球的 Rect 对象有重叠的时候，认为小猫顶到了球。使用这种方法需要时时对两个 Rect 对象的矩形区域进行位置判断，如果加入更多的球，则数学计算将较为烦琐。幸运的是，Pygame 提供了更好的机制进行碰撞检测，这就是接下来要学习的 Sprite。

5.8.1 类与类的继承

Sprite 又称为“精灵”，指游戏中经常出现的可视化对象，小猫顶球游戏中的小猫和球都可称为 Sprite 对象，Pygame 对 Sprite 类的碰撞检测提供了调用方法，那么什么是类？

类是对具有共同特性对象的一种抽象。例如，小猫顶球游戏目前只顶一个球，后期如果想顶多个球，则在采用传统方法时，每个球都要进行单独定义，代码将变得冗余不堪。如果找出各个要顶的球的共有特征，并将其抽象为球这个类，则以后想生成更多球时，可直接生成球这个类的对象，代码将简洁且易维护。

类有很多抽象术语，了解这些抽象术语可以帮助读者更好地掌握类的用法。

(1) 类属性：类中所定义的属性，有共有的类属性和私有的类属性两种。

(2) 构造函数：生成类对象时，负责初始化类的各个参数。

(3) 方法：类的方法就是类中定义的函数，可以完成相应的功能，如改变类的状态，进行某个计算等。

(4) 继承：一个派生类继承一个或多个基类，派生类可以继承父类的属性和方法。

(5) 实例化：创建一个类的实例对象。

(6) 封装：将类变成一个黑匣子，外部无法看清内部的工作细节。

1. 类的定义和实例化对象

类定义的语法格式如下：

```
class 类名:
    类体
```

上述语法格式中 class 是关键字，定义类必须以 class 开头，类名为类的名字，类名也必须符合 Python 变量命名规则，一般来讲类名的首字母用大写。当然，读者如果喜欢用中文命名类名也可以，Python 完美支持中文类名。

有了类名后，可以通过“对象名＝类名([参数列表])”的语法来实例化类的对象。

以下代码将创建 Ball 类，并实例化两个 Ball 对象，代码如下：

```
#第 5 章/catBall/classBall.py
class Ball:
    def __init__(self,pos,color):
        self.pos = pos
```

```
        self.color = color
    def print(self):
        print(self.color + "球的位置在" + str(self.pos))

redBall = Ball((30,30),"red")
blueBall = Ball((100,100),"blue")
redBall.print()
blueBall.print()
```

运行上述代码,结果如图 5-20 所示。

```
red球的位置在(30, 30)
blue球的位置在(100, 100)

Process finished with exit code 0
```

图 5-20 Ball 类与其对象

在上述代码中,首先定义了一个 Ball 类,类中有一个构造函数和一个类方法,其中构造函数负责 Ball 类中 pos 和 color 两个变量的初始化,类方法负责显示类的属性。

类的构造函数必须以__init__作为开始,括号里的 self 不可省略,其表明此函数属于类。代码中类的 pos 属性和 color 属性需要在类构造时初始化,需要注意的是,所有类中的变量必须以 self 作为前缀。

类定义完成后,代码通过 redBall = Ball((30,30),"red")和 blueBall = Ball((100,100),"blue")生成两个 Ball 对象,每个 Ball 对象都有自己的 pos 和 color 属性,这一点从两个类对象的 print()方法调用也可以看出。

读者需要牢记,类方法中的参数里必须有 self 关键字,这也是和前边所学的函数的最大区别。

并不是所有类都必须有构造函数和方法,没有构造函数的类,生成对象时也不必带参数。以下代码就是一个不含有构造函数的类:

```
class Ball:
    def print(self):
        print("我是一个小球")
redBall = Ball()
redBall.print()
```

2. 类的继承

类的重要的特点就是继承。通过类的继承,开发者可以在已有类的基础上加上自己需要的部分,从而使类的使用更加灵活。在继承关系中,已有的类称为基类,新设计的类称为派生类。派生类可以继承父类的公有属性和方法,派生类可以同时继承多个基类。

设计 Animal 基类和 Cat 子类,并实例化 Cat 对象,代码如下:

```
#第 5 章/catBall/animal.py
class Animal:
    def __init__(self):
        self.head = True #具有大脑
    def speak(self):
        print("动物可以叫")
```

```
class Cat(Animal):
    def speak(self):
        print("猫咪喵喵叫")
    def jump(self):
        print("猫咪跳得高")

blackCat = Cat()
print(blackCat.head)
blackCat.speak()
blackCat.jump()
```

运行上述代码，结果如图 5-21 所示。

```
True
猫咪喵喵叫
猫咪跳得高

Process finished with exit code 0
```

图 5-21 类继承运行结果

从运行结果可知，Cat 类继承了 Animal 基类后，基类里的 head 变量被 Cat 类继承下来。基类里的 speak()方法，如果 Cat 类有同名方法，则 Cat 类的同名方法将覆盖基类里的方法。Cat 类除了继承基类的方法，也可以有自己的方法。

5.8.2 小猫和球类

有了 5.8.1 节类的知识，可以创建小猫和球两个类并实现对象，代码如下：

```
#第 5 章/catBall/catBall.py
#创建 Cat 类
class Cat(pygame.sprite.Sprite):
def __init__(self, image):
#图片加载
        self.image = pygame.image.load(image)
                #缩小图片
        self.image = pygame.transform.scale(self.image, (94, 153))
#得到 Rect 对象
        self.rect = self.image.get_rect()
        self.rect.left = WIDTH //2 - self.rect.width //2
        self.rect.top = HEIGHT - self.rect.height

    #向左移动
    def moveLeft(self):
        self.rect.left -= 2
        if self.rect.left <= 0:
            self.rect.left = 0

#向右移动
    def moveRight(self):
        self.rect.left += 2
        if self.rect.left >= WIDTH - self.rect.width:
            self.rect.left = WIDTH - self.rect.width

#显示 Cat
```

```
    def display(self):
        screen.blit(self.image, self.rect)


#创建 Ball 类
class Ball(pygame.sprite.Sprite):
    def __init__(self, image):
        self.image = pygame.image.load(image)
        self.rect = self.image.get_rect()

    def move(self, moveStep):
        self.rect = self.rect.move(moveStep)

    def display(self):
        screen.blit(self.image, self.rect)


#实例化 Cat 和 Ball 的对象
boy = Cat('cat.png')
ball = Ball('ball.gif')
```

从代码可知，Cat 类和 Ball 类都继承自 Sprite，类都有 image 和 rect 变量，通过这两个个变量来存储图片的 Surface 和 Surface 产生的 Rect 对象，Cat 类通过 moveLeft()和 moveRight()方法左右移动，Ball 类通过 move()方法进行移动，两个类都通过 display()方法在画布上显示。

5.8.3 使用碰撞函数进行碰撞检测

Cat 类和 Ball 类都继承自 Sprite 类，Pygame 对 Spirte 类有专门的碰撞检测函数，其函数为 collide_rect(sprite1，sprite2)，当 sprite1 和 sprite2 的 Rect 对象有重合时，函数的返回值为 True，当无重合时，返回值为 False。

根据上述知识，可以使用下边的代码对小猫和球进行碰撞检测，代码如下：

```
b = pygame.sprite.collide_rect(boy, ball)
```

当 b 为 True 时，小猫顶到了球；当 b 为 False 时，小猫没有顶到球。

5.9 信息显示和音效播放

小猫顶球游戏的一个重要的环节就是显示游戏分数，当一局游戏结束后，需提示玩家按照操作进行下一局的游戏，这就需要掌握 Pygame 显示文字的方法了。

从前边的小猫和球的显示可知，Pygame 采用的都是 Surface 对象和 Surface 对象对应的 Rect 对象相结合的方法来显示图片，显示文字也没有什么更好的办法，也只能采取这样的方法。

5.9.1 字体显示

1. 生成字体对象

Pygame 提供了字体类 pygame.font.Font，其构造函数有两个参数，第 1 个参数是字体文件名称，第 2 个参数为字体大小。每一台计算机所拥有的字体也不尽相同，那么该如何保证任一台计算机都可以正确地显示？使用 Pygame 提供的 get_default_font()方法可以得到操作系统的默认字体。以下代码得到了 ff 字体对象，其中 font_size 由主程序传递，代码如下：

```
ff = pygame.font.Font(pygame.font.get_default_font(), font_size)
```

2. 字体对象生成 Surface

字体对象的 render()方法可以生成 Surface 对象，其方法参数为

render(text,antialias,color,background = None)。

(1) text：要显示的文字信息，仅支持一行文本。

(2) antialias：是否打开抗锯齿功能，如果打开抗锯齿功能，则文字将更平滑。

(3) color：文字颜色，支持 RGB 三元组。

(4) background：背景颜色，如果为 None，则文字背景将是透明的。

以下代码将通过 render()方法生成 Surface 对象，其中 text 和 font_color 由主程序传递，代码如下：

```
textSurface = ff.render(text, True, font_color)
```

3. Surface 生成 Rect 并居中显示

有了 Surface 对象，生成 Rect 对象并居中显示就简单了，代码如下：

```
textRect = textSurface.get_rect()
textRect.center = (xPos, yPos)
```

5.9.2 字体显示函数

字体显示在小猫顶球游戏中要频繁地用到，可以将其封装成字体显示函数，其具体的代码如下：

```
def draw_text(text, xPos, yPos, font_color, font_size):
   """ 绘制文本,xPos 和 yPos 为坐标,font_color 为字体颜色,font_size 为字体大小"""
ff = pygame.font.Font(pygame.font.get_default_font(), font_size)
   textSurface = ff.render(text, True, font_color)
   textRect = textSurface.get_rect()
   textRect.center = (xPos, yPos)
   screen.blit(textSurface, textRect)
```

5.9.3 音效播放

当小猫顶到球时，播放出相应音效会大大提高游戏的趣味性，Pygame 通过 mixer 模块来支持音效播放，其调用非常简单，代码如下：

```
sound = pygame.mixer.Sound("dong.wav")
sound.play()
```

sound 为 Pygame 产生的 Sound 类的对象，当需要播放 dong.wav 这个音效时，调用 sound 对象的 play()方法即可。

5.10 "小猫顶球"游戏主程序完善

至此，"小猫顶球"游戏各个主要功能都已经得到实现。接下来完成主程序，从而把各个功能串联起来，完整代码如下：

```
#第5章/catBall/catBall.py
import pygame, sys
pygame.init()
SIZE = WIDTH, HEIGHT = (800, 600)
screen = pygame.display.set_mode(SIZE)
pygame.display.set_caption('小猫顶球')
BLACK = (0, 0, 0)
WHITE = (255, 255, 255)
RED = (255,0,0)
score = 0
scoreFont = pygame.font.Font(pygame.font.get_default_font(), 20)
scoreDis = scoreFont.render(str(score),1,BLACK)
scorePos = [WIDTH//2,0]
gameOver = False


def draw_text(text, xPos, yPos, font_color, font_size):
    """ 绘制文本,xPos 和 yPos 为坐标,font_color 为字体颜色,font_size 为字体大小"""
    ff = pygame.font.Font(pygame.font.get_default_font(), font_size)
    textSurface = ff.render(text, True, font_color)
    textRect = textSurface.get_rect()
    textRect.center = (xPos, yPos)
    screen.blit(textSurface, textRect)


class Cat():
    def __init__(self, image):
        self.image = pygame.image.load(image)
    #缩放图片
        self.image = pygame.transform.scale(self.image, (94, 153))
        self.rect = self.image.get_rect()
```

```
        self.rect.left = WIDTH //2 - self.rect.width //2
        self.rect.top = HEIGHT - self.rect.height

    def moveLeft(self):
        self.rect.left -= 2
        if self.rect.left <= 0:
            self.rect.left = 0

    def moveRight(self):
        self.rect.left += 2
        if self.rect.left >= WIDTH - self.rect.width:
            self.rect.left = WIDTH - self.rect.width

    def display(self):
        screen.blit(self.image, self.rect)


class Ball():
    def __init__(self, image):
        self.image = pygame.image.load(image)
        self.rect = self.image.get_rect()

    def move(self, moveStep):
        self.rect = self.rect.move(moveStep)

    def display(self):
        screen.blit(self.image, self.rect)


boy = Cat('cat.png')
ball = Ball('ball.gif')
sound = pygame.mixer.Sound("dong.wav")
moveStep = [2, 2]
angle = 0
tick = pygame.time.Clock()      #创建时钟对象(可以控制游戏循环的频率)

while True:
    tick.tick(120)                 #每秒循环 120 次
for event in pygame.event.get():
        if event.type == pygame.QUIT:
            sys.exit()
    screen.fill(WHITE)
    keyPressed = pygame.key.get_pressed()
    if keyPressed[pygame.K_SPACE]:
        gameOver = False
        score = 0
        ball.rect.left, ball.rect.top = 0, 0
        boy.rect.left = WIDTH //2 - boy.rect.width //2
        boy.rect.top = HEIGHT - boy.rect.height
```

```
    if not gameOver:
        if keyPressed[pygame.K_LEFT]:
            boy.moveLeft()
        if keyPressed[pygame.K_RIGHT]:
            boy.moveRight()
        ball.move(moveStep)
        if ball.rect.left <= 0 or ball.rect.right >= WIDTH:
            moveStep[0] = - moveStep[0]
        if ball.rect.top <= 0:
            moveStep[1] = - moveStep[1]
        if ball.rect.bottom >= HEIGHT:
            gameOver = True
        b = pygame.sprite.collide_rect(boy, ball)
        if b:
            sound.play()
            moveStep[1] = - moveStep[1]
            score += 10
        boy.display()
        ball.display()
        draw_text(str(score), WIDTH //2, 15, BLACK, 25)
    else:
        draw_text("Your Score is:" + str(score),WIDTH//2,HEIGHT//2 - 150,BLACK,50)
        draw_text("GAME OVER",WIDTH//2,HEIGHT//2,BLACK,100)
        draw_text("Press Space Begin New Game",WIDTH//2,HEIGHT//2 + 150,RED,30)


    pygame.display.update()
```

主程序中通过判断 gameOver 变量是否为真来判断游戏是否结束，当游戏结束的时候，监测用户的按键是否为空格键，如果是空格键，则游戏分数清零，小猫重新回到初始位置。

笔者将小猫顶到球的每次得分设置为 10，读者可以通过更改 score += 10 语句设置每次顶球的分数。

5.11 小结

本章主要介绍了小猫顶球游戏的具体实现，同时对本章涉及的 Pygame 里的图形界面初始化、Surface 对象显示、键盘和鼠标事件响应、碰撞检测、声音显示、音效播放等知识点进行了简要介绍。

学习本章后，读者应能掌握 Pygame 图形界面编程思想、Surface 对象的相关知识以及 Pygame 的 Event 事件处理方法等。

读者可以用本章介绍的知识完成接红包等常见游戏。

本章知识可为后续章节的学习打下良好基础。

第6章 “一起来玩汉诺塔”游戏

汉诺塔游戏来源于印度的古老传说，是一个如何在3个塔之间满足一定规则移动盘子的游戏。汉诺塔问题不仅在数学界有很高的研究价值，在认知心理学研究中也经常被使用。本章设计的汉诺塔游戏可以帮助玩家开发智力，锻炼思维。

本章将帮助读者从头设计并完成一起来玩汉诺塔这个游戏，同时可帮助读者加深Python中类编程思想的理解，掌握Pygame中鼠标事件的响应与精灵动画的实现方法。

6.1 “一起来玩汉诺塔”游戏运行示例

3min

运行本书附带的“一起来玩汉诺塔”的游戏工程hanoi，会出现如图6-1所示的界面。

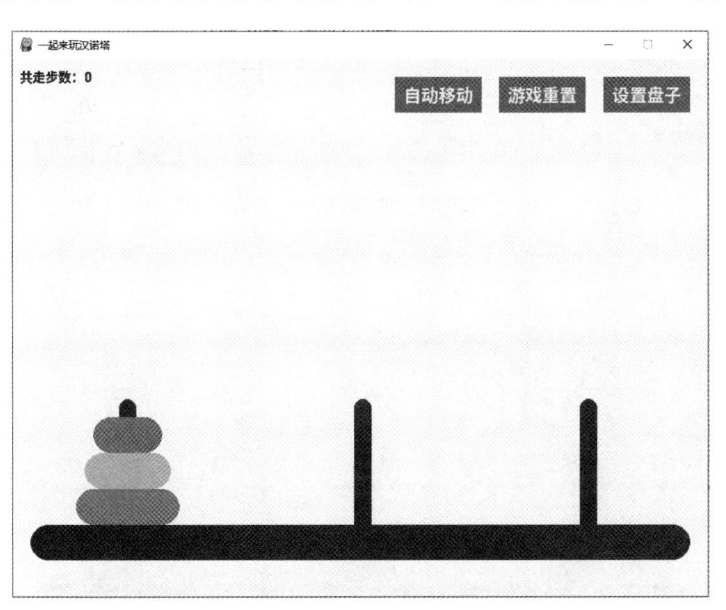

图6-1 “一起来玩汉诺塔”游戏开始界面

在图6-1所示的界面中，左上角为玩家已经走过的步数，右上角有3个按钮。当单击“自动移动”按钮时，计算机将使用动画方式自动对汉诺塔谜题加以解答；当单击“游戏重置”按钮时，盘子将回到初始位置，步数清零；当单击“设置盘子”按钮时，将弹出菜单，供玩家设置汉诺塔游戏的盘子数目。

当玩家单击要移动的盘子时，盘子会自动加上红色矩形框，同时屏幕上方会出现文字提示："请选择要移动的塔，按 Esc 键取消当前选择的盘子"，如图 6-2 所示。

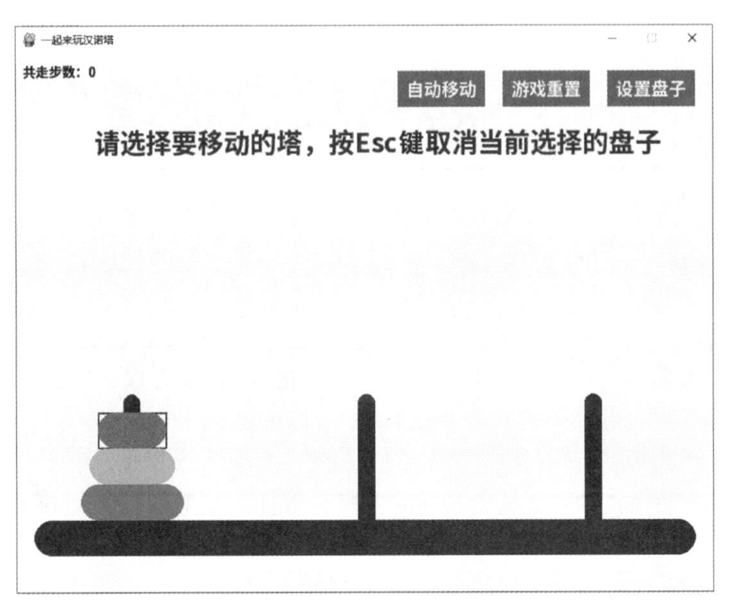

图 6-2　单击盘子后游戏界面

玩家选择盘子后，单击盘子要移动的塔，如果满足汉诺塔的移动规则，则盘子将以动画的形式飞到玩家所单击的塔里，同时提示玩家继续移动盘子，如图 6-3 所示。

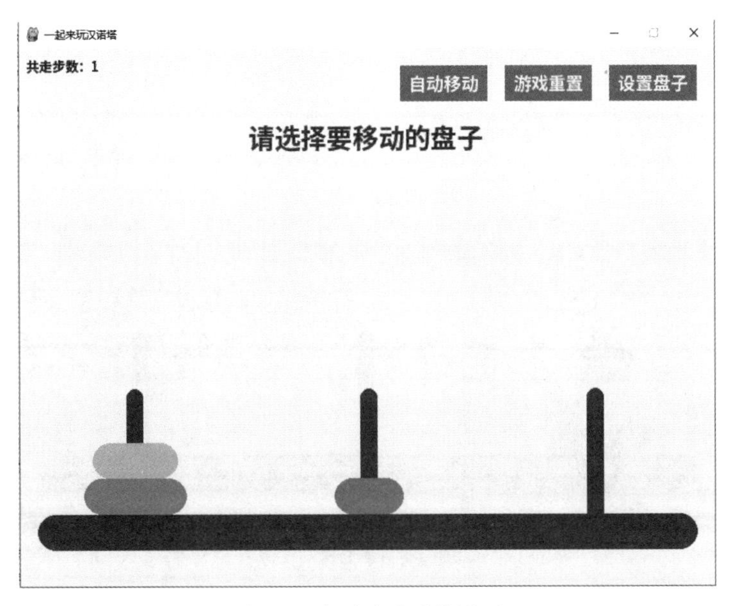

图 6-3　盘子移动后的界面

将所有盘子移动到第 3 个塔后，游戏结束，并显示祝贺文字："祝贺，成功完成汉诺塔游戏！"游戏结束后，玩家可以选择重新开始游戏或者退出游戏，游戏结束界面如图 6-4 所示。

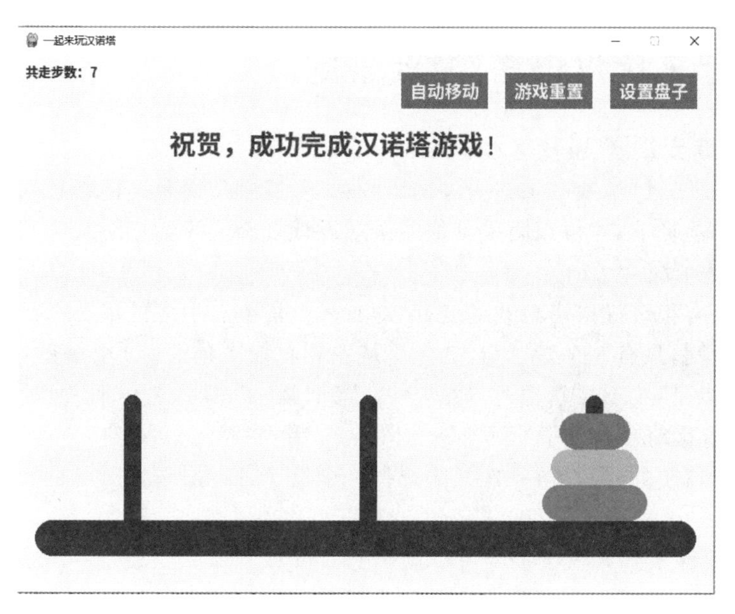

图 6-4　成功完成汉诺塔移动

"一起来玩汉诺塔"的游戏运行流程图如图 6-5 所示。

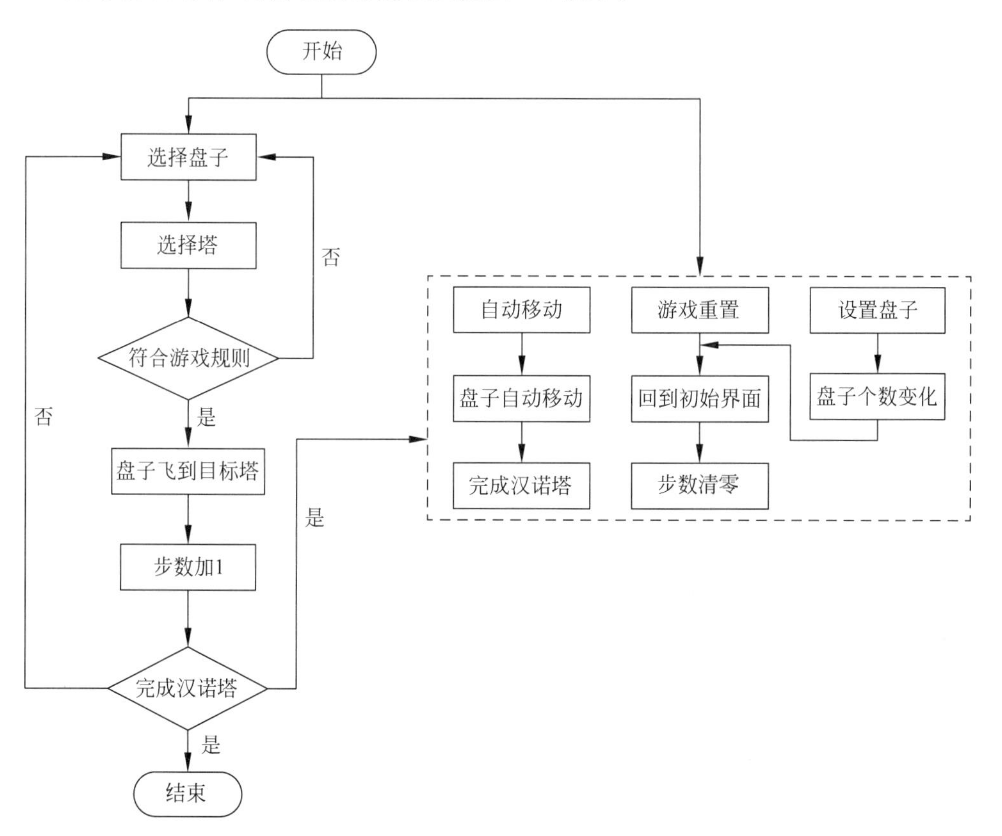

图 6-5　"一起来玩汉诺塔"游戏流程图

6.2 “一起来玩汉诺塔”游戏规则

1. “一起来玩汉诺塔”游戏基本规则

“一起来玩汉诺塔”游戏的核心为汉诺塔的移动，其必须满足汉诺塔游戏的基本规则，在满足基本规则的前提下，才可以附带其他的游戏设计规则。汉诺塔游戏的基本规则如下。

1）必须是3个塔

目前市面上有很多汉诺塔游戏的变种，即有4个塔或者更多的塔，本章设计的游戏依照汉诺塔的基本规则，只有3个塔，并且3个塔从左到右依次排开。3个塔的名称依据游戏设计人员而定，可以是“A、B、C”，也可以是“塔1、塔1、塔3”，具体名称不做要求。

2）一次只能移动一个盘子

在玩家移动盘子的过程中，一次只能选择一个盘子进行操作，不可以同时选择两个及以上的盘子。

3）小盘子只能放到大盘子上或者空盘子上

当移动盘子时，目标塔盘子的大小必须大于移动过来的盘子，大多少不做要求。当目标塔没有盘子时，可以移动任何一个盘子到其上。

4）当将所有盘子移到第3个塔时游戏成功

当第1个塔上所有的盘子都移动到第3个塔时，汉诺塔游戏成功完成。

2. “一起来玩汉诺塔”游戏额外规则

汉诺塔问题是个经典的数学问题，从已有研究可知，其游戏时间复杂度为2^n，其中n为盘子个数。当盘子数目比较少时，游戏规模尚且可解，当n值过大时，运行的步骤将是个天文数字，失去了游戏的意义，因此“一起来玩汉诺塔”游戏可以接受的盘子个数为3～6个。

6.3 游戏主场景设计

仔细分析“一起来玩汉诺塔”游戏的场景，其场景由塔底座、塔、盘子、按钮、文本提示组成，整个游戏实际上就是这几个游戏场景的各种混合组合，游戏设计的首要问题就是掌握场景中每个元素的绘制方法。

6.3.1 塔底座绘制

从第5章所学的知识可知，游戏的主画布是一个特殊的Surface，可通过pygame.display.set_mode()方法得到，如果需要在主画布中显示图片，则需要首先使用pygame.image.load()方法加载要显示的图片，pygame.image.load()方法将返回图片的Surface对象，调用返回的Surface对象的get_rect()方法将得到图片的Rect对象。使用图片Surface对象作为参数调用主画布Surface的blit()方法，可在主画布上显示图片，图片在主画布的位置为图片Rect对象的位置。

例如在主画布上要显示Cat图片，编写的主要代码如下：

```
screen = pygame.display.set_mode((800,600))
catSurface = pygame.image.load("cat.png")
```

```
catRect = catSurface.get_rect()
screen.blit(catSurface,catRect)
```

能不能使用上述的方法在主场景显示塔的底座？可先用Photoshop等绘图软件绘制一个塔的底座，将底座保存成图片后，再在主场景里显示底座图片。

理论上，上述方法完全可以绘制塔的底座，相信读者也完全有能力将其实现，只是用这样的方法显示塔的底座略显笨拙。仔细观察，塔的底座实际上是一个圆角矩形的形状，如图6-6所示。对于如图6-6所示的规则图形，例如矩形、圆形、三角形、多边形等形状，pygame.draw模块提供了更简易的绘制办法，可以直接使用对应的绘图方法在主场景里加以绘制。

图6-6 汉诺塔底座

1. 基本图形绘制方法

以下为Pygame提供的常用绘图方法的介绍，需认真掌握，以便在本章或以后章节中使用。

1）绘制直线

```
pygame.draw.line(Surface,color,start_pos,end_pos,width = 1)
```

(1) Surface：将要在其上绘制直线的Surface。

(2) color：直线的颜色，可以是不带透明度的RGB三元组，也可以是带透明的RGBA四元组。

(3) start_pos：直线的开始坐标(x,y)。

(4) end_pos：直线的结束坐标(x,y)。

(5) width：直线的宽度，默认为1像素。

2）绘制矩形

```
pygame.draw.rect(Surface,color,rect,width = 0,border_radius = 0,border_top_left_radius = -1,
border_top_right_radius = -1,border_bottom_left_radius = -1,border_bottom_right_radius = -1)
```

(1) Surface：将要在其上绘制矩形的Surface对象。

(2) color：矩形的颜色，可以是不带透明度的RGB三元组，也可以是带透明的RGBA四元组。

(3) rect：要绘制的矩形区域，可以是Rect对象，也可以是一个四元组(a,b,c,d)，分别代表矩形左上角的坐标x、左上角的坐标y、矩形的宽度、矩形的高度。

(4) width：用来表示矩形的边线宽度或者决定了矩形是否是纯色填充。当width为0时，表示矩形以纯色填充；当width大于0时，表示矩形的边线宽度；当width小于0时，不会绘制任何图形。

(5) border_radius：矩形的圆角，取值范围为[0, min(height, width)/2]。当值大于0时，矩形将为圆角矩形，值越大，圆角越大；当值为0时，无圆角。

(6) border_top_left_radius：矩形的左上圆角。当值为默认值-1时，将取border_radius的值。

(7) border_top_right_radius：矩形的右上圆角。当值为默认值-1时，将取border_radius的值。

（8）border_bottom_left_radius：矩形的左下圆角。当值为默认值−1时，将取border_radius的值。

（9）border_bottom_right_radius：矩形的右下圆角。当值为默认值−1时，将取border_radius的值。

3）绘制圆形

```
pygame.draw.circle(Surface,color,center,radius)
```

（1）Surface：将要在其上绘制圆形的Surface。

（2）color：圆形的颜色，可以是不带透明度的RGB三元组，也可以是带透明的RGBA四元组。

（3）center：圆形的圆心坐标二元组。

（4）radius：圆的半径。

在主画布上绘制直线、矩形、圆形，帮助读者加深对绘图方法的理解，代码如下：

```
#第6章/Hanoi/drawShape.py
import pygame,sys
pygame.init()
SIZE = WIDTH, HEIGHT = (800, 600)
screen = pygame.display.set_mode(SIZE)
pygame.display.set_caption('形状绘制样例')
WHITE = (255, 255, 255)
BLACK = (0,0,0)
RED = (255,0,0)
BLUE = (0,0,255)
screen.fill(WHITE)
while True:
    for event in pygame.event.get():
        if event.type == pygame.QUIT:
            sys.exit()
    screen.fill(WHITE)
    #绘制横线
    pygame.draw.line(screen,BLACK,(50,50),(200,50))
    #绘制斜线
    pygame.draw.line(screen, RED, (50, 100), (200, 200))
    #绘制竖线
    pygame.draw.line(screen, BLUE, (100, 200), (100, 500))
    #绘制实心矩形
    pygame.draw.rect(screen,BLACK,(230,50,200,100))
    #绘制无填充矩形,线宽为3
    pygame.draw.rect(screen,RED,(230,170,200,100),3)
    #绘制圆角矩形,存色填充,圆角弧度为30
    pygame.draw.rect(screen,RED,(230,290,200,100),0,border_radius = 30)
    #绘制圆角矩形,无填充,圆角弧度为40
    pygame.draw.rect(screen, RED, (230, 410, 200, 100), 2, border_radius = 40)
    #绘制圆形,纯色填充,半径为100
    pygame.draw.circle(screen,BLUE,(620,150),100)
    #绘制圆形,无填充,半径为100,线宽为3
```

```
    pygame.draw.circle(screen, BLUE, (620, 400), 100,3)
    pygame.display.update()
```

运行上述代码，会得到如图 6-7 所示的运行结果。

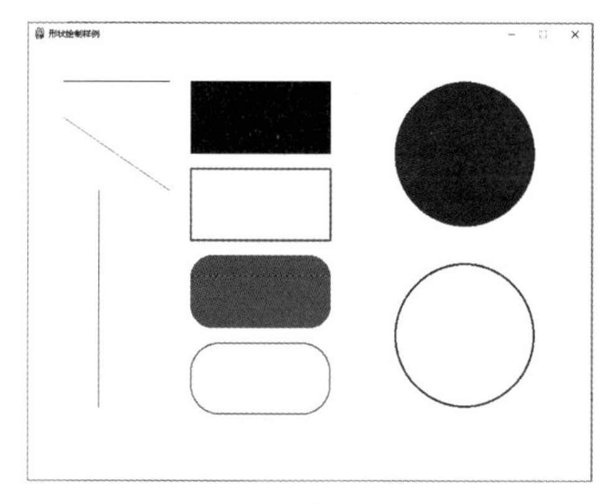

图 6-7 形状绘制运行结果

2. Pygame 颜色模块

从 RGB 三原色搭配原理可知，通过设置 R、G、B 3 种颜色的数值，可以搭配出自然界存在的任何一种颜色，只是很多读者如同作者一样，并不熟悉色彩学，所以搭配出来的颜色很没有美感。

为了满足大多数游戏设计者对颜色的需求，Pygame 在 color 模块预设了很多搭配好的颜色，游戏设计者可以直接调用 Pygame 预设的各种色彩，从而使自己的游戏界面具有更好的美感，color 模块的引入方法如下：

```
from pygame.color import THECOLORS
```

如果想要查看 color 模块提供的所有颜色，则可以在 THECOLORS 上右击，选择 Go To 菜单下的 Declaration or Usages 菜单，如图 6-8 所示。

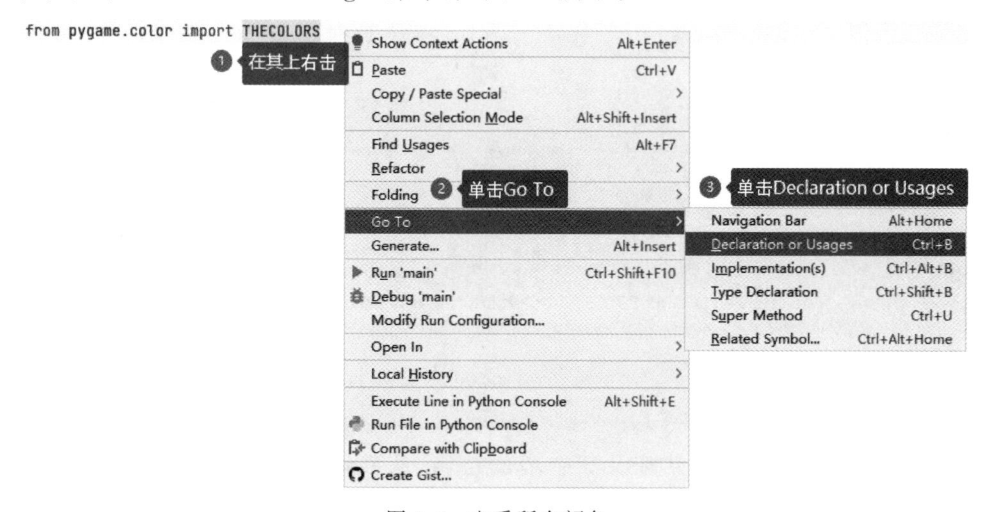

图 6-8 查看所有颜色

根据图6-8的操作指引，可以打开如图6-9所示的颜色模块源文件。

从图6-9可知，THECOLORS变量为一个含有多个元素的dict类型，其每个元素都有两个值，第1个值为颜色名称，第2个值为该颜色对应的RGBA四元组。笔者对本章用到的“一起来玩汉诺塔”所设定的盘子进行了颜色的预选，读者也可以选择自己喜欢的颜色进行盘子颜色搭配，笔者所选盘子预选的颜色如下：

```
#第6章/Hanoi/globalVar.py
DISK_COLORS = [
    THECOLORS['springgreen'],   #春天的绿色
    THECOLORS['gold'],          #金色
    THECOLORS['darkorange'],    #深橙色
    THECOLORS['tomato'],        #番茄红
    THECOLORS['navy'],          #海军蓝
    THECOLORS['pink']           #粉红色
]
```

```
256  THECOLORS = {
257      'aliceblue': (
258          240,
259          248,
260          255,
261          255,
262      ),
263      'antiquewhite': (
264          250,
265          235,
266          215,
267          255,
268      ),
269      'antiquewhite1': (
270          255,
271          239,
272          219,
273          255,
274      ),
275      'antiquewhite2': (
276          238,
277          223,
278          204,
279          255,
280      ),
281      'antiquewhite3': (
282          205,
283          192,
284          176,
285          255,
286      ),
```

图6-9 颜色模块源文件

3. 基本形状绘制底座

从图6-1的“一起来玩汉诺塔”游戏的开始界面可知，塔底座实际上是一个圆角矩形，其位置位于主画布下边的中心，距离左边缘和下边缘的像素大小均为20像素，为了保证以后游戏主画布分辨率更改后，塔底座仍能保持同比例增大或者缩小，所以使用全局变量WIDTH和HEIGHT来控制底座大小。

根据以上绘制塔底座的思想，写出的绘制塔底座的代码如下：

```
#设置底座颜色
BASE_COLOR = THECOLORS['sienna']  #黄土赭色
#设置底座的Rect对象
rectBase = pygame.Rect(0, 0, WIDTH - 2 * MIN_SIZE, 2 * MIN_SIZE)
#将底座的中心x坐标设置为屏幕中央
rectBase.centerx = int(WIDTH / 2)
#设置底座距离下边缘的位置
rectBase.bottom = HEIGHT - MIN_SIZE * 2
#绘制底座
pygame.draw.rect(screen, BASE_COLOR, rectBase, border_radius = 20)
```

6.3.2 塔绘制

“一起来玩汉诺塔”游戏共涉及3个塔的绘制，从其形状可知，每个塔是一个圆角矩形，塔之间距离相同，那是不是就可以直接绘制3个圆角矩形作为塔？答案是不行的，因

为从游戏的设计可知，盘子的数目在游戏中是可以动态改变的，塔的高度也应当随着盘子的个数进行相应调整，塔同时作为盘子的载体，能否往塔上移动盘子，需满足相应的游戏规则。

在前面的章节中，所有的游戏代码都写在了一个文件内，当游戏较为简单且代码较少时，这种做法无可厚非，但游戏代码达到一定规模后，再将所有代码写入一个文件中，不仅代码臃肿不堪不易维护，而且让游戏设计没有了逻辑，这时必须考虑将代码按照功能用文件进行分离。

1. 编写全局变量文件

从前述可知，“一起来玩汉诺塔”游戏因代码量较大，所以代码按照功能用文件进行分离的方法进行游戏编码比较合适，在游戏编码过程中，把每个文件都要使用的基础变量，如窗口大小、字体颜色、按钮颜色、运行状态等放到一个全局变量文件里，是游戏编程常用的一种方法，本章也不例外。

运行 PyCharm 后新建“一起来玩汉诺塔”的游戏工程 hanoi，将 main. py 文件修改为 hanoi. py 文件，在 hanoi 工程上右击，选择 New→Python File，如图 6-10 所示。

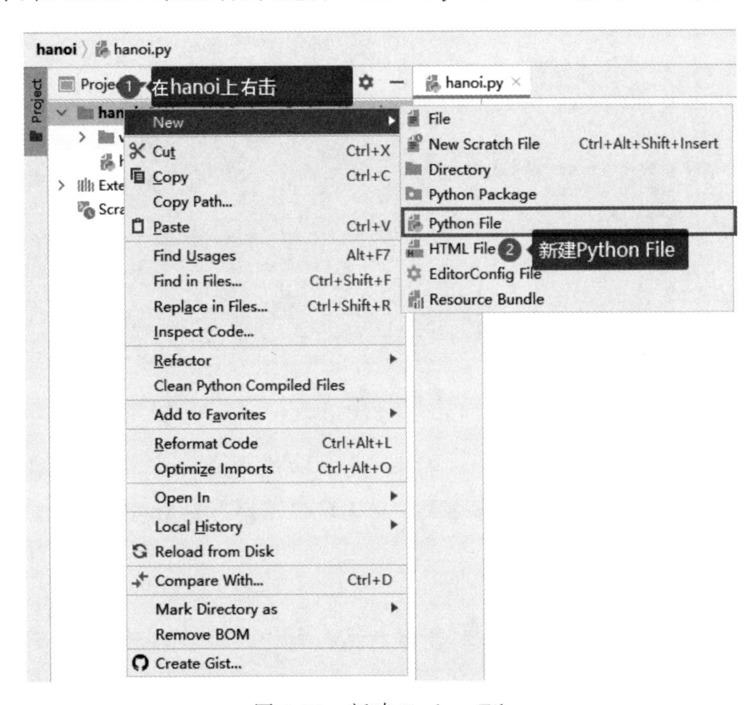

图 6-10 新建 Python File

新建 globalVar. py 文件并作为全局变量的存储文件，如图 6-11 所示。

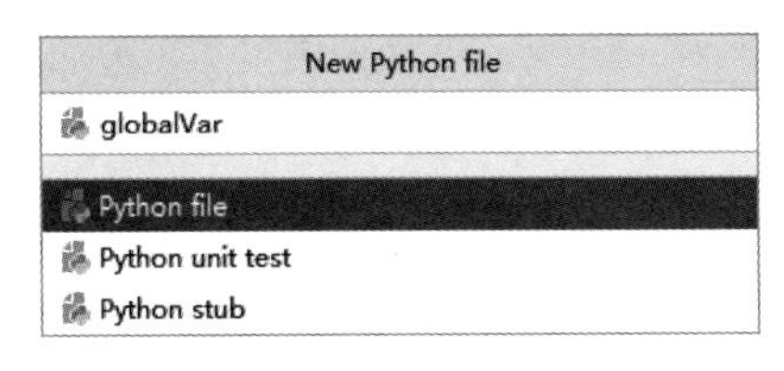

图 6-11 全局变量文件 globalVar. py

为了区别全局变量和局部变量，全局变量的变量名通常使用全部大写的格式，globalVar.py文件的内容如下：

```
#第6章/hanoi/globalVar.py
#导入pygame颜色模块
from pygame.color iort THECOLORS
#将主画布大小设置为800像素×600像素
WIDTH, HEIGHT = 800, 600
MIN_SIZE = 20                          #基准像素大小,以这个为基础进行塔和盘子的大小计算
BASE_COLOR = THECOLORS['sienna']       #黄土赭色
FRAME_COLOR = THECOLORS['red']         #猩红色
DISK_COLORS = [
    THECOLORS['springgreen'],          #春天的绿色
    THECOLORS['gold'],                 #金色
    THECOLORS['darkorange'],           #深橙色
    THECOLORS['tomato'],               #番茄红
    THECOLORS['navy'],                 #海军蓝
    THECOLORS['pink']                  #粉红色
]
#字体颜色
FONT_COLOR = THECOLORS['blue']
#提示文本的颜色
TIP_COLOR = THECOLORS['firebrick']
#按钮颜色
BUTTON_COLOR = THECOLORS['tomato']
#以下为盘子的运动状态
MOVING_STATE_STOP = 0                  #停留状态
MOVING_STATE_UP = 1                    #向上飞
MOVING_STATE_STRAIT = 2                #横着飞
MOVING_STATE_DOWN = 3                  #向下飞
```

在globalVar.py文件中定义了主画布大小、基准像素的大小、底座颜色、盘子颜色、盘子运动状态等全局变量，后期如果想调整“一起来玩汉诺塔”游戏的颜色和状态，直接修改对应的参数即可。

2. Group类管理显示场景

“一起来玩汉诺塔”游戏涉及多个场景在主画布内的同时显示，每个场景显示时，如果都单独编写显示文件，则代码将很臃肿，后期想要修改也会变得很困难。幸运的是，Pygame提供了一个Group类，可以提供更好的显示管理机制。

Group类和Sprite类密切相关，它的常用方法如表6-1所示。

表6-1 Group类常用方法

方 法	方法描述
add(*sprites)	将sprites添加到Group，只能添加Group里没有的Sprite
remove(*sprites)	从Group里移除sprites，如果要移除的Sprite在组里不存在，则方法不起作用
empty()	清空Group
update()	执行所有所包含的Sprite的update()方法

续表

方　　法	方法描述
Group()	得到 Group 内的所有 sprites，返回值为 list 类型
has(* sprites)	判断当前 Group 是否包含指定的 Sprite，如果包含，则返回值为 True；如果不包含，则返回值为 False

3. 塔类创建

"一起来玩汉诺塔"游戏中的塔是主画布中重要的场景，塔应该具有哪些属性和方法？根据汉诺塔的游戏规则进行塔的能力反推，可以推断出塔应该具备以下的主要方法和属性。

(1) 塔的位置方法：游戏主场景中一共有 3 个塔，必须有明确的方法知道塔属于从左到右计算的第几个塔。

(2) 设置塔上的盘子：根据游戏进展，每个塔的盘子都有可能增加或减少，塔必须有具体的盘子增加或者减少的设置方法。

(3) 具有盘子能否移动过来的判断方法：根据游戏规则，大盘子不能放在小盘子上，当盘子想要移动到塔上时，塔必须有相应的方法判断盘子能否移动过来。

(4) 添加盘子和移除盘子：当盘子移到塔上或从塔上移走时，应该有方法加以支持。

(5) 塔上最上边盘子的大小：只有得到最上边的盘子大小，才可以判断是否允许盘子移动过来。

(6) 显示方法：塔在主程序的循环里每次都要显示，需要有方法加以支持。

(7) 位置和盘子属性：这两个属性保证塔的位置和塔上的盘子设置。

为了方便塔的显示，可以采用 Group 类加以管理，因为 Group 类主要用于管理 Sprite 对象，在定义塔的类时，可以让其继承 Sprite 类。

根据以上分析，可写出塔类的具体代码，在 hanoi 工程里新建 Tower.py 文件后，写入：

```
#第 6 章/Hanoi/Tower.py
import pygame
from globalVar import *

class Tower(pygame.sprite.Sprite):
    def __init__(self, height, pos):
        super(Tower, self).__init__()
        self.rect = pygame.Rect(0, 0, 20, height)
        self.pos = pos
        if pos == 1:
            self.rect.centerx = 133
        elif pos == 2:
            self.rect.centerx = 403
        elif pos == 3:
            self.rect.centerx = 663
        self.rect.bottom = HEIGHT - 3 * MIN_SIZE
        self.disks = []

    def getCenterX(self):
```

```
        """得到塔的中心位置"""
        return self.rect.x + 10

    def setDisks(self, disks):
        "设置塔的盘子"
        self.disks = disks

    def canBeMoved(self, diskNumber):
        """判断塔是否能被盘子移动过来"""
        if len(self.disks) == 0:
            return True
        # 如果顶部盘子序号小于被移动过来的盘子,则说明这个塔上的盘子大
        elif self.getTopDisk().getNumber() < diskNumber:
            return True
        else:
            return False

    def removeTopDisk(self):
        """移除最上边的盘子"""
        self.disks.pop(0)

    def addDisk(self, disk):
        """上方添加一个盘子"""
        self.disks.insert(0, disk)

    def getDiskNumber(self):
        """得到盘子数"""
        return len(self.disks)

    def getTowerBottom(self):
        """得到塔上可以放盘子的 bottom 大小"""
        base = HEIGHT - MIN_SIZE * 4  # 当上面没有盘子的时候,最下边的可用 bottom 坐标
        if len(self.disks) == 0:
            return base
        else:
            # 每个盘子厚度为两个最小单位,减去盘子就可以得到可用的
            return base - len(self.disks) * 2 * MIN_SIZE

def getTopDisk(self):
        # 得到塔的最上层盘子
        if self.disks:
            return self.disks[0]
        else:
            return None

    def update(self, screen):
        pygame.draw.rect(screen, THECOLORS['sienna'], self.rect, border_radius = 20)
```

代码开始时引入 pygame 模块、全局变量模块后，定义了 Tower 类。由于采用 Group 类对 Sprite 对象进行管理时更方便 Sprite 的显示和碰撞检测，并且 Group 类只能管理

Sprite 对象，因此让 Tower 类继承 pygame. sprite. Sprite，从而 Tower 类就可以被 Group 类进行管理了。

构造函数__init__()接收 height 和 pos 两个入口参数。height 代表塔的高度，pos 代表塔的位置。height 的值和盘子的数量息息相关，塔上的盘子个数越多，height 就越大，反之越小；pos 值有 1、2、3 共 3 个值，分别表示第 1 个塔、第 2 个塔和第 3 个塔；构造函数根据 height 和 pos 设置塔的 Rect 对象。

canBeMoved()方法用来判断塔是否能被盘子移动过来。根据汉诺塔游戏规则，如果塔上没有盘子或塔上最上面的盘子的大小大于要移动过来的盘子的大小，则允许盘子移动到塔上。使用 len()函数判断塔上是否有盘子；在盘子绘制过程中，定义盘子越大，则数字越小，通过对塔上最上盘子的数字序号和要移动过来盘子的序号进行比较，就可以判断出是否允许盘子移动到当前塔上。

removeTopDisk()方法和 addDisk()方法用来在塔的最上边移除盘子和添加盘子。

getTowerBottom()方法用来得到塔上可以放置盘子的 bottom 坐标位置。方法中的 base 变量为要放到塔上的盘子可以落到的塔上位置。当塔上没有盘子时，base 为塔的最下边的位置；当塔上有盘子时，需要用 base 减去盘子的高度；base 实际上就是塔的 y 坐标，所以 y 值越大，越靠近塔的底部，这个变量值需着重加以注意。

getTopDisk()方法用于得到塔的最上层盘子。通过这种方法来得到塔的可以移动的盘子。

update()方法接收主画布并作为参数，用来将塔显示到主画布中。读者可以根据自己的喜好在 pygame. draw. rect()方法里改变塔的颜色。

6.3.3 盘子绘制

“一起来玩汉诺塔”游戏的盘子数量根据游戏设计规则最少有 3 个，最多有 6 个，除每个盘子都有不同的颜色，并且大小不同外，还有一些其他的特点，这些都是盘子绘制中需要考虑的因素。从 6.3.2 节的塔绘制可知，为了方便显示和碰撞检测，盘子也可设置成继承 Sprite 的类，依靠 Group 类进行管理，盘子类应该具有的属性和方法如下。

(1) rect 属性：每个盘子都是一个圆角矩形，通过 rect 属性确定盘子的大小和位置。

(2) frameRect 属性：盘子的矩形外框，当鼠标单击盘子时，被单击的盘子需加上边框，提示玩家鼠标单击的盘子被选中。

(3) color 属性：盘子的颜色。

(4) number：盘子的编号，盘子越大，编号越大。

(5) state：盘子的状态属性，盘子根据移动的动画分为向上升、平着右飞、平着左飞和向下落 4 种状态。

(6) setState()方法：设置盘子的状态。

(7) getNumber()方法：得到盘子编号。

(8) *setFrame()方法：设置盘子的状态。

(9) setMoving()方法：根据盘子的状态，让盘子进行移动。

(10) isStillMoving()方法：判定盘子是否在移动，在移动时的返回值为 True，否则返回值为 False。

(11) update()方法：盘子的绘制方法。

根据以上分析，可写出盘子类的具体代码，在 hanoi 工程里新建 Disk.py 文件后，写入：

```
import pygame
from globalVar import *

class Disk(pygame.sprite.Sprite):
    def __init__(self, width, height, i, color):
        super(Disk, self).__init__()
        self.rect = pygame.Rect(0, 0, width, height)
        self.frameRect = pygame.Rect(0, 0, width, height)
        self.rect.centerx = int(WIDTH / 3 * 0.5)
        self.frameRect.centerx = int(WIDTH / 3 * 0.5)
        self.rect.bottom = 560 - (i + 1) * 40
        self.frameRect.bottom = 560 - (i + 1) * 40
        self.color = color
        self.frameRectColor = FRAME_COLOR
        self.number = i                 #定义盘子编号
        self.state = MOVING_STATE_STOP
        self.showFrame = False

    def setState(self,state):
        self.state = state

    def getNumber(self):
        """得到盘子编号"""
        return self.number

    def setFrame(self, show):
        if show:
            self.showFrame = True
        else:
            self.showFrame = False

    def setMoving(self, toX, toBottom):
        """定义盘子移动的位置"""
        self.state = MOVING_STATE_UP
        self.toX = toX
        if self.rect.x < self.toX:    #判断是向左飞还是向右飞
            self.toRight = True
        else:
            self.toRight = False
        self.toBottom = toBottom

    def isStillMoving(self):
        """判定盘子是否在移动"""
        if self.state == MOVING_STATE_STOP:
            return False
        else:
```

```
        return True

    def update(self, screen):
        """绘制盘子"""
        if self.showFrame:
            if self.state == MOVING_STATE_UP:        #向上升
                self.rect.bottom -= 10
                self.frameRect.bottom -= 10
                if self.rect.bottom < 200:
                    self.state = MOVING_STATE_STRAIT
        #平着右飞
            elif self.state == MOVING_STATE_STRAIT and self.toRight:
                self.rect.centerx += 10
                self.frameRect.centerx += 10
                if self.rect.centerx >= self.toX:
                    self.state = MOVING_STATE_DOWN
            #平着向左飞
            elif self.state == MOVING_STATE_STRAIT and not self.toRight:
                self.rect.centerx -= 10
                self.frameRect.centerx -= 10
                if self.rect.centerx <= self.toX:
                    self.state = MOVING_STATE_DOWN
            elif self.state == MOVING_STATE_DOWN:   #向下落
                self.rect.bottom += 10
                self.frameRect.bottom += 10
                if self.rect.bottom >= self.toBottom:
                    self.state = MOVING_STATE_STOP
            #绘制盘子和边框
            pygame.draw.rect(screen, self.frameRectColor, self.frameRect, 2)
            pygame.draw.rect(screen, self.color, self.rect, border_radius = 20)
        else:
            if self.state == MOVING_STATE_UP:        #向上升
                self.rect.bottom -= 10
                if self.rect.bottom < 200:
                    self.state = MOVING_STATE_STRAIT
            #平着右飞
            elif self.state == MOVING_STATE_STRAIT and self.toRight:
                self.rect.centerx += 10
                if self.rect.centerx >= self.toX:
                    self.state = MOVING_STATE_DOWN
            #平着向左飞
            elif self.state == MOVING_STATE_STRAIT and not self.toRight:
                self.rect.centerx -= 10
                if self.rect.centerx <= self.toX:
                    self.state = MOVING_STATE_DOWN
            elif self.state == MOVING_STATE_DOWN:   #向下落
                self.rect.bottom += 10
                if self.rect.bottom >= self.toBottom:
                    self.state = MOVING_STATE_STOP
            #绘制边框
            pygame.draw.rect(screen, self.color, self.rect, border_radius = 20)
```

代码在开始时引入了全局变量模块，从而在代码中可以访问全局变量，以便在程序里对包括盘子颜色、盘子状态的变量进行引用。

盘子类继承于 pygame.sprite.Sprite 类，从而可以被 Group 类进行管理，简化盘子在主画布中被显示的代码。

构造函数__init__()可接收 width、height、i 和 color 共 4 个入口参数，分别代表盘子的宽度、高度、编号和颜色。通过构造函数的初始值，可以得到盘子的 rect 属性、frameRect 属性、color 属性，盘子的 state 被初始化成 MOVING_STATE_STOP 状态，该状态下表示盘子为静止，盘子的 showFrame 属性被初始化成 False，表示盘子不显示边框。

盘子的编号越小，表示盘子越大，盘子距离主画布的下边缘也就越近，其 y 坐标也就越大。图 6-12 为盘子编号和其 rect 的 bottom 属性关系。

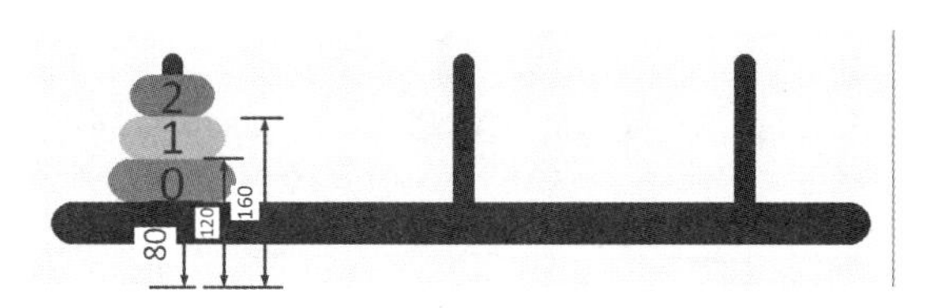

图 6-12 盘子编号和其 rect 的 bottom 属性关系

从图 6-12 可知，塔上最下边的盘子的编号为 0，其 rect 对象的 bottom 距离下边缘位置为 80，又因主画布宽度为 600 像素，所以 rect 的 bottom 属性值应为 520 像素，编号为 1 的盘子其 rect 的 bottom 属性值为 480 像素，由此可得到编号为 i 的盘子，其 rect 的 bottom 值应为$[560-(i+1)\times40]$像素。

setState()方法用于得到盘子的状态，状态值在 globalVar.py 文件里进行了列出，其状态值如下。

```
(1) MOVING_STATE_STOP = 0        # 停留状态
(2) MOVING_STATE_UP = 1          # 向上飞
(3) MOVING_STATE_STRAIT = 2      # 横着飞
(4) MOVING_STATE_DOWN = 3        # 向下飞
```

update()方法为盘子最主要的方法。在这种方法中，根据盘子的状态，进行盘子移动的动画显示，盘子共有两种移动模型，一种是玩家单击操作时盘子的带边框移动，另一种是自动解答时的不带边框移动，如图 6-13 和图 6-14 所示。

图 6-13 和图 6-14 的两种移动模式通过 showFrame 变量进行控制，如果 showFrame 的值为 True，则表示盘子移动时显示边框；如果 showFrame 的值为 False，则表示盘子移动时不显示边框。

根据盘子的移动方式，可定义盘子的移动分为两种：左边塔上的盘子移动到右边塔上和右边塔上的盘子移动到左边塔上。图 6-15 为左边塔上的盘子移动到右边塔上的示意图。

从图 6-15 可知，将左边塔上盘子移动到右边塔上共分为 3 个步骤。

1）盘子向上运动

当 state==MOVING_STATE_UP 时，盘子向上运动，通过盘子的 rect.bottom-=10 来不停地改变盘子 Rect 对象的位置，当 rect.bottom < 200 时，向上运动后到达上方顶点，盘子停止向上运动。

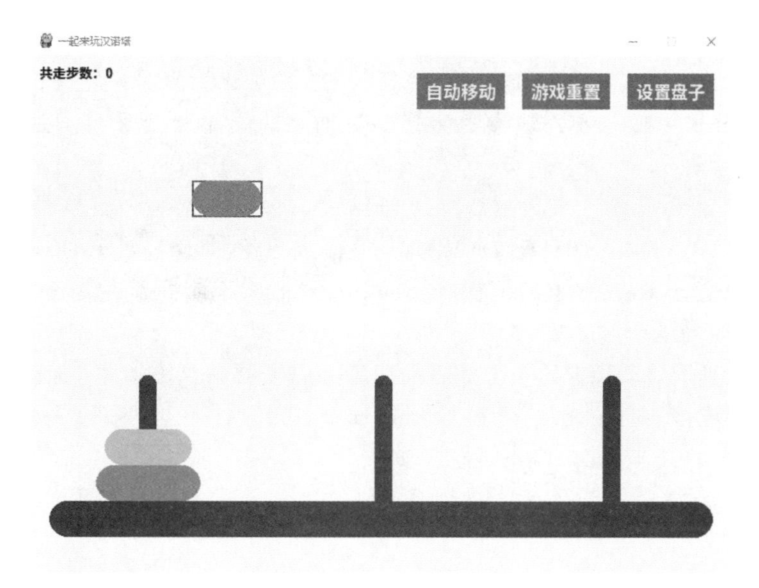

图 6-13 玩家移动盘子时，盘子带边框移动

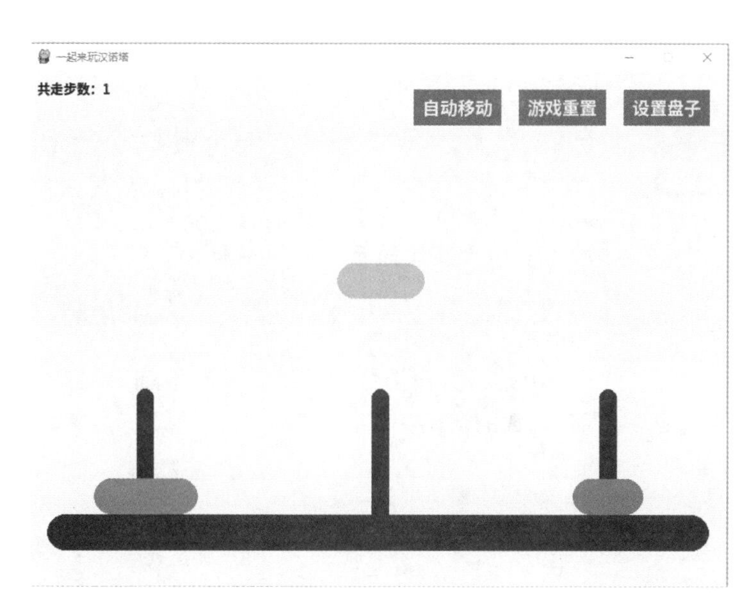

图 6-14 计算机自动移动盘子时，盘子不带边框移动

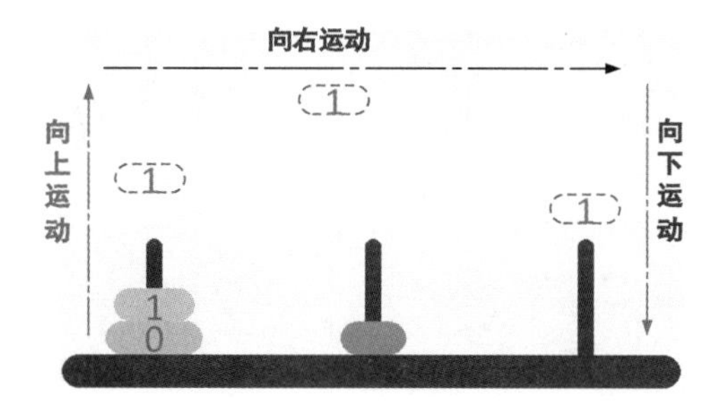

图 6-15 左边塔上的盘子移动到右边塔上

2）盘子向右运动

当 state==MOVING_STATE_STRAIT and toRight 为真时，盘子向右运动，通过盘子的 rect.centerx+=10 来不停地改变盘子 Rect 对象的位置，当盘子移动到目标塔的 x 坐标时，停止向右运动。

3）盘子向下运动

当 state==MOVING_STATE_DOWN 时，盘子向下运动，通过盘子的 rect.bottom+=10 来不停地改变盘子 Rect 对象的位置，当 rect.bottom 大于或等于目标塔上的可移动位置坐标 y 时，停止向下运动。

将右边塔上盘子移动到左边塔上和将左边塔上盘子移动到右边塔上很类似，不同的是第 2 个步骤要改成盘子向左运动，通过盘子的 rect.centerx-=10 来不停地将盘子向左运动，当到达目标塔的 x 坐标时，停止向左运动。

6.3.4 按钮绘制

“一起来玩汉诺塔”游戏的主画布上有 3 个红色按钮，当鼠标移到按钮上时，会自动变成手的形状，当离开按钮后，鼠标形状恢复成箭头，按钮该如何编码，从而实现这个效果？

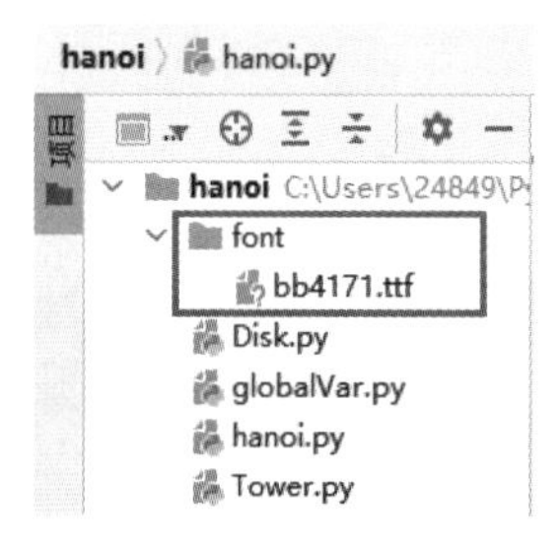

图 6-16 将字体文件夹复制到工程

按钮实际上就是在红色的矩形框上写上中文文字，红色矩形框使用 pygame.draw.rect()方法就可以绘制，Pygame 显示中文文字和第 5 章显示英文稍有不同，在得到字体对象时，需要指定一个中文字体，为了保证本章代码在任何操作系统上的显示效果相同，本书附带了中文字体。

1. 中文字体显示

将本章附带的字体文件夹 font 复制到 hanoi 工程中，形成如图 6-16 所示的结果。

中文显示在很多场景都要用到，因此将文字显示写成 draw_text()函数以便在代码中复用，函数的代码如下：

```
#第 6 章/hanoi/hanoi.py
def draw_text(text, xPos, yPos, font_color, font_size):
    """ 绘制文本,xPos 和 yPos 为坐标,font_color 为字体颜色,font_size 为字体大小"""
    #得到字体对象
    ff = pygame.font.Font('font/bb4171.ttf', font_size)
    #得到字体对象的 Surface 对象
    textSurface = ff.render(text, True, font_color)
    #得到 Surface 对象的 Rect 对象
    textRect = textSurface.get_rect()
    #调整 Rect 对象的中心位置坐标
    textRect.center = (xPos, yPos)
    #在主画布上显示字体
    screen.blit(textSurface, textRect)
```

在上述代码中，使用字体 bb4171.ttf 和字体大小 font_size 变量作为参数，调用 pygame.font.Font()方法得到字体对象并赋值给 ff 变量，使用字体对象 ff 的 render()方法可以得到字体对象的 Surface 对象，在代码中将得到的 Surface 对象赋值为 textSurface 变量，Surface 对象的显示方法已经讲了很多，此处不再赘述。

2. 绘制带中文的按钮

有了中文字体的显示函数后，绘制按钮就变得容易多了，调用 pygame.draw.rect()方法后，在其矩形位置上直接写上中文，这样就可以实现按钮效果了，代码如下：

```
def drawButton():
    """绘制按钮"""
    pygame.draw.rect(screen, BUTTON_COLOR, (WIDTH - 6 * MIN_SIZE, MIN_SIZE, MIN_SIZE * 5,
MIN_SIZE * 2))
    draw_text("设置盘子", WIDTH - 6 * MIN_SIZE + 50, 2 * MIN_SIZE, THECOLORS['honeydew'], 20)
    #重置游戏
pygame.draw.rect(screen, BUTTON_COLOR, (WIDTH - 12 * MIN_SIZE, MIN_SIZE, MIN_SIZE * 5,
MIN_SIZE * 2))
    draw_text("游戏重置", WIDTH - 12 * MIN_SIZE + 50, 2 * MIN_SIZE, THECOLORS['honeydew'], 20)
    #自动解答
pygame.draw.rect(screen, BUTTON_COLOR, (WIDTH - 18 * MIN_SIZE, MIN_SIZE, MIN_SIZE * 5,
MIN_SIZE * 2))
    draw_text("自动移动", WIDTH - 18 * MIN_SIZE + 50, 2 * MIN_SIZE, THECOLORS['honeydew'], 20)
```

按钮的填充颜色和按钮字体的颜色使用了 Pygame 提供的颜色模块，读者可以根据自己的喜好更改其颜色。

3. 按钮上鼠标形状更改

Pygame 提供了设置鼠标形状的方法 pygame.mouse.set_cursor()，其方法的入口参数为鼠标形状，常用的鼠标形状如表 6-2 所示。

表 6-2 常用的鼠标形状

形状参数	形状描述
pygame.SYSTEM_CURSOR_ARROW	箭头形状
pygame.SYSTEM_CURSOR_HAND	手的形状
pygame.SYSTEM_CURSOR_WAIT	系统等待形状，Windows 10 是一个旋转的小圆圈
pygame.SYSTEM_CURSOR_CROSSHAIR	十字形状

调用 pygame.mouse.get_pos()方法可以得到当前的鼠标坐标位置，其返回值为一个二元组，根据得到的鼠标坐标的位置参数，当鼠标位置位于按钮上时，调用 pygame.mouse.set_cursor(pygame.SYSTEM_CURSOR_HAND)方法将鼠标指针设为手状，当鼠标位置不在按钮上时，调用 pygame.mouse.set_cursor(pygame.SYSTEM_CURSOR_ARROW)方法将鼠标指针变回箭头形状，具体的代码如下：

```
#第 6 章/hanoi/hanoi.py
#更改鼠标指针颜色
mouseX, mouseY = pygame.mouse.get_pos()
if MIN_SIZE <= mouseY <= 3 * MIN_SIZE:
    if WIDTH - 6 * MIN_SIZE <= mouseX <= WIDTH - MIN_SIZE:
        pygame.mouse.set_cursor(pygame.SYSTEM_CURSOR_HAND)
```

```
        elif WIDTH - 12 * MIN_SIZE <= mouseX <= WIDTH - 7 * MIN_SIZE:
            pygame.mouse.set_cursor(pygame.SYSTEM_CURSOR_HAND)
        elif WIDTH - 18 * MIN_SIZE <= mouseX <= WIDTH - 13 * MIN_SIZE:
            pygame.mouse.set_cursor(pygame.SYSTEM_CURSOR_HAND)
    else:
        pygame.mouse.set_cursor(pygame.SYSTEM_CURSOR_ARROW)
```

6.4 弹窗设置盘子个数

“一起来玩汉诺塔”游戏根据玩家玩游戏的喜好，提供了设置盘子数量的功能，当玩家单击“设置盘子”按钮时，将弹出窗口提示玩家输入盘子数量，如图 6-17 所示。

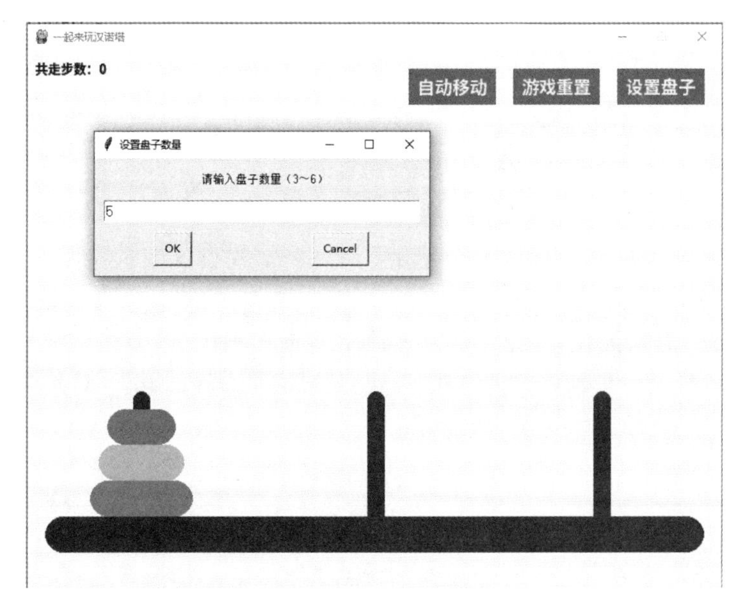

图 6-17 设置盘子数量

玩家输入盘子数量后，单击 OK 按钮，塔上的盘子数目将动态地改变为所设置的数目，应该如何绘制“设置盘子数量”窗口？使用现在已经学过的 Pygame 知识完成这个窗口，将会较为烦琐，Python 编程最大的魅力就是其包罗万象的模块，其提供的 easygui 模块可以轻松完成对话窗口的创建。easygui 不是 Python 的内置模块，需要进行导入才可使用。

单击 PyCharm 下方的 Terminal 按钮，输入 pip3 install easygui 命令安装 easygui 模块，如图 6-18 所示。

easygui 功能较为强大，此处只介绍最常见的几种方法，读者如果对 easygui 功能有更多需求，则可以访问网址 http://easygui.sourceforge.net/获得更多功能的使用方法。

1. 消息提示框

easygui 使用 msgBox()方法来弹出消息提示框，其语法格式如下：

```
msgBox(msg = "消息内容",title = " ",ok_button = "OK")
```

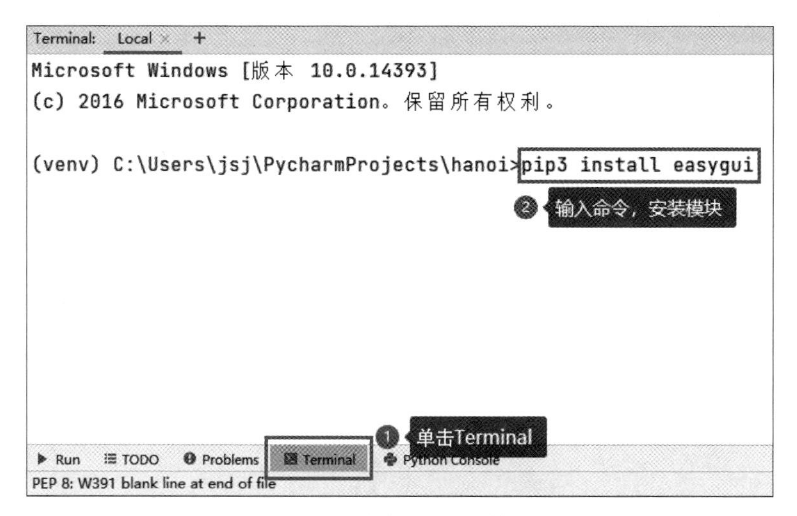

图 6-18 安装 easygui 模块

(1) msg：消息提示框显示的消息内容。

(2) title：消息提示框标题。

(3) ok_button：OK 按钮对应的文字内容。

以下代码将弹出“一起来玩汉诺塔很好玩”的消息内容，并将标题设置为“一起来玩汉诺塔”，按钮为中文“好的”，运行后的界面如图 6-19 所示。

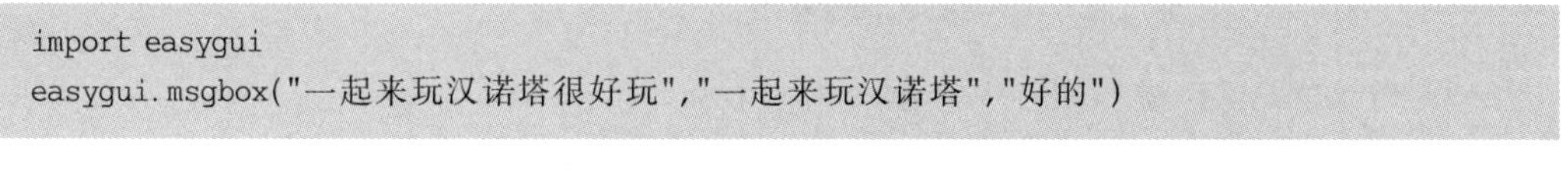

```
import easygui
easygui.msgbox("一起来玩汉诺塔很好玩","一起来玩汉诺塔","好的")
```

图 6-19 消息提示框使用

2. 信息询问框

在游戏运行中，如果玩家单击“退出”按钮，则要询问玩家是否确认退出，easygui 使用 ynbox()方法来完成这项功能，其语法格式如下：

```
ynbox(msg = "消息内容",title = " ")
```

(1) msg：信息询问框显示的消息内容。

(2) title：信息询问框的标题。

当单击信息询问框的 Yes 按钮时，函数的返回值为 True；当单击 No 按钮时，函数的返回值为 False。以下代码为询问玩家是否退出游戏的对话框，当玩家单击 Yes 按钮时，游戏结束,代码的运行结果如图 6-20 所示。

```
import easygui
import sys
a = easygui.ynbox("确认要退出游戏吗","退出确认")
if a:
    sys.exit()
```

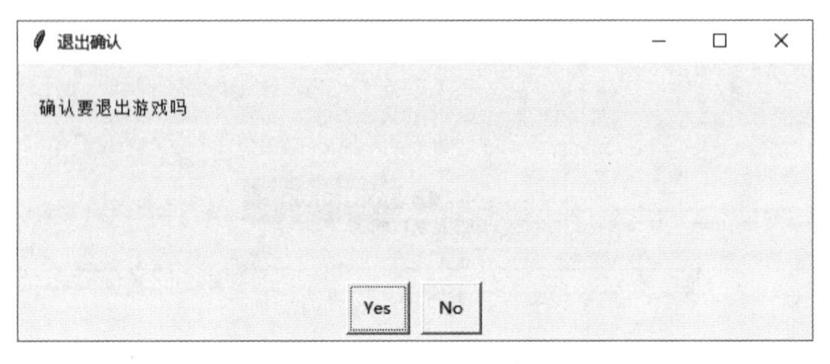

图 6-20 信息询问框使用

3. 信息输入框

信息输入框可以得到用户的键盘输入,在本章使用信息输入框得到玩家要设置的盘子数目,easygui 提供了 enterBox()函数来完成这项功能,其语法格式如下。

```
enterbox(msg = "提示信息",title = " ",default = " ")
```

(1) msg:显示在信息输入框上的文本内容。

(2) title:信息输入框的标题。

(3) default:默认值。

需要注意的是,信息输入框的返回类型为 string 类型,如果需要得到数值,则可使用 int()函数将其转变为数值。

以下代码会弹出默认值为"3"的信息输入框并得到玩家的信息输入,如果信息是数值文本,则需将其转换为数值,并输出到控制台,代码如下:

```
import easygui
number = easygui.enterbox("请输入盘子数量(3~6)", "设置盘子数量", "3")
if number.isnumeric():
print(number)
```

运行上述代码,得到如图 6-21 所示结果。

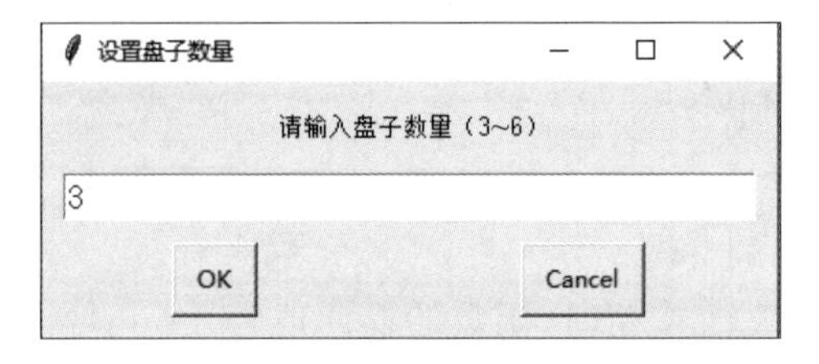

图 6-21 信息输入框得到输入内容

6.5 递归解决汉诺塔问题

"一起来玩汉诺塔"游戏提供了计算机自动解答汉诺塔谜题的功能,汉诺塔谜题是很典型的数学问题,解决了这个数学问题,相应的计算机自动解答汉诺塔的功能模块。如何解答这个问题?可以考虑使用分之求解的递归方法来解决问题。

为了描述方便,将3个塔从左到右依次命名为A、B、C,目标就是将A塔上的所有盘子遵照汉诺塔规则移动到C塔上,如图6-22所示。

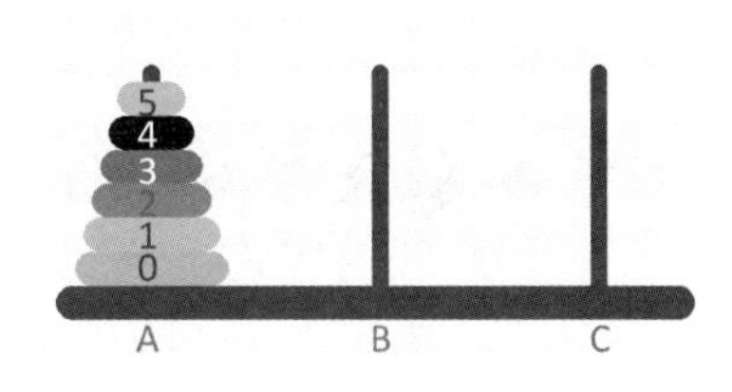

图6-22 自动完成汉诺塔图示

假设A塔上最初的盘子个数为n,当n的值为1时,只要将编号为0的盘子直接移动到C塔即可以,否则执行以下3步。

(1) 用C塔做过渡,将A塔上的$n-1$个盘子移动到B塔上。

(2) 将A塔上的最后一个盘子移动到C塔上。

(3) 用A塔做过渡,将B塔上的$n-1$个盘子移动到C塔上。

根据以上解答方法,将$n-1$个盘子从一个塔移动到另外一个塔是一个和n个盘子移动具有相同特征属性的问题,只是$n-1$个盘子相比n个盘子规模小了1,因此也可以用以上提到的3步来解决。

在实际执行过程中,首先需定义movingQueue变量,用于存储盘子所有的移动操作,得到所有的移动操作后,主函数可以使用for循环依次得到每个盘子的移动数据,然后将其使用动画加以展现。得到汉诺塔所有移动操作的代码如下:

```
#第6章/hanoi/hanoi.py
movingQueue = []  #移动盘子的队列
def hanoiAutoSolve():
    """自动调用递归解决汉诺塔问题"""
    A = towers[0]
    B = towers[1]
    C = towers[2]
    solvingHanoi(A, B, C, diskNumber)


#递归解决汉诺塔问题,n为盘子数目
def solvingHanoi(A, B, C, n):
    if n == 1:
        hanoiMove(A, C)
    else:
        solvingHanoi(A, C, B, n - 1)
        hanoiMove(A, C)
        solvingHanoi(B, A, C, n - 1)


#汉诺塔的移动操作
def hanoiMove(A, B):
```

```
    global movingQueue
    movingQueue.append([A, B])
```

在以上代码中，hanoiAutoSolve()函数将3个塔分别定义为A、B和C，并根据diskNumber变量设置需要求解的盘子个数。solvingHanoi()函数使用汉诺塔的3个步骤的解题思想解决汉诺塔问题。hanoiMove()函数将所有的移动操作存储到movingQueue变量，后续动画将从movingQueue变量中取出每个步骤的数据，从而动画演示。

6.6 游戏主函数完成

至此，"一起来玩汉诺塔"游戏的游戏场景及关键代码已经做了相应解答。接下来需要编写主函数并将各个场景串联起来，打开hanoi.py文件，并输入以下代码：

```
import pygame, sys
from Tower import Tower
from Disk import Disk
from globalVar import *
import easygui

diskNumber = len(DISK_COLORS) - 3        #盘子的数量
towerGroup = pygame.sprite.Group()        #塔的组
diskGroup = pygame.sprite.Group()         #盘子的组
rectBase = None                           #绘制底座
towers = None                             #塔
disks = None                              #盘子
canMove = True                            #是否开始移动动画
movingQueue = []                          #移动盘子的队列
diskHaveSelected = False                  #判断是否选择盘子
diskSelectedNumber = -1                   #被选择的盘子的编号
towerToMove = None                        #要移动盘子的塔
movedStep = 0                             #记录移动的步数
tipText = ""
autoMove = False                          #是否自动移动盘子
movingClick = False                       #是否运动的时候单击按钮
gameOver = False                          #判断游戏是否结束
def hanoiAutoSolve():
    """自动调用递归解决汉诺塔问题"""
    A = towers[0]
    B = towers[1]
    C = towers[2]
    solvingHanoi(A, B, C, diskNumber)


def solvingHanoi(A, B, C, n):
    if n == 1:
        hanoiMove(A, C)
    else:
```

```
        solvingHanoi(A, C, B, n - 1)
        hanoiMove(A, C)
        solvingHanoi(B, A, C, n - 1)


def hanoiMove(A, B):
    global movingQueue
    movingQueue.append([A, B])


def gameInit():
    """游戏初始化"""
    global rectBase, towers, disks, towerGroup, diskGroup
    global movingQueue
    #绘制底座
    rectBase = pygame.Rect(0, 0, WIDTH - 2 * MIN_SIZE, 2 * MIN_SIZE)
    rectBase.centerx = int(WIDTH / 2)
    rectBase.bottom = HEIGHT - MIN_SIZE * 2

    #绘制塔
    towers = [Tower((diskNumber + 1) * 2 * MIN_SIZE, i + 1) for i in range(3)]
    for i in range(3):
        towerGroup.add(towers[i])
    #绘制盘子
disks = [Disk(((diskNumber - i + 3) * MIN_SIZE), MIN_SIZE * 2, i,
          DISK_COLORS[i])
    for i in range(diskNumber - 1, -1, -1)]
    for i in range(diskNumber):
        diskGroup.add(disks[i])
    towers[0].setDisks(disks)


def drawBase():
    #绘制底座
rectBar = pygame.Rect(0, 0, 800 - 2 * MIN_SIZE, 2 * MIN_SIZE)
    rectBar.centerx = int(800 / 2)
    rectBar.bottom = 560
    pygame.draw.rect(screen, THECOLORS['sienna'], rectBar, border_radius=20)

    #绘制塔
    rectTower1 = pygame.Rect(0, 0, MIN_SIZE, 400)
    rectTower1.centerx = int(800 / 3 * (0.5))
    rectTower1.bottom = 600 - 3 * MIN_SIZE
    pygame.draw.rect(screen, THECOLORS['sienna'], rectTower1, border_radius=20)
    rectTower2 = pygame.Rect(0, 0, MIN_SIZE, 400)
    rectTower2.centerx = int(800 / 3 * (3 * 0.5))
    rectTower2.bottom = 600 - 3 * MIN_SIZE
    pygame.draw.rect(screen, THECOLORS['sienna'], rectTower2, border_radius=20)

    rectTower3 = pygame.Rect(0, 0, MIN_SIZE, 400)
```

```
    rectTower3.centerx = int(800 / 3 * (5 * 0.5))
    rectTower3.bottom = 600 - 3 * MIN_SIZE
    pygame.draw.rect(screen, THECOLORS['sienna'], rectTower3, border_radius = 20)

    #绘制盘子
    disk1Rect = pygame.Rect(0, 0, MIN_SIZE * 8, 2 * MIN_SIZE)
    disk1Rect.centerx = int(800 / 3 * (0.5))
    disk1Rect.bottom = 600 - 4 * MIN_SIZE
    pygame.draw.rect(screen, THECOLORS['orange'], disk1Rect, border_radius = 20)


def drawTower():
    rect = pygame.Rect(0, 0, 20 * 4, 20 * 2)
    rect.centerx = 300
    rect.bottom = 200
    pygame.draw.rect(screen, THECOLORS['slateblue'], rect, border_radius = 20)


def draw_text(text, xPos, yPos, font_color, font_size):
    """ 绘制文本,xPos 和 yPos 为坐标,font_color 为字体颜色,font_size 为字体大小"""
    #得到字体对象
    ff = pygame.font.Font('font/bb4171.ttf', font_size)
    textSurface = ff.render(text, True, font_color)
    textRect = textSurface.get_rect()
    textRect.center = (xPos, yPos)
    screen.blit(textSurface, textRect)


def drawButton():
    """绘制按钮"""
    pygame.draw.rect(screen, BUTTON_COLOR, (WIDTH - 6 * MIN_SIZE, MIN_SIZE, MIN_SIZE * 5,
MIN_SIZE * 2))
    draw_text("设置盘子", WIDTH - 6 * MIN_SIZE + 50, 2 * MIN_SIZE, THECOLORS['honeydew'], 20)

    #重置游戏
    pygame.draw.rect(screen, BUTTON_COLOR, (WIDTH - 12 * MIN_SIZE, MIN_SIZE, MIN_SIZE * 5,
MIN_SIZE * 2))
    draw_text("游戏重置", WIDTH - 12 * MIN_SIZE + 50, 2 * MIN_SIZE, THECOLORS['honeydew'], 20)

    #自动解答
    pygame.draw.rect(screen, BUTTON_COLOR, (WIDTH - 18 * MIN_SIZE, MIN_SIZE, MIN_SIZE * 5,
MIN_SIZE * 2))
    draw_text("自动移动", WIDTH - 18 * MIN_SIZE + 50, 2 * MIN_SIZE, THECOLORS['honeydew'], 20)


def gameReset():
    """游戏重置"""
    global diskHaveSelected, diskSelectedNumber, towerToMove, movedStep, tipText, autoMove, canMove
    global towerGroup, diskGroup, movingClick, gameOver
```

```
    diskGroup.empty()
    towerGroup.empty()
    movingQueue.clear()

    gameInit()
    diskHaveSelected = False                    #判断是否选择盘子
diskSelectedNumber = -1                         #被选择的盘子的编号
towerToMove = None                              #要移动盘子的塔
movedStep = 0                                   #记录移动的步数
tipText = ""
autoMove = False                                #是否自动移动盘子
canMove = True
    movingClick = False
    gameOver = False


pygame.init()
gameInit()
screen = pygame.display.set_mode((800, 600))
pygame.display.set_caption('一起来玩汉诺塔')
tick = pygame.time.Clock()                      #创建时钟对象(可以控制游戏循环频率)
down = False
while True:
    tick.tick(30)
    for event in pygame.event.get():
        if event.type == pygame.QUIT:
            sys.exit()
        if event.type == pygame.KEYDOWN:
            if event.key == pygame.K_ESCAPE:
                #盘子选择状态,回归原状
                if towerToMove:
                    towerToMove.getTopDisk().setFrame(False)
                    tipText = "请选择要移动的盘子"
                diskHaveSelected = False        #判断是否选择盘子
                diskSelectedNumber = -1         #被选择的盘子的编号
                towerToMove = None              #要移动盘子的塔

        if event.type == pygame.MOUSEBUTTONDOWN:
            xPos, yPos = pygame.mouse.get_pos()     #得到鼠标坐标
            #单击的是设置盘子
            if MIN_SIZE <= yPos <= 3 * MIN_SIZE:
                if WIDTH - 6 * MIN_SIZE <= xPos <= WIDTH - MIN_SIZE:
                    number = easygui.enterbox("请输入盘子数量(3~6)", "设置盘子数量", "3")
                    if number.isnumeric():
                        if 3 <= int(number) <= 6:
                            diskNumber = int(number)
                            gameReset()
                elif WIDTH - 12 * MIN_SIZE <= xPos <= WIDTH - 7 * MIN_SIZE:
                    gameReset()
```

```
            elif WIDTH - 18 * MIN_SIZE <= xPos <= WIDTH - 13 * MIN_SIZE:
                gameReset()
                hanoiAutoSolve()
                autoMove = True
        #游戏结束了以后,就不能再进行盘子移动了
        if not gameOver:
            #单击的是塔 A 的位置
            if MIN_SIZE <= xPos <= 268 and 300 <= yPos <= HEIGHT:
                if not diskHaveSelected:            #没有盘子被选择
                    if towers[0].getDiskNumber() > 0:
                        towers[0].getTopDisk().setFrame(True)
                        diskHaveSelected = True
                        diskSelectedNumber = towers[0].getTopDisk().getNumber()
                        towerToMove = towers[0]     #要移动的塔
                        tipText = "请选择要移动的塔,按 Esc 键取消当前选择的盘子"
                else:  #盘子已经被选择了
                    if towers[0].canBeMoved(diskSelectedNumber) and towers[0] != towerToMove:
                        movingQueue.append([towerToMove, towers[0]])
            #单击的是塔 B 的位置
            elif 268 < xPos <= 538 and 300 <= yPos <= HEIGHT:
                if not diskHaveSelected:            #没有盘子被选择
                    if towers[1].getDiskNumber() > 0:
                        towers[1].getTopDisk().setFrame(True)
                        diskHaveSelected = True
                        diskSelectedNumber = towers[1].getTopDisk().getNumber()
                        towerToMove = towers[1]     #要移动的塔
                        tipText = "请选择要移动的塔,按 Esc 键取消当前选择的盘子"
                else:  #盘子已经被选择了
                    if towers[1].canBeMoved(diskSelectedNumber) and towers[1] != towerToMove:
                        movingQueue.append([towerToMove, towers[1]])
            #单击的是塔 C 的位置
            elif 538 < xPos <= WIDTH and 300 <= yPos <= HEIGHT:
                if not diskHaveSelected:            #没有盘子被选择
                    if towers[2].getDiskNumber() > 0:
                        towers[2].getTopDisk().setFrame(True)
                        diskHaveSelected = True
                        diskSelectedNumber = towers[2].getTopDisk().getNumber()
                        towerToMove = towers[2]     #要移动的塔
                        print(diskSelectedNumber)

                        tipText = "请选择要移动的塔,按 Esc 键取消当前选择的盘子"
                else:  #盘子已经被选择了
                    if towers[2].canBeMoved(diskSelectedNumber) and towers[2] != towerToMove:
                        movingQueue.append([towerToMove, towers[2]])
    screen.fill(THECOLORS['ghostwhite'])
    pygame.draw.rect(screen, BASE_COLOR, rectBase, border_radius = 20)
    if canMove and len(movingQueue) > 0:
        canMove = False
        move = movingQueue.pop(0)
```

```
move[0].getTopDisk().setMoving(move[1].getCenterX(), move[1].getTowerBottom())
while move[0].getTopDisk().isStillMoving():
    tick.tick(30)
    for event in pygame.event.get():
        if event.type == pygame.QUIT:
            sys.exit()
        if event.type == pygame.MOUSEBUTTONDOWN:
            xPos, yPos = pygame.mouse.get_pos()          #得到鼠标坐标
            #单击的是设置盘子
            if MIN_SIZE <= yPos <= 3 * MIN_SIZE:
                if WIDTH - 6 * MIN_SIZE <= xPos <= WIDTH - MIN_SIZE:
                    print("单击了设置盘子")
                    number = easygui.enterbox("请输入盘子数量(3~6)", "设置盘子数量", "3")
                    if number.isnumeric():
                        if 3 <= int(number) <= 6:
                            diskNumber = int(number)
                            gameReset()
                            move[0].getTopDisk().setState(MOVING_STATE_STOP)
                elif WIDTH - 12 * MIN_SIZE <= xPos <= WIDTH - 7 * MIN_SIZE:
                    gameReset()
                    move[0].getTopDisk().setState(MOVING_STATE_STOP)
                    movingClick = True
                    print("单击了重置游戏")
                elif WIDTH - 18 * MIN_SIZE <= xPos <= WIDTH - 13 * MIN_SIZE:
                    gameReset()
                    move[0].getTopDisk().setState(MOVING_STATE_STOP)
                    hanoiAutoSolve()
                    autoMove = True
                    movingClick = True


    screen.fill(THECOLORS['ghostwhite'])
    pygame.draw.rect(screen, BASE_COLOR, rectBase, border_radius = 20)
    draw_text("共走步数: " + str(movedStep), 50, MIN_SIZE, FONT_COLOR, 15)
    drawButton()

    #更改鼠标指针颜色
    mouseX, mouseY = pygame.mouse.get_pos()
    if MIN_SIZE <= mouseY <= 3 * MIN_SIZE:
        if WIDTH - 6 * MIN_SIZE <= mouseX <= WIDTH - MIN_SIZE:
            pygame.mouse.set_cursor(pygame.SYSTEM_CURSOR_HAND)
        elif WIDTH - 12 * MIN_SIZE <= mouseX <= WIDTH - 7 * MIN_SIZE:
            pygame.mouse.set_cursor(pygame.SYSTEM_CURSOR_HAND)
        elif WIDTH - 18 * MIN_SIZE <= mouseX <= WIDTH - 13 * MIN_SIZE:
            pygame.mouse.set_cursor(pygame.SYSTEM_CURSOR_HAND)
    else:
        pygame.mouse.set_cursor(pygame.SYSTEM_CURSOR_ARROW)
    towerGroup.update(screen)
    diskGroup.update(screen)
```

```
            pygame.display.update()
        #物体运动的时候单击按钮,会造成步数多加1,因此要跳过步数加一的语句
    if movingClick:
            movingClick = False
            continue
        if not move[0].getTopDisk().isStillMoving():  #已经移动完,进行下一个移动
    move[0].getTopDisk().setFrame(False)              #移动完后显示的框
    move[1].addDisk(move[0].getTopDisk())             #目的塔添加加一个盘子
    move[0].removeTopDisk()
            movedStep += 1
            #盘子选择状态,回归原状
            diskHaveSelected = False                  #判断是否选择盘子
            diskSelectedNumber = -1                   #被选择的盘子的编号
            towerToMove = None                        #要移动盘子的塔
            canMove = True
            if not autoMove:
                tipText = "请选择要移动的盘子"
    if towers[2].getDiskNumber() == diskNumber:
        tipText = "祝贺,成功完成汉诺塔游戏!"
        gameOver = True
    draw_text("共走步数:" + str(movedStep), 50, MIN_SIZE, FONT_COLOR, 15)
    draw_text(tipText, WIDTH / 2, 100, TIP_COLOR, 30)
    drawButton()

    #更改鼠标指针颜色
    mouseX, mouseY = pygame.mouse.get_pos()
    if MIN_SIZE <= mouseY <= 3 * MIN_SIZE:
        if WIDTH - 6 * MIN_SIZE <= mouseX <= WIDTH - MIN_SIZE:
            pygame.mouse.set_cursor(pygame.SYSTEM_CURSOR_HAND)
        elif WIDTH - 12 * MIN_SIZE <= mouseX <= WIDTH - 7 * MIN_SIZE:
            pygame.mouse.set_cursor(pygame.SYSTEM_CURSOR_HAND)
        elif WIDTH - 18 * MIN_SIZE <= mouseX <= WIDTH - 13 * MIN_SIZE:
            pygame.mouse.set_cursor(pygame.SYSTEM_CURSOR_HAND)
    else:
        pygame.mouse.set_cursor(pygame.SYSTEM_CURSOR_ARROW)
    towerGroup.update(screen)
    diskGroup.update(screen)
    pygame.display.update()
```

代码开始时引入了 pygame、sys、Tower、Disk、globalVar、easygui 等几个内部和外部模块,从而可以在主程序里使用全局变量和建立类的对象。

diskNumber 变量值用于初始化盘子的数量,在游戏中改变这个值,盘子的数量也会动态地改变。towerGroup 和 diskGroup 是 Group 类的两个对象,分别管理从 Sprite 类重载的 Tower 对象和 Disk 对象,Group 类如何管理 Sprite 对象,在 6.3.2 节已经做了阐述,此处不再赘述。movingQueue 变量用于存储汉诺塔的所有递归走法,当玩家单击"自动移动"按钮时,movingQueue 变量的走法将依次转变为盘子移动动画。gameOver 变量用于判断游戏是否结束,当玩家或者计算机解答完汉诺塔谜题时,此变量被设为 True,否则保持 False。

gameInit()函数、drawBase()函数和drawTower()函数负责游戏的初始化，用于绘制塔的底座、绘制塔和绘制盘子，塔加入了towerGroup变量，盘子加入了diskGroup变量，所有的盘子都放置到左边第1个塔上。

draw_text()函数负责在主画布上显示文字，此处使用了bb4171.ttf中文字体，读者也可根据自己的喜好，加载不同的字体。

gameReset()函数负责游戏的重置，当用户单击“自动移动”“游戏重置”“设置盘子”按钮时都会触发这个函数，gameReset()函数触发后会清空diskGroup、towerGroup和movingQueue，towerToMove、tipText、canMove、gameOver等变量也会恢复到初始值。

在主函数的while True循环内，通过event.type判断玩家触发的不同事件。如果触发的是pygame.QUIT，则游戏退出；如果触发的是按键事件且按键为Esc，则取消盘子的选择；如果触发的是鼠标单击事件，则通过pygame.mouse.get_pos()方法得到单击的画布坐标，供后续判断。

while True循环内得到鼠标单击的画布坐标后，分以下情况进行判断。

1. 坐标在按钮范围内

如果鼠标的单击操作在3个按钮范围内，则根据按钮的Rect对象位置判断鼠标单击的是哪个按钮。如果单击的是“自动移动”按钮，则调用gameReset()函数和hanoiAutoSolve()函数，并且将autoMove变量设为True；如果单击了“重置按钮”，则调用gameReset()函数；如果单击了“设置盘子”按钮，则利用easygui.externbox得到玩家输入的盘子数量并赋值给diskNumber变量，同时调用gameReset()函数重绘主画布里的所有场景。

2. 坐标属于塔的位置

当鼠标单击的是塔时，存在两种情况：有盘子已经被选中和没有盘子被选中。当有盘子已经被选中时，单击的塔如果不是已经被选中盘子所在的塔，则意味着已经选中的盘子要移动到当前选择的塔上，对要移动的盘子进行汉诺塔游戏规则判断，如果符合规则，则加入movingQueue队列；如果没有盘子被选中，则看当前单击的塔是否有盘子，如有盘子，则将其标记为选中状态。

使用if canMove and len(movingQueue)> 0语句来判断是否播放盘子移动动画，每移动一步将负责统计移动步数的movingClick变量加1，同时显示到主画布的左上角。

使用towerGroup和diskGroup的update()方法同时更新显示主画布上的所有主场景，使用pygame.display.update()方法来更新主画布。

6.7 小结

本章主要介绍了“一起来玩汉诺塔”游戏的具体实现，同时对本章涉及的Pygame里的Group类管理Sprite、颜色模块、形状绘制、鼠标响应、easygui等知识点进行了介绍，对汉诺塔经典递归算法进行了讲解。

学习本章后，读者应能掌握Pygame动画的制作方法，以及掌握按钮的实现方法。

读者可以用本章介绍的知识完成打地鼠、植物大战僵尸等常见游戏。

本章知识可为后续章节的学习打下良好基础。

第7章

"网络五子棋"游戏

五子棋游戏是一种两人对弈的纯策略型棋类游戏，具有规则简单、老少皆宜、趣味横生的特点，不仅能提高智力，而且能增强思维能力。本章设计的"网络五子棋"游戏，从五子棋的棋盘构建开始，一步步地带领读者实现一个支持网络对战的具有完整对弈功能的五子棋游戏。通过本章的学习，读者将理解棋类游戏的设计特点，掌握通信协议的设计与实现，掌握多线程和网络编程在游戏编程中的运用。

7.1 "网络五子棋"游戏运行示例

4min

打开 PyCharm，运行本书附带的 five 游戏工程后，会出现如图 7-1 所示的界面。

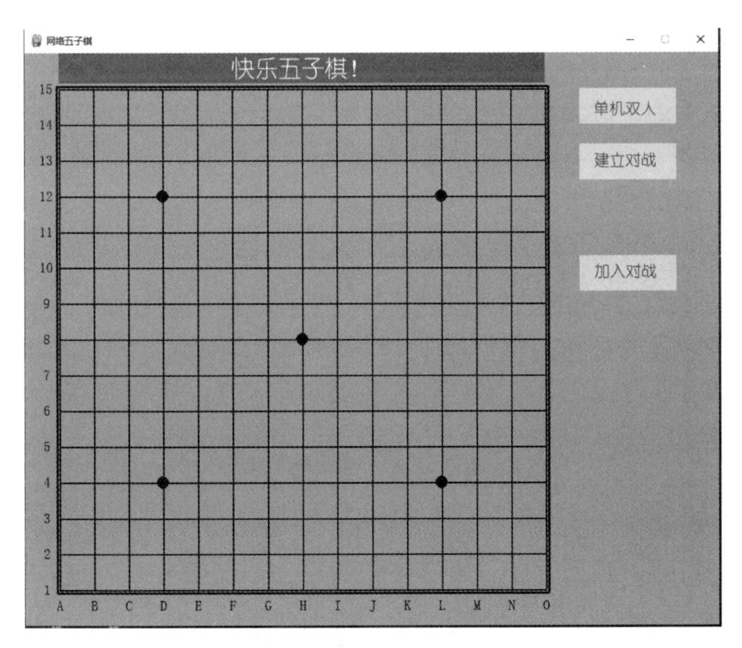

图 7-1 "网络五子棋"开始界面

在图 7-1 所示的界面中，玩家单击主画布右侧的 3 个按钮中的任意一个便可开始游戏，其中"单机双人"表示在同一台计算机上，两个玩家轮流出棋进行游戏；"建立对战"按钮表示当前的玩家建立对战服务器，等待远端的玩家加入，从而进行网络对战；"加入对战"按钮表示当前玩家输入对战服务器的 IP 地址后，进行网络对战。图 7-2 为单击"加入对战"按钮时的游戏界面。

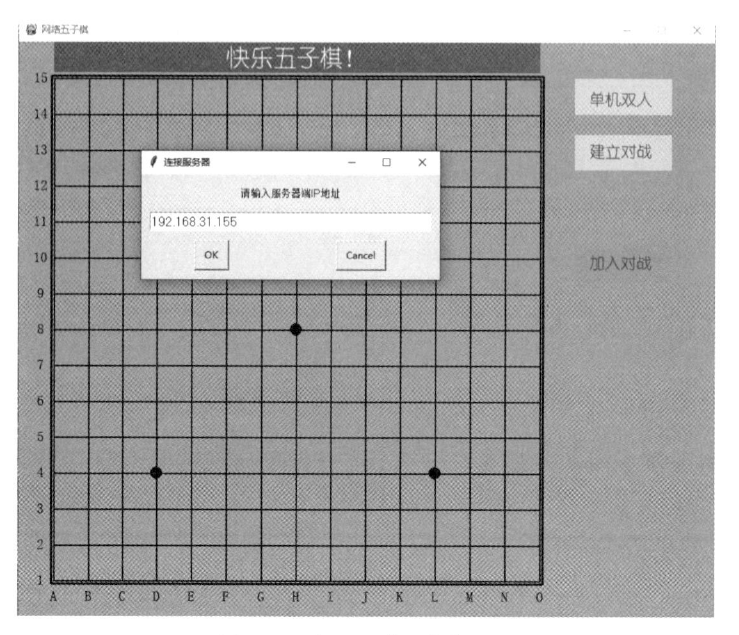

图 7-2 “加入对战”游戏界面

当“网络五子棋”游戏开始对战后,参加对弈的两个玩家分别使用白色棋子和黑色棋子,玩家单击棋盘网格坐标点,游戏主程序在交叉点绘制出玩家对应颜色的棋子,在棋子中心会有一个数字,表明当前走到的步数,主画布上方会给出相应的游戏走棋提示,当对弈的一方取得胜利时,主画布右下方将给出游戏胜利的文字提示。图 7-3 为“网络五子棋”游戏运行界面。

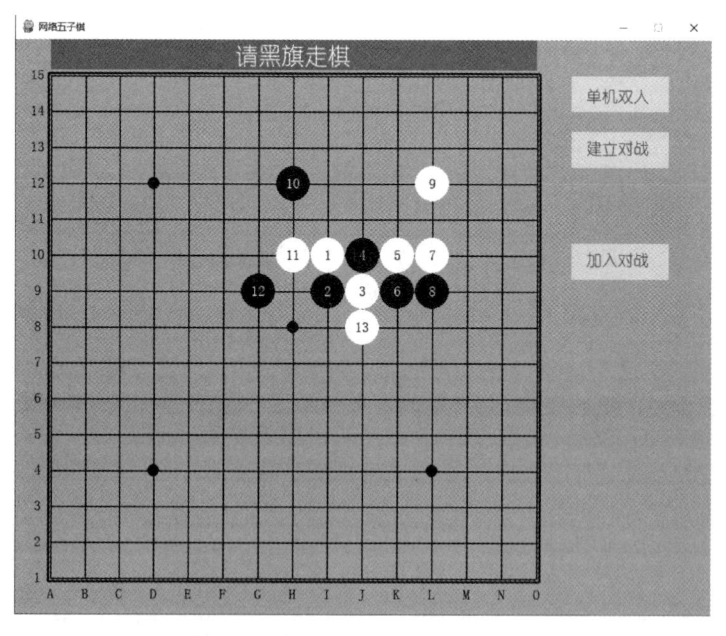

图 7-3 “网络五子棋”游戏运行界面

网络五子棋游戏整体运行流程图如图 7-4 所示。

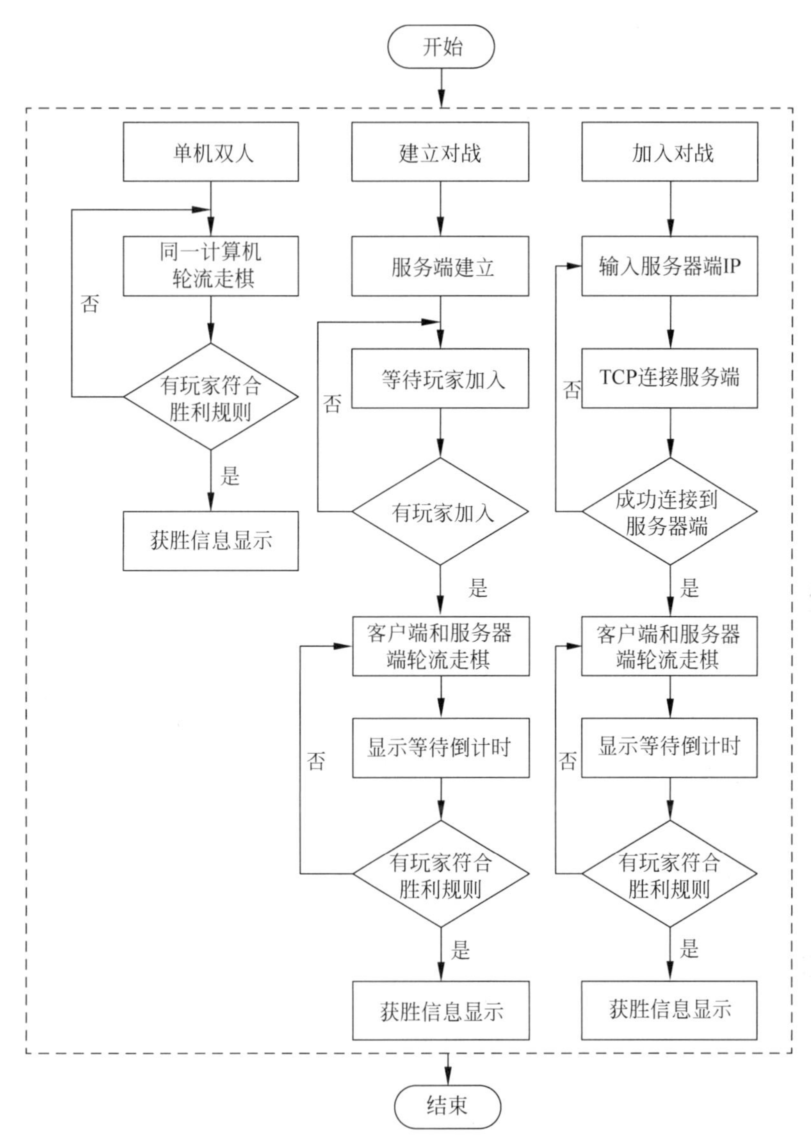

图 7-4 "网络五子棋"游戏整体运行流程图

7.2 "网络五子棋"游戏规则

1. 五子棋游戏设计遵守的基本规则

本章设计的"网络五子棋"游戏采用最简规则,不涉及"三、三禁手""四、四禁手"等禁忌规则,如有需要,读者后续可在本章的基础上在代码里加入各种禁手规则。

虽然采用最简规则,仍有一些规则需要在游戏编码设计中遵守,需要遵守的规则如下。

1) 空棋盘开局

开始游戏后,15×15 的棋盘内必须空无一子,不允许有任何黑、白棋子出现。

2）交替下子

开始游戏后，采取白先黑后的游戏规则交替下子，每次只能下一个棋子，已经下好的棋子不允许再进行移动。

3）不允许放弃走棋

游戏过程中，轮到走棋的玩家必须下子，不允许放弃本轮下子。网络对战时，允许想认输的一方单击“投降”按钮。

2. 游戏胜利条件

五子棋游戏的胜利条件，共有3种成子判断，以下都以黑棋胜利为例。

1）横向排列胜利

棋子在棋盘内横向排列成5个连续的子，如图7-5所示。

2）纵向排列胜利

棋子在棋盘内纵向排列成5个连续的子，如图7-6所示。

3）斜向排列胜利

棋子在棋盘内斜向排列成5个连续的子，如图7-7所示。

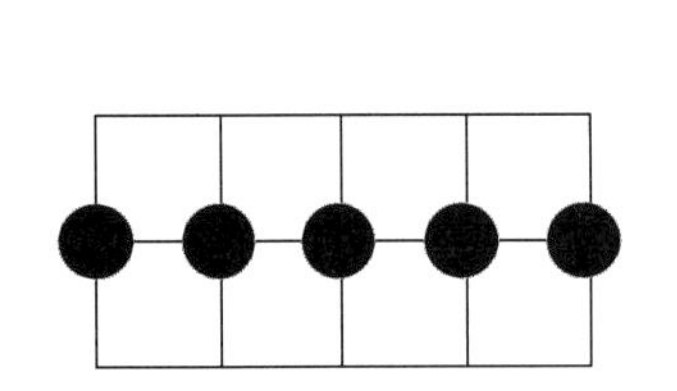

图7-5 横向排列胜利

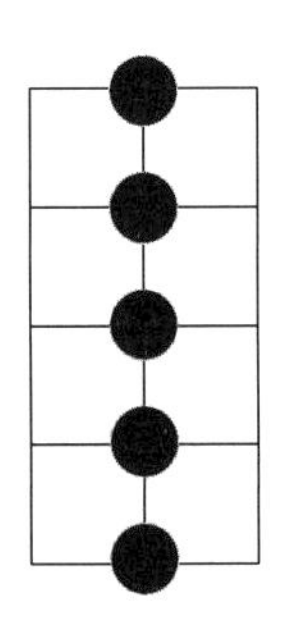

图7-6 纵向排列胜利

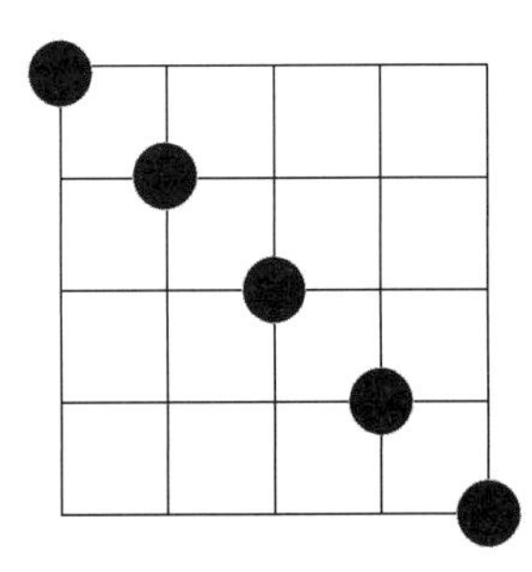

图7-7 斜向排列胜利

6min

7.3 “网络五子棋”主场景设计

打开PyCharm后，新建名为five的工程，并将生成的five工程的主文件main.py修改为five.py文件。

分析“网络五子棋”的主场景，可以发现主场景实际上是由提示区域、棋盘区域和按钮区域三部分组成的，其中提示区域会随着游戏进展而出现不同的中文提示；棋盘区域在绘制出棋盘后，随着游戏进展需要在棋盘交叉点分别绘制出白色棋子和黑色棋子；按钮区域根据游戏类型的不同，会有不同的按钮出现，同时按钮区域也会随着游戏进展有不同的提示文字。图7-8为加入网络对战后的游戏主场景。

7.3.1 提示区域绘制

“网络五子棋”的主画布是一个分辨率为WIDTH×HEIGHT的固定场景，其中WIDTH和HEIGHT在主程序中定义，提示区域位于主画布上方，其Rect对象是一个四元组，即(45，0，HEIGHT−45，38)的矩形区域，提示区域的背景颜色为RGB三元组(128，128，128)，写于提示区域的文字Surface对象的中心位于(45×8，20)，颜色为白色，文字大

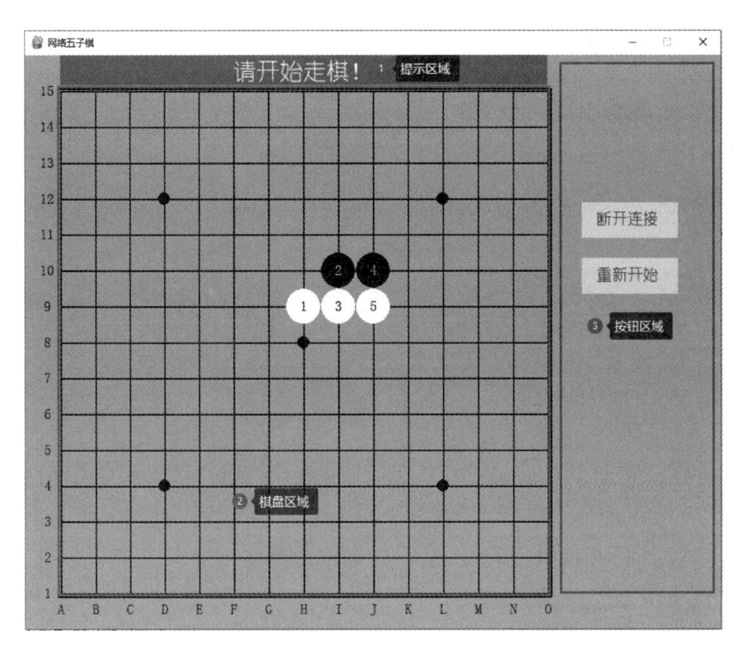

图 7-8　加入网络对战后的游戏主场景

小为 30。

提示区域内的文字需要随着游戏进展而显示出不同的文字，可以设置 top_info 变量存储要显示的文字内容，在代码中每次显示主场景时，将 top_info 变量的值显示在提示区域，这样当在游戏中把要显示的文字赋值给 top_info 变量时，主场景的提示区域内的文字内容也将随之改变。

有了以上分析后，很容易写出提示区域的场景构建代码，代码如下：

```
#第 7 章/five/five.py
top_info = "快乐五子棋"
screen = pygame.display.set_mode((WIDTH, HEIGHT + 45))
#绘制提示区域背景
pygame.draw.rect(screen, (128, 128, 128), (45, 0, HEIGHT - 45, 38))
draw_text(top_info, 45 * 8, 20, (255, 255, 255), 30)
def draw_text(text, xPos, yPos, font_color, font_size):
    """ 绘制文本,xPos 和 yPos 为坐标,font_color 为字体颜色,font_size 为字体大小"""
    #得到字体对象
    ff = pygame.font.Font('SIMYOU.TTF', font_size)
    textSurface = ff.render(text, True, font_color)
    textRect = textSurface.get_rect()
    textRect.center = (xPos, yPos)
screen.blit(textSurface, textRect)
```

代码首先得到主场景的 Surface 对象并将其赋值给 screen 变量，使用 pygame.draw.rect()方法绘制提示区域的背景。

draw_text()函数为中文显示的函数，在本书前述章节已经多次提及，此处不再赘述。

7.3.2 棋盘区域绘制

棋盘区域的主场景绘制既可以调用 pygame. image. load()方法直接加载已经画好棋盘的图片,也可以使用 pygame. draw. line()方法结合 pygame. draw. circle()方法来完成,本章采用后者的方法。

1. 棋盘绘制

五子棋的棋盘是一个具有横向 14 个方格,纵向 14 个方格,每个方格大小相同的区域,在棋盘内部有 5 个定位点,在棋盘的四周都有较粗黑线加以装饰,如图 7-9 所示。

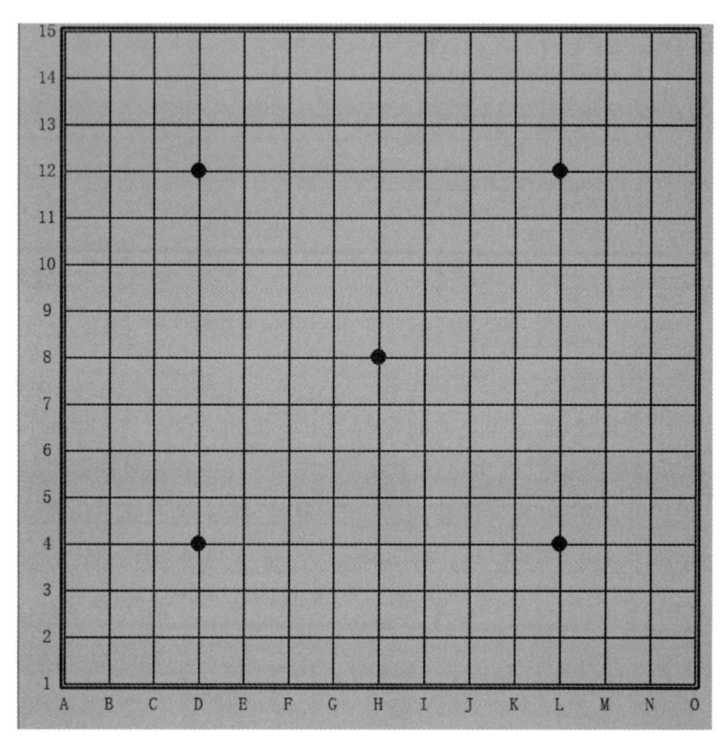

图 7-9 棋盘图示

仔细观察图 7-9 可以发现,棋盘实际上是由 15 条横线和 15 条纵线构成,每条横线和纵线的间隔区域相同,本章将这个间隔区域的大小定位为 45 像素。

如果棋盘从主画布的(0,0)坐标开始绘制,并且棋盘和游戏窗口缺少边界,就会很不美观,可将第一条横线(编号为 15)的开始坐标定为(45,45),根据图 7-9 可以很容易地得出第一条横线的结束坐标为(675,45)。因为横线之间的宽度为 45,所以第二条横线的开始坐标和结束坐标为(45,45+45)和(675,45+45),第三条横线的开始坐标和结束坐标为(45,45+45+45)和(675,45+45+45),以此类推可以得到每一条横线的开始坐标和结束坐标。

使用循环可以得到绘制横线的代码如下:

```
HEIGHT = 675
for i in range(1, 16):
    pygame.draw.line(screen, LINE_COLOR, [45, 45 * i], [HEIGHT, 45 * i], 2)
```

纵线的绘制方法和横线的绘制方法非常接近，第一条纵线（编号为 A）的开始坐标和结束坐标为(45,45)和(45,675)，第二条纵线的开始坐标和结束坐标为(45＋45,45)和(45＋45,675)，以此类推，第 N 条纵线的开始坐标和结束坐标为(45×N,45)和(45×N,675)。

使用循环可以得到绘制纵线的代码如下：

```
for i in range(1, 16):
    pygame.draw.line(screen, LINE_COLOR, [45 * i, 45], [45 * i, HEIGHT], 2)
```

横线旁边从上到下依次有数字编号，纵线下方从左到右依次有字母编号。数字编号和字母编号的文字大小都为 18，颜色为直线的颜色 LINE_COLOR，有了横线和纵线的绘制方法，很容易使用循环绘制数字编号和字母编号，其代码如下：

```
for i in range(1, 16):
    #绘制左边 15~1
    draw_text(str(i), 28, 45 * (16 - i), LINE_COLOR, 18)
    #绘制下边 A~O
    s = chr(ord("A") + i - 1)
    draw_text(s, 45 * i, 45 * 15 + 20, LINE_COLOR, 18
```

在上述代码中，ord()函数可以得到字母的 ASCII 码，chr()函数可以从 ASCII 码值得到字母，ord()函数、chr()函数与 for 循环相结合，可以画出字母 A～O。

棋盘内共有 5 个圆形定位，5 个圆形的半径均为 8 像素。已知横线和横线之间、纵线和纵线之间的距离差都为 45 像素，从图 7-9 可以得出，5 个圆形定位点的圆心坐标应为(45×4,45×4)、(45×12,45×4)、(45×12,45×4)、(45×8,45×8)、(45×4,45×12)和(45×12,45×12)，使用 pygame.draw.circle()函数可以得到绘制 5 个圆形定位的代码如下：

```
pygame.draw.circle(screen, LINE_COLOR, [45 * 4, 45 * 4], 8)
pygame.draw.circle(screen, LINE_COLOR, [45 * 12, 45 * 4], 8)
pygame.draw.circle(screen, LINE_COLOR, [45 * 8, 45 * 8], 8)
pygame.draw.circle(screen, LINE_COLOR, [45 * 4, 45 * 12], 8)
pygame.draw.circle(screen, LINE_COLOR, [45 * 12, 45 * 12], 8)
```

为了使棋盘更为美观，在棋盘的边框外绘制一条线宽为 3 像素的较粗线段，4 条较粗线段距离边框的距离为 3 像素，其绘制代码如下：

```
pygame.draw.line(screen, LINE_COLOR, [42, 42], [HEIGHT + 3, 42], 3)
pygame.draw.line(screen, LINE_COLOR, [42, 45 * 15 + 4], [HEIGHT + 3, 45 * 15 + 4], 3)
pygame.draw.line(screen, LINE_COLOR, [42, 42], [42, 45 * 15 + 4], 3)
pygame.draw.line(screen, LINE_COLOR, [45 * 15 + 4, 42], [45 * 15 + 4, 45 * 15 + 4], 3)
```

棋盘绘制是一个整体操作，将上述代码加以整合，形成名为 drawChess()的绘制棋盘函数，其代码如下：

```
#第 7 章/five/five.py
def drawChess():
    """绘制棋盘"""
```

```
    for i in range(1, 16):
        pygame.draw.line(screen, LINE_COLOR, [45, 45 * i], [HEIGHT, 45 * i], 2)
        pygame.draw.line(screen, LINE_COLOR, [45 * i, 45], [45 * i, HEIGHT], 2)
        #绘制左边 15~1
        draw_text(str(i), 28, 45 * (16 - i), LINE_COLOR, 18)
        #绘制下边 A~O
        s = chr(ord("A") + i - 1)
        draw_text(s, 45 * i, 45 * 15 + 20, LINE_COLOR, 18)
        #绘制棋盘的 5 个定位
        pygame.draw.circle(screen, LINE_COLOR, [45 * 4, 45 * 4], 8)
        pygame.draw.circle(screen, LINE_COLOR, [45 * 12, 45 * 4], 8)
        pygame.draw.circle(screen, LINE_COLOR, [45 * 8, 45 * 8], 8)
        pygame.draw.circle(screen, LINE_COLOR, [45 * 4, 45 * 12], 8)
        pygame.draw.circle(screen, LINE_COLOR, [45 * 12, 45 * 12], 8)
    #画黑边
pygame.draw.line(screen, LINE_COLOR, [42, 42], [HEIGHT + 3, 42], 3)
pygame.draw.line(screen, LINE_COLOR, [42, 45 * 15 + 4], [HEIGHT + 3, 45 * 15 + 4], 3)
pygame.draw.line(screen, LINE_COLOR, [42, 42], [42, 45 * 15 + 4], 3)
pygame.draw.line(screen, LINE_COLOR, [45 * 15 + 4, 42], [45 * 15 + 4, 45 * 15 + 4], 3)
```

2. 棋子绘制

"网络五子棋"游戏的棋子都为圆形,其位置都在棋盘的交叉点,并且每个棋子的中心根据其落子顺序有唯一的数字编号,如图 7-10 所示。

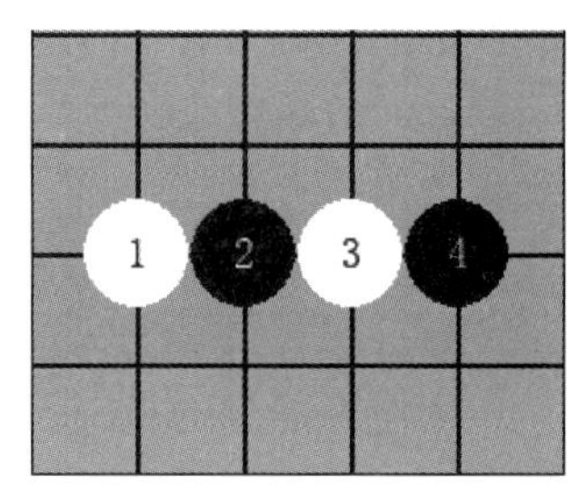

图 7-10 棋子绘制

从图 7-10 很容易得知,每个棋子都可由 pygame.draw.circle()方法绘制得来,棋子的半径大小为棋盘两条纵线间距离的一半间隔求整,也就是 45//2=22 像素,棋子中心数字的坐标为棋子的圆心坐标,数字的大小为 18 像素。

从上述分析可知,圆心坐标位于棋盘的交叉点,如果玩家每次走棋都单击到交叉点,则可以以交叉点为圆心直接绘制棋子。问题是玩家鼠标单击位置无法保证每次正好单击的是交叉点,必须有一个好的计算方法来得到玩家想落子的交叉点的坐标。

从第 6 章可知,pygame.mouse.get_pos()方法可以得到鼠标在场景内的单击坐标(xPos,yPos),当鼠标单击坐标满足(45 <= xPos <= HEIGHT) and (45 <= yPos <= HEIGHT)不等式时,可以认为鼠标单击在棋盘区域。假设鼠标在主画布上分别单击了 A、B 两点,其中 A 点的坐标为(570,60),B 点的坐标为(375,298),如图 7-11 所示。此时 A 和 B 应该对应棋盘上的哪个交叉点,从而落下棋子?

因棋子的圆心半径正好是横线间距离除以 2,也就是 45//2=22 像素,可以用鼠标位置 xPos 和 yPos 对 45 分别求余。如图 7-12 所示,如果 xPos 对 45 求余得到的值大于 23,则认为玩家单击的是(xPos−xPos % 45)+45 位置的交叉点的 x 坐标,如果小于或等于 23,则认为玩家单击的是 xPos−xPos % 45 位置的交叉点的 x 坐标;如果 yPos 对 45 求余得到的值大于 23,则认为玩家单击的是(yPos−yPos % 45)+45 位置的交叉点的 y 坐标,如果小于或等于 23,则认为玩家单击的是 yPos−yPos % 45 位置的交叉点的 y 坐标。

对 A 点坐标和 B 点坐标分别使用如图 7-12 所示的方法进行计算。

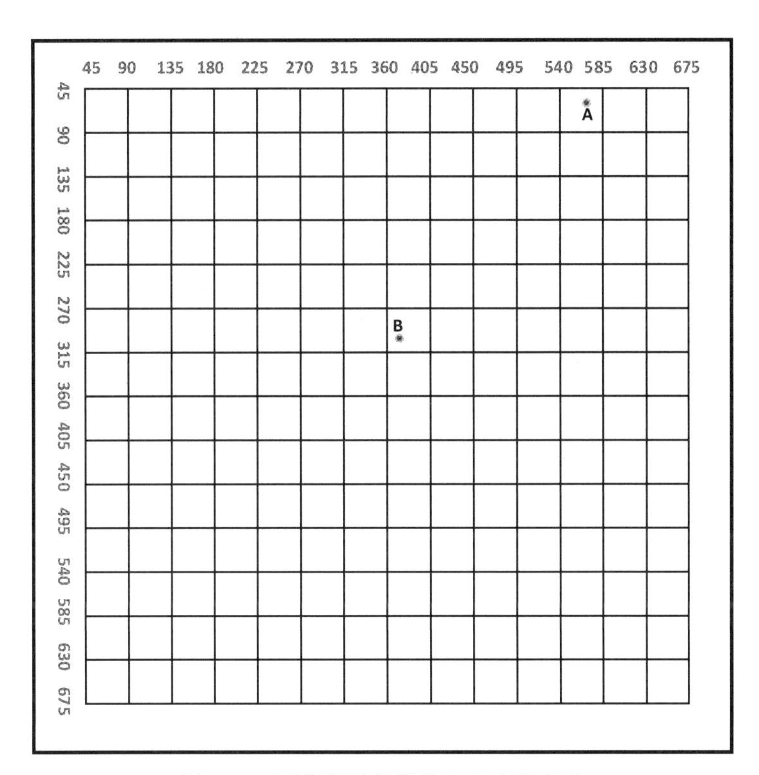

图 7-11 两个玩家分别单击 A 点和 B 点

已知 A 点坐标为(570,60),因 570%45=30>23,所以取得的 x 交叉点为(570-570%45)+45=585;又 60%45=15<23,故取得的 y 交叉点为 60-60%45=45。由上可知,A 点对应的交叉点位置应为(585,45)。

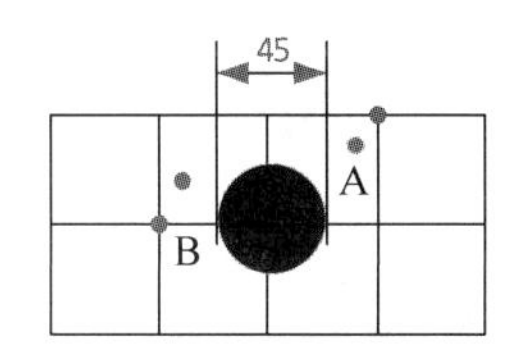

图 7-12 玩家鼠标单击位置判断

已知 B 点坐标为(375,298),因 375%45=15,所以取得的 x 交叉点为 375-375%45=360;又 298%45=28>23,故取得的 y 交叉点为(298-298%45)+45=315。由上可知,B 点对应的交叉点应为(360,315)。

当鼠标单击 A 点和 B 点对应的交叉点已知后,可得出棋盘落子,如图 7-13 所示。

7.3.3 按钮区域绘制

1. 按钮底色随鼠标指针而改变

按钮区域位于主画布的右方,从第 6 章可知,本质上按钮是先画一块儿纯色填充的矩形区域作为按钮底纹,再在矩形区域上写对应的文字即可。

在第 6 章所绘的按钮,当鼠标移动到按钮区域时,鼠标指针会变成手状,当鼠标离开按钮区域时,鼠标指针会变回箭头。本章介绍一种新的按钮特效,当鼠标指针移动到按钮区域时,按钮底色会改变,当鼠标指针离开按钮区域时,按钮底色会变回原来的颜色。按钮底色随鼠标是否移动到按钮区域而改变,实际上和在按钮区域改变指针非常类似,假设鼠标指针的位置为(xPos,yPos),得到的代码如下:

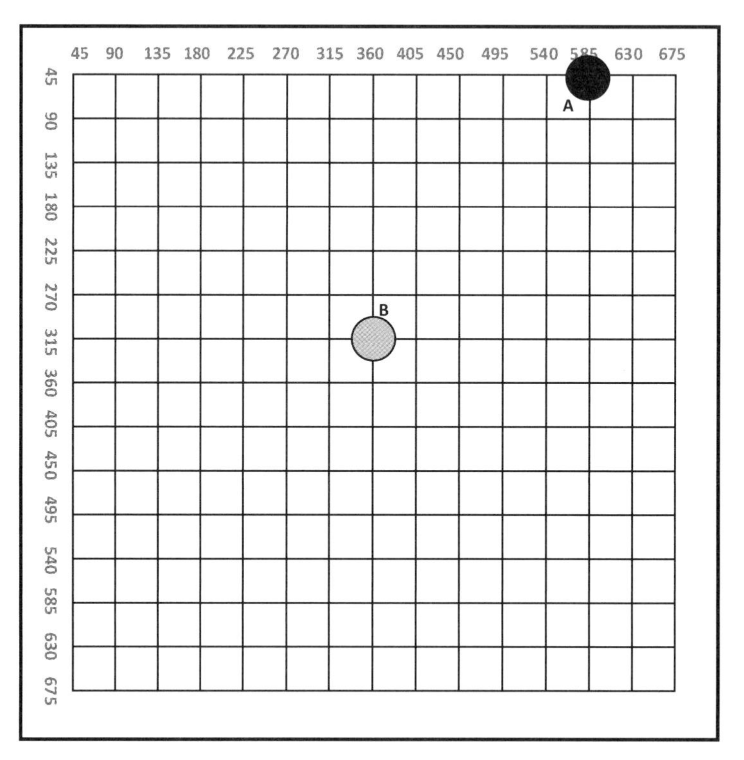

图 7-13　A 点和 B 点对应的棋盘落子

```
#绘制按钮
pygame.draw.rect(screen, BUTTON_COLOR, (45 * 16, 45, 125, 45))
#按钮文本
draw_text("单机双人", 45 * 16 + 59, 45 + 25, (200, 0, 0), 20)
#当鼠标指针区域位于按钮区域时,按钮区域发生颜色改变
if 45 * 16 + 125 > xPos > 45 * 16 and 90 > yPos > 45:
    pygame.draw.rect(screen, BUTTON_CHANGE_COLOR, (45 * 16, 45, 125, 45))
```

从上述代码可知,使用 if 语句可判断鼠标指针的坐标位置,当鼠标指针位于按钮区域时,使用 pygame.draw.rect()方法可改变按钮底色。

2. 不同游戏场景下的按钮绘制

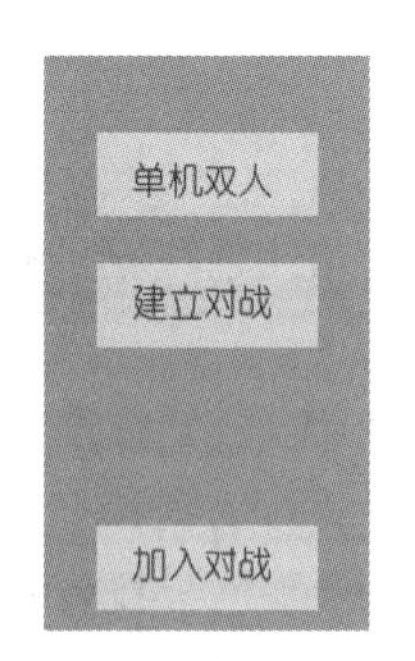

图 7-14　单机模式下按钮显示

"网络五子棋"共有 3 大游戏场景,分别是:单机模式下的游戏场景;建立服务器端的游戏场景;作为客户端的游戏场景。

单机模式下的游戏场景,对应的按钮显示为"单机双人""建立对战""加入对战",从上到下依次显示,如图 7-14 所示。

在建立服务器端的游戏场景下,不显示按钮,按钮区域下方显示"等待连接!!!"的文字和数字计数,当有客户端连接后,如果轮到服务器端走棋,对应的按钮为"断开连接""重新开始",如果没有轮到服务器端走棋,则无按钮显示。图 7-15 为建立服务器游戏场景下,等待客户连接时的按钮状态。

当作为客户端的游戏场景时,如果轮到客户端走棋,则对应的按钮显示为“断开连接”“重新开始”，如果没有轮到客户端走棋，则无按钮显示。图 7-16 为作为客户端且轮到客户端走棋时按钮的状态。

图 7-15 建立服务器游戏场景下等待连接

图 7-16 作为客户端且轮到客户端走棋

结合上边分析的 3 大游戏场景下的按钮状态，写出绘制按钮的代码如下：

```
#第 7 章/five/five.py
def drawButton():
    global wait_count, is_waiting, is_connect
    global timer, top_info, is_server, is_client
    #按钮和等待连接用背景色将其覆盖
    pygame.draw.rect(screen, BOARD_COLOR, (45 * 15 + 10, 30, 275, 430))
    #如果等待连接为假,则用背景色将其覆盖
    if is_waiting == False:
        pygame.draw.rect(screen, BOARD_COLOR, (45 * 16, 45 + 420, 125, 45))
    xPos, yPos = pygame.mouse.get_pos()
    if is_connect == False and is_waiting == False:
        #显示单机双人、建立对战、加入对战、等待连接
        pygame.draw.rect(screen, BUTTON_COLOR, (45 * 16, 45, 125, 45))
        pygame.draw.rect(screen, BUTTON_COLOR, (45 * 16, 45 + 70, 125, 45))
        pygame.draw.rect(screen, BUTTON_COLOR, (45 * 16, 45 + 210, 125, 45))
        #当鼠标移到这 3 个按钮的范围的时候,进行反色
        #单机双人的按钮范围
        if 45 * 16 + 125 > xPos > 45 * 16 and 90 > yPos > 45:
            pygame.draw.rect(screen, BUTTON_CHANGE_COLOR, (45 * 16, 45, 125, 45))
        #建立对战的按钮范围
        if 45 * 16 + 125 > xPos > 45 * 16 and 160 > yPos > 45 + 70:
            pygame.draw.rect(screen, BUTTON_CHANGE_COLOR, (45 * 16, 45 + 70, 125, 45))
        #加入对战的按钮范围
        if 45 * 16 + 125 > xPos > 45 * 16 and 400 > yPos > 45 + 210:
            pygame.draw.rect(screen, BUTTON_CHANGE_COLOR, (45 * 16, 45 + 210, 125, 45))
        draw_text("单机双人", 45 * 16 + 59, 45 + 25, (200, 0, 0), 20)
        draw_text("建立对战", 45 * 16 + 59, 45 + 90, (200, 0, 0), 20)
        draw_text("加入对战", 45 * 16 + 59, 45 + 230, (200, 0, 0), 20)
    #假如已经连接客户端,并且必须轮到走的时候,才显示断开连接和重新开始
if (is_connect and is_server == True and playOrder == 1) or (is_connect and is_client ==
True and playOrder == 2):
        #断开连接的按钮范围
        pygame.draw.rect(screen, BUTTON_COLOR, (45 * 16, 45 + 140, 125, 45))
        if 45 * 16 + 125 > xPos > 45 * 16 and 230 > yPos > 45 + 140:
            pygame.draw.rect(screen, BUTTON_CHANGE_COLOR, (45 * 16, 45 + 140, 125, 45))
        draw_text("断开连接", 45 * 16 + 59, 45 + 160, (200, 0, 0), 20)
```

```
        #重新开始
        pygame.draw.rect(screen, BUTTON_COLOR, (45 * 16, 45 + 210, 125, 45))
        if 45 * 16 + 125 > xPos > 45 * 16 and 300 > yPos > 45 + 210:
            pygame.draw.rect(screen, BUTTON_CHANGE_COLOR, (45 * 16, 45 + 210, 125, 45))
        draw_text("重新开始", 45 * 16 + 59, 45 + 230, (200, 0, 0), 20)
    if is_waiting:
        draw_text("等待连接!!!", 45 * 16 + 80, 45 + 400, (255, 255, 255), 30)
    if wait_count == True and is_waiting:
        timer = threading.Timer(1, show_count, args = (1,))
        timer.start()
        wait_count = not wait_count
    pygame.draw.rect(screen, (128, 128, 128), (45, 0, HEIGHT - 45, 38))
    draw_text(top_info, 45 * 8, 20, (255, 255, 255), 30)
```

在代码的开始引入了 wait_count 变量，作为等待连接时倒计时显示的数字；is_waiting 变量用于判断是否处于等待连接状态，当值为 True 时表示处于等待状态；is_connect 变量用于判断是否是已经连接的状态，当值为 True 时表示服务器端和客户端已经连接；timer 变量用于进行倒计时数字显示；top_info 变量用于提示区域的文字显示；is_server 变量用于判断当前是否是服务器端，当值为 True 时表示是服务器端；is_client 变量用于判断当前是否是客户端，当值为 True 时表示是客户端。

当 if 语句的 is_connect==False and is_waiting==False 条件成立时，表示处于单机模式下的游戏场景，代码会绘制出对应场景下的按钮及鼠标移到按钮区域时的按钮背景的反色。

当 if 语句的 is_connect and is_server==True and playOrder==1 条件成立或者 if 语句的 is_connect and is_client==True and playOrder==2 条件成立时，表示服务器端和客户端连接成功且分别轮到其走棋，主画布显示“断开连接”和“等待连接”按钮。

7.3.4 倒计时数字显示

游戏运行后，单击“建立对战”按钮，将显示“等待连接!!!”文字且在文字下方显示数字倒计时，每过一秒，倒计时数字将加 1。如何实现倒计时数字每隔一秒加 1 这种效果呢？可行的方法就是设计一个函数，这个函数每隔一秒运行一次，让表示倒计时的数字变量加 1 并显示出来。根据以上算法思想，可以画出流程图，如图 7-17 所示。

在图 7-17 中，当 is_waiting 变量为 True 时，每隔一秒都要运行一次 show_count()函数，使用定时器可以实现这种效果，但代码将会臃肿不堪，并且不易编码。更好的方法是使用 Python 提供的多线程模块中的 Timer()方法，其语法如下：

```
Threading.Timer(interval, function, args = None, kwargs = None)
```

(1) interval：间隔的秒数。

(2) function：调用的函数名称。

(3) args：传递给函数的列表参数。

(4) kwargs：传递给函数的 dict 参数。

Threading.Timer()方法返回的是定时器对象，调用返回的定时器对象的 start()方法，

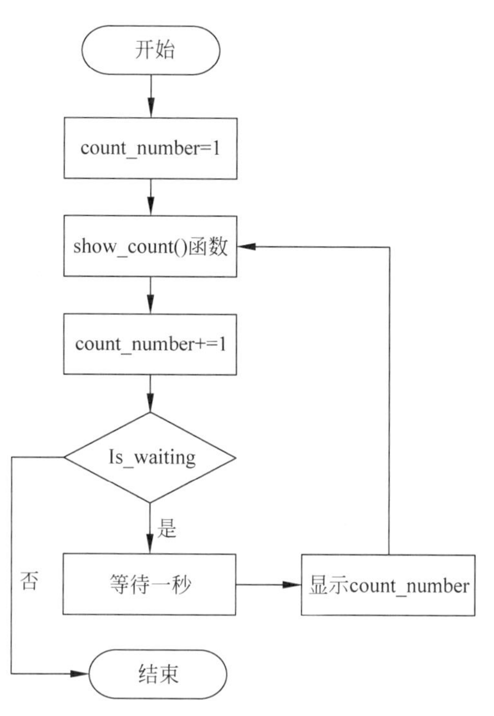

图 7-17　倒计时数字每隔一秒加 1 的解决方案

将开始运行线程调用的函数。

使用 Threading. Timer()函数从 1 开始显示倒计时的代码如下：

```
#第 7 章/five/five.py
import threading
timer = threading.Timer(1, show_count, args = (1,))
timer.start()
def show_count(count_number):
"""显示倒计时"""
    pygame.draw.rect(screen, BOARD_COLOR, (45 * 16, 45 + 420, 125, 45))
    draw_text(str(count_number), 45 * 16 + 70, 45 + 450, (255, 255, 255), 40)
    count_number += 1
    if is_waiting:
        timer = threading.Timer(1, show_count, args = (count_number,))
        timer.setDaemon(True)
        timer.start()
```

代码开始时引入 threading 多线程模块，从而可以使用其 Timer()方法。

使用 timer=threading. Timer(1, show_count, args=(1,))语句得到定时器 timer，需要注意的是，传递给 show_count()函数的参数 args 必须写成(1,)，只有这样，才能保证传递进去的参数为列表。

timer. setDaemon(True)语句将本线程设置为主线程的守护线程，如不设置守护线程，当玩家在倒计时状态下直接单击关闭游戏时，timer 线程将无法关闭，从而会引起程序崩溃。

4min

7.4 “网络五子棋”游戏胜利判断

从 7.2 节可知，当同色的棋子形成 5 个棋子横向排列、纵向排列、斜向排列时，表示使用当前色的游戏玩家胜利，如何用代码进行游戏胜利的判断呢？

1. 用 list 数组表示棋盘交叉点

从游戏规则可知，在由 14×14 方格组成的主棋盘上，共有 15×15 个交叉点可以放置棋子。为了方便判定胜利，可以定义一个 15×15 的数组 list 类型，用来表示交叉点。当交叉点的数组值为−1 时，表示这个交叉点还没有放置棋子；当交叉点的数组值为 1 时，表示这个交叉点放置的是白色棋子；当交叉点的数组值为 2 时，表示这个交叉点放置的是黑色棋子。

定义 15×15 的数组类型，其中 chessPos 表示对应交叉点的 list 数组，代码如下：

```
# - 1 表示没有存储棋子,1 表示存储的是白色,2 表示存储的是黑色
chessPos = [[ - 1 for i in range(15)] for i in range(15)]
```

运行上述代码，chessPos 将存储 15 × 15 的整型元素，并且每个值都为 −1，此时 chessPos 表示一个空棋盘。

已知交叉点的棋子坐标，可以采用分别对交叉点 x 坐标和交叉点 y 坐标对 45 整除后减 1 得到对应的 chessPos 数组位置。

图 7-18 的 A、B、C 三点为已知的交叉点，容易得知，其对应的坐标分别为(90，180)、(405，270)、(630，495)，对这 3 个点分别按照上述方法进行计算，可计算出 A 点对应的 chessPos 位置为 chessPos[1][2]，B 点对应的 chessPos 位置为 chessPos[8][5]，C 点对应的 chessPos 位置为 chessPos[13][10]。

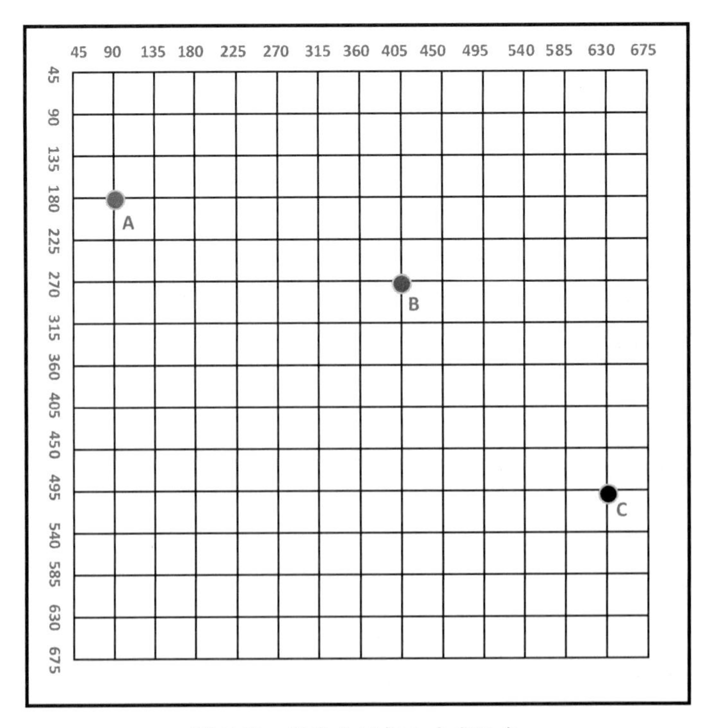

图 7-18 棋盘上已知 3 个交叉点

2. chessPos数组判断游戏胜利

每当玩家落子后都需要进行胜利判断，无论是白子还是黑子落子，其判断方法相同。接下来以玩家使用黑子落子后的胜利判断进行讲解。

1）横向判断是否胜利

分别对落下黑子后的左边连续黑子相加得到S1，对落下黑子后的右边连续黑子相加得到S2，如果$S1+S2+1>=5$，则说明黑子连续横向已经有5个，持黑玩家胜利。图7-19对横向判断胜利做了图解。

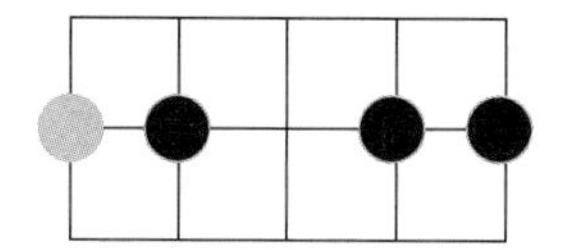
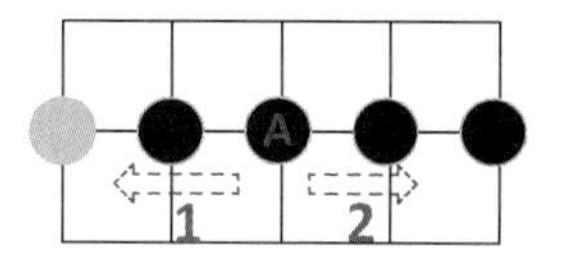

图7-19 落子后横向胜利判断

在图7-19中，左图为黑子落子前的棋盘状态，右图为落下黑子A后的状态，由图7-19可知，S1的值为1，S2的值为2，$S1+S2+1<5$，落下黑子A时横向不符合胜利条件。

2）纵向判断是否胜利

纵向判断和横向判断非常相似，分别对落下黑子后的上边连续黑子相加得到S1，对落下黑子后的下边连续黑子相加得到S2，如果$S1+S2+1>=5$，则说明黑子连续纵向已经有5个，持黑玩家胜利。图7-20对纵向判断胜利做了图解。

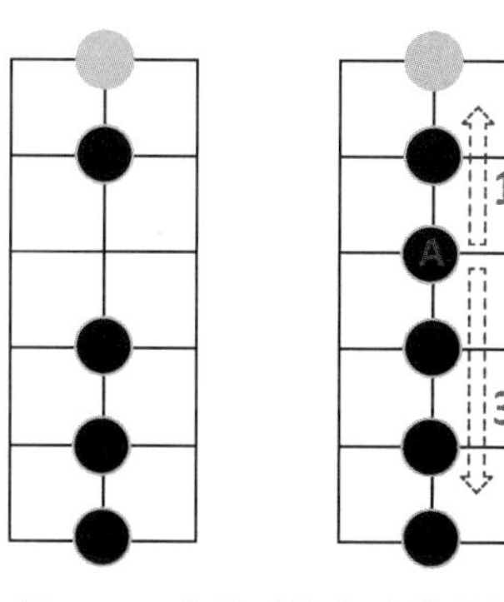

图7-20 落子后纵向胜利判断

在图7-20中，左图为黑子落子前的棋盘状态，右图为落下黑子A后的状态，由图7-20可知，S1的值为1，S2的值为3，$S1+S2+1>=5$成立，落下黑子A时纵向符合胜利条件。

3）斜向判断是否胜利

分别对落下黑子后的斜上45°的连续黑子相加得到S1，落下黑子后的斜下45°的连续黑子相加得到S2，如果$S1+S2+1>=5$，则说明黑子连续纵向已经有5个，持黑玩家胜利。图7-21对斜向判断胜利做了图解。

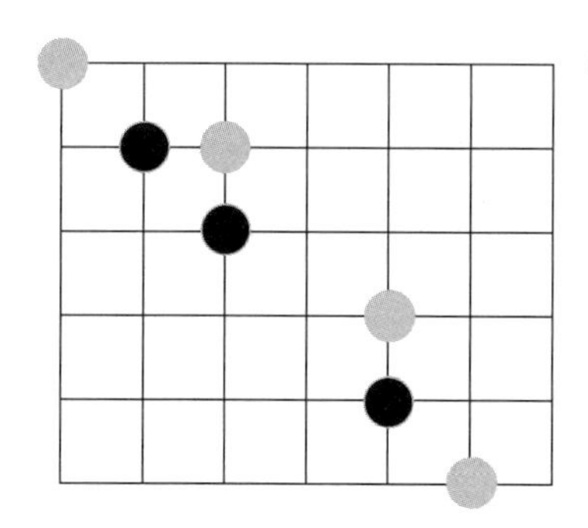
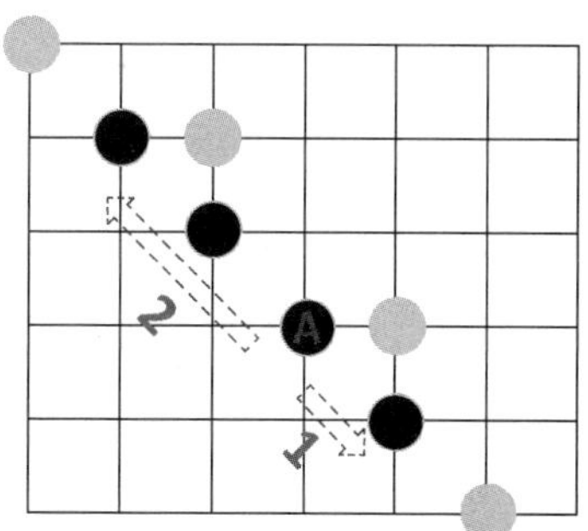

图7-21 落子后斜向胜利判断

在图7-21中，左图为黑子落子前的棋盘状态，右图为落下黑子A后的状态，由图可知，S1的值为2，S1的值为1，$S1+S2+1<5$，落下黑子A时斜向不符合胜利条件。

3. 横向、纵向、斜向三者归一构成判断函数

根据 3 个方向的判断方法，可以写出判断落下棋子是否胜利的函数，代码如下：

```
#第 7 章/five/five.py
def judge_win(xPos, yPos, chessManColor):
"""xPos 为当前棋子坐标存储的行,yPos 为当前棋子坐标存储的列,chessManColor 为棋子颜色"""
    count = 1
    i = xPos - 1
    #计算当前棋子左边的相同棋子个数
    while i >= 0 and chessPos[i][yPos] == chessManColor:
        count += 1
        i -= 1
    i = xPos + 1
    #计算当前棋子右边的相同棋子个数
    while i <= 14 and chessPos[i][yPos] == chessManColor:
        count += 1
        i += 1
    if count >= 5:
        return True
    count = 1
    y = yPos - 1
    #计算当前棋子上边的相同棋子个数
    while y >= 0 and chessPos[xPos][y] == chessManColor:
        count += 1
        y -= 1
    y = yPos + 1
    #计算当前棋子下边的相同棋子个数
    while y <= 14 and chessPos[xPos][y] == chessManColor:
        count += 1
        y += 1
    if count >= 5:
        return True
    i = xPos - 1
    y = yPos - 1
    count = 1
    #计算当前棋子斜左上的相同棋子个数
    while i >= 0 and y >= 0 and chessPos[i][y] == chessManColor:
        count += 1
        i -= 1
        y -= 1
    i = xPos + 1
    y = yPos + 1
    #计算当前棋子斜右下的相同棋子个数
    while i <= 14 and y <= 14 and chessPos[i][y] == chessManColor:
        count += 1
        i += 1
        y += 1
    if count >= 5:
        return True
    i = xPos - 1
```

```
    y = yPos + 1
    count = 1
    #计算当前棋子左斜下的相同棋子个数
    while i >= 0 and y <= 14 and chessPos[i][y] == chessManColor:
        count += 1
        i -= 1
        y += 1
    i = xPos + 1
    y = yPos - 1
    #计算当前棋子右斜上的相同棋子个数
    while i >= 0 and y <= 14 and chessPos[i][y] == chessManColor:
        count += 1
        i += 1
        y -= 1
    if count >= 5:
        return True
    return False
```

judge_win()函数共有 3 个入口参数，xPos 对应落子在 chessPos 中的横向下标，yPos 对应落子在 chessPos 中的纵向下标，chessManColor 对应要判断的棋子颜色。

count=1 表示当前落下的棋子已经有了 1 个，分别使用 while 循环对横向、纵向、斜向和当前落子的颜色同子个数判断，当有连续相同颜色时，count 加 1。最终对 count 值加以判断，当 count 大于或等于 5 时，表示当前颜色的落子获得胜利；当 count 小于 5 时，表示当前落子不能取得胜利，轮到对手落子。

需要注意的是，3 个方向的胜利判断不是必须都要满足，只要有 1 个方向符合胜利条件，函数的返回值就为 True，如果 3 个方向都不满足胜利条件，则函数的返回值为 False。

7.5 网络对战实现

“网络五子棋”游戏支持两个玩家在不同计算机上进行网络对战，依靠网络进行游戏数据的传输。实现网络对战功能涉及多线程任务建立、线程间的数据同步传输、传输协议设计等知识，接下来分别讲解。

7.5.1 多线程任务建立

在前面的章节中所涉及的游戏编程都是线性编程，一个任务完成后再执行下一个任务，任务之间是阻塞状态。例如，有 A 和 B 两个任务，线性模式不能在 A 任务执行时，同时执行 B 任务。采用线性编程模式对于本书前边章节的游戏编码来讲没有问题。本章涉及了玩家间的网络数据传输，网络数据传输有其不确定性，不能准确预估其传输时间，如果采用线性编程模式，当等待远方玩家数据传输时，程序处于阻塞状态，此时绘制游戏场景等任务也无法执行，程序就处于了假死状态，游戏程序将无法正常显示。

多线程任务模式在网络编程中应用非常广泛，其实际是在主线程中再开一个或多个子线程，由子线程负责完成网络建立、等待数据传输、处理数据等耗时任务，主线程负责程序的主干运行，当关闭主线程时，子线程也随之被关闭。图 7-22 为主线程创立子线程后的运行流程图。

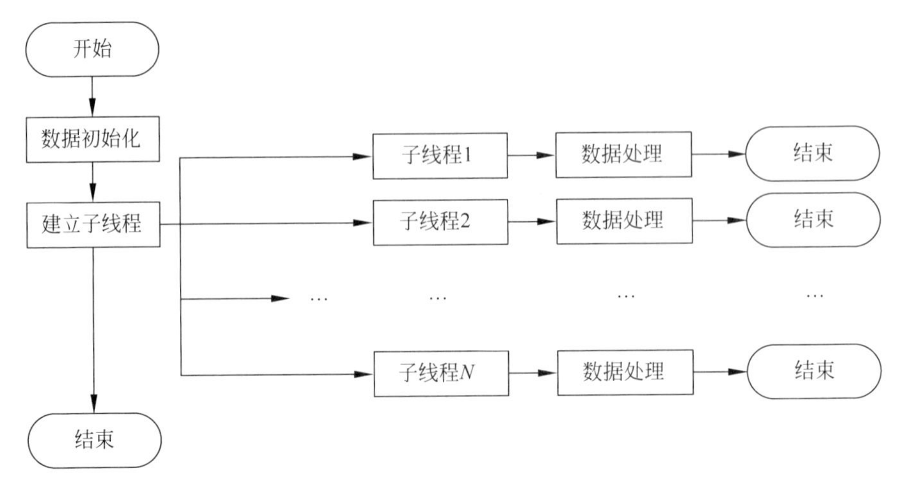

图 7-22　主线程创立子线程后的运行流程图

Python 在多线程编程上支持得非常友好，其内置了 threading 模块来处理多线程编程，采用 threading 启动子线程任务非常简单，也就是把一个函数作为参数传入并创建 Thread 对象，这样执行 Thread 对象的 start()方法就可以启动子线程了。threading 创建子线程的语法如下：

threading.Thread(group = None, target = None, name = None, args = (), kwargs = None, *, daemon = None)。

(1) group：值应当为 None，目前不适用这个参数，为以后扩展所准备。

(2) target：子线程运行的函数名称。

(3) name：子线程名称，如果调用时不提供值，则一个名为 Thread-N 的默认值就会产生。

(4) args：传递的元组参数，默认为{}。

(5) kwargs：传递的字典参数，默认为{}。

(6) daemon：子线程的守护线程。

以下代码将在主线程里创建子线程，并分别在主线程和子线程里打印数据，代码如下：

```
#第 7 章/five/threadingTest.py
import threading
import time
#子线程函数
def thread1():
    k = 0
    while (k < 3):
        print("子线程 k 的值为", k)
        k = k + 1
        time.sleep(0.5)
#建立子线程对象 t1
t1 = threading.Thread(target = thread1())
t1.start()
for i in range(3):
    print('主线程的 i 值为', i)
    time.sleep(0.5)
```

```
子线程k的值为: 0
子线程k的值为: 1
子线程k的值为: 2
主线程的i值为 0
主线程的i值为 1
主线程的i值为 2

进程已结束,退出代码0
```

图 7-23 主线程和子线程的运行结果

运行上述代码，会得到如图 7-23 的结果。

从图 7-23 可以看出，子线程 thread1 运行完后接着运行主函数，并没有如其他编程语言一样，主线程和子线程任务交替运行，这是由于 Python 的 GIL 并不能真正利用 CPU 的多核，是 Python 解释器设计的历史遗留问题，但当子线程里有 I/O 阻塞、网络阻塞等阻塞时，GIL 会自动在子线程和主线程之间进行切换，不影响如“网络五子棋”游戏一类的网络编程进行数据传输。

7.5.2 线程间的数据同步传输

在 7.5.1 节讲述了多线程任务的程序设计，如果一个全局变量同时存在于多个子线程中，子线程运行时都会改变全局变量的值，此种情况会出什么样的问题？

下面的代码创建了一个全局变量 li 和两个子线程 t1 和 t2，t1 和 t2 子线程都对 li 进行了值的改变，读者可以尝试在 PyCharm 里运行以下代码。

```
#第 7 章/five/threadingData.py
import threading
k = 100
def change_value(n):
#先存后取,结果应该为 0
    global k
    for i in range(2000000):
        k = k + n
        k = k - n

t1 = threading.Thread(target = change_value, args = (5,))
t2 = threading.Thread(target = change_value, args = (8,))
t1.start()
t2.start()
t1.join()
t2.join()
print("k 的最终结果为",k)
```

多次运行上述代码，出现了多个运行结果，如图 7-24 所示。

```
k的最终结果为113        k的最终结果为92         k的最终结果为103

进程已结束,退出代码0    进程已结束,退出代码0    进程已结束,退出代码0
```

图 7-24 多次运行出现多个运行结果

为什么会出现如图 7-24 所示的运行结果？change_value()函数每次都是加上一个 n，减去一个 n，最终结果应该是 k 原先的值 100！出现这样的情况是因为线程的调度由操作系统决定，当 t1、t2 交替执行时，并不执行完 change_value()函数再切换下一个线程，有可能在子线程里执行完 $k=k+n$ 后就切换到下一个线程接着执行 $k=k+n$，也有可能连续执行两个 $k=k-n$，当程序的主循环次数够多时，就形成了 k 值的不确定性。

幸运的是,Python针对上述的子线程间的变量一致性问题有确切且容易实现的解决方案：利用通信队列保持线程间的变量一致。

在Python的multiprocessing模块里提供了Queue类,Queue类用于实现通信队列,Queue生成的通信队列模块可以让进程间的同一个变量保持数据的一致性。以下代码描述了不同子线程调用change_value()函数后,全局变量 q 的情况,代码如下：

```
import threading
from multiprocessing import Queue
q = Queue()
q.put(100)
def change_value(n):
    global q
    for i in range(2000000):
        m = q.get()
        q.put(m + n)
        m = q.get()
        q.put(m - n)


t1 = threading.Thread(target = change_value, args = (5,))
t2 = threading.Thread(target = change_value, args = (8,))
t1.start()
t2.start()
t1.join()
t2.join()
print("q的最终结果为",q.get())
```

运行以上代码,得到的结果如图7-22所示。

从图7-22可知,使用通信队列可以完美地解决多线程间同一变量值的一致性问题,通信队列Queue有很多很有用的方法,表7-1列出了常见的方法。

```
q的最终结果为100

进程已结束,退出代码0
```

图7-25 使用Queue进程间通信

表7-1 通信队列Queue常见方法

参数	参数描述
Queue.put(obj)	队列里放置元素
Queue.qsize()	得到当前队列的元素总数
Queue.empty()	如果队列为空,则返回值为True,如果队列不为空,则返回值为False
Queue.get()	得到队头元素

7.5.3 服务器端建立

当两个玩家进行五子棋网络对战时,需要其中一个玩家建立服务器端,另一个玩家连接已经建立好的服务器端,服务器端和客户端通过TCP/IP进行通信。

Python提供了socket模块来支持网络编程,在进行网络通信前,需要建立socket套接字,通信的双方通过套接字进行信息的传递。建立服务器端socket套接字并进行网络侦听，可以使用的代码如下：

```
tcp_server = socket.socket(socket.AF_INET, socket.SOCK_STREAM)
tcp_server.bind(('0.0.0.0', PORT))
tcp_server.listen(1)
sock, addr = tcp_server.accept()
```

代码的第一行建立了 tcp_server 的 socket 套接字，其中 socket.AF_INET 用于跨机器之间的通信，支持 TCP 或 UDP。sock.SOCK_STREAM 使用了面向连接的 TCP，保证信息可以无丢失地传输到远端。

'0.0.0.0'为支持客户端所有 IP 地址的访问连接，如果只想让特定的客户端连接服务器端，则可以将地址设为客户端的 IP 地址。PORT 为侦听端口，需要确保 PORT 没有被操作系统里的其他程序占用，操作系统网络防火墙开启了本端口的访问。

tcp_server.listen(1)表示只允许一个客户端连接。

tcp_server.accept()语句将使进程处于阻塞状态，收到客户端的连接请求后，返回请求的 sock 套接字和 addr 地址。

服务器端等待到客户端的连接后，通过 socket.send()方法向客户端发送消息，通过 sock.recv()方法得到客户端发送的消息。服务器端和客户端的主要状态交互如图 7-26 所示。

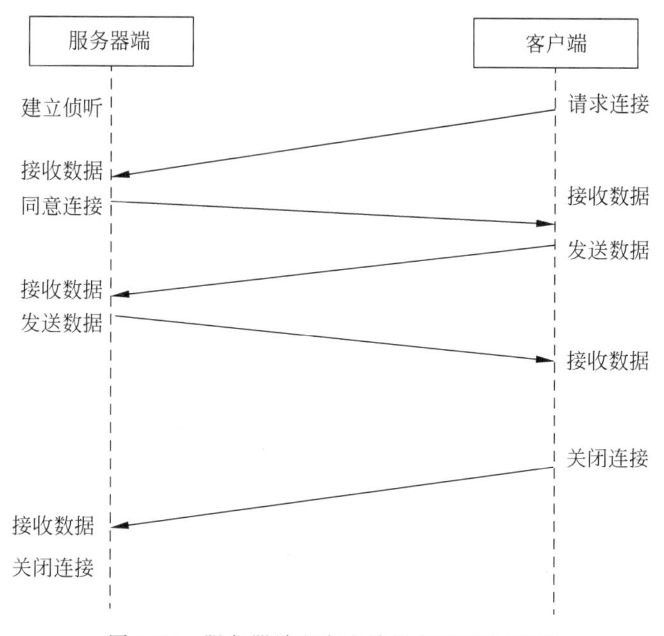

图 7-26　服务器端和客户端的主要状态交互

服务器端涉及消息数据的接收和消息数据的发送，其中接收的数据来自于客户端，发送的数据来自于服务器端主程序。从 7.5.2 节可知，为了保证线程间的数据同步传输，可以采用 Queue 进行线程间的数据同步。

为了保证数据同步，服务器端需要建立两个 Queue，分别是消息的发送 Queue 和消息的接收 Queue。以下代码用于建立发送 Queue 和接收 Queue，代码如下：

```
serverSendQueue = Queue()＃消息的发送 Queue
serverRecvQueue = Queue()＃消息的接收 Queue
```

建立消息发送 Queue 后，需要建立 serverSendThread 子线程，专门用于处理消息发送 Queue。当 Queue 里有数据时，可使用 sock.send()方法将数据发送给客户端，其中 Queue 里的数据（走棋位置、状态控制信息等）由游戏程序的主线程得到，如图 7-27 所示。

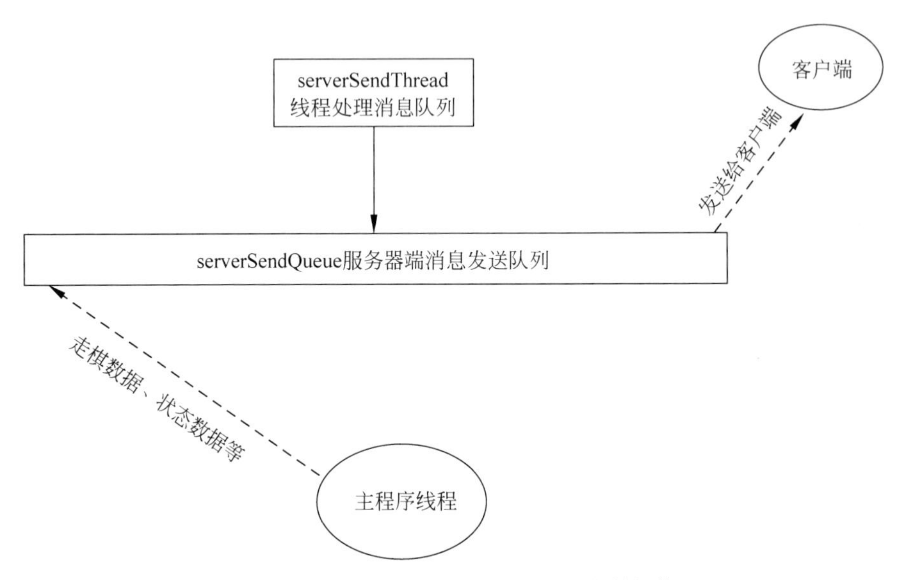

图 7-27 服务器端消息发送 Queue 的控制与使用

建立消息接收 Queue 后，需要建立 serverRecvThread 子线程，专门用于处理消息接收队列。通过 socket.accept()方法可得到客户端传过来的数据，主程序通过 Queue.get_nowait()方法可得到 Queue 里的数据，如图 7-28 所示。

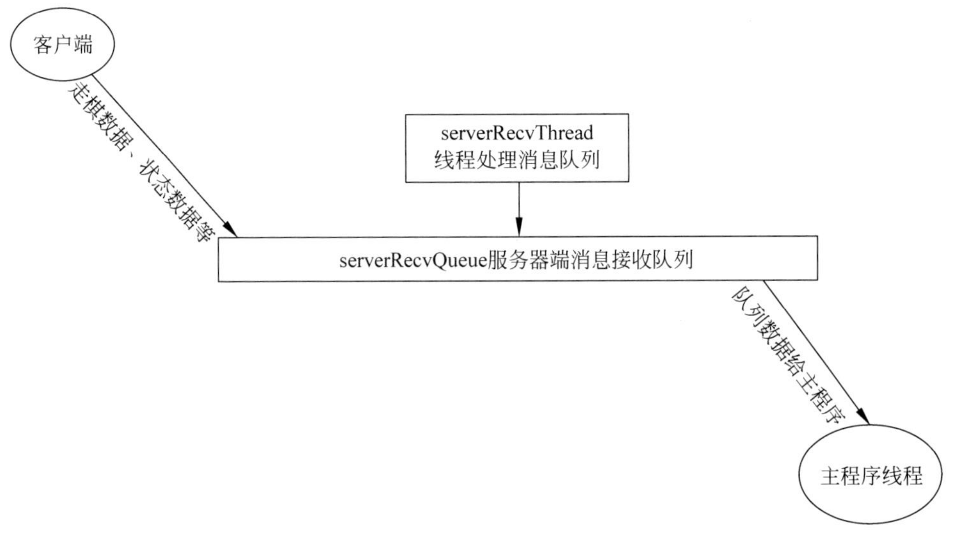

图 7-28 服务器端消息接收 Queue 的控制与使用

以下代码用于在服务器端建立接收和发送的Queue，并通过子线程进行Queue控制，代码如下：

```
#第7章/five/five.py
#单击“建立对战”按钮时，建立TcpServer
serverThread = threading.Thread(target = build_server)
#设为守护线程，当主线程结束的时候，不用等待其结束
serverThread.setDaemon(True)
serverThread.start()


def build_server():
    """建立Tcp的Server端"""
    global is_connect, is_waiting, is_server, is_client, top_info
    global playOrder, is_tcpServer, sock, addr, can_accept, tcp_server
    #已经建立过TcpServer
    is_tcpServer = True
    tcp_server = socket.socket(socket.AF_INET, socket.SOCK_STREAM)
    tcp_server.bind(('0.0.0.0', PORT))
    tcp_server.listen(1)
    print("等待客户端连接")
    sock, addr = tcp_server.accept()
    #创建两个服务器线程来处理TCP连接
    #成功建立连接，将连接状态设为True，将等待倒计时状态设为False
    is_connect = True
    is_waiting = False
    is_server = True
    is_client = False
    playOrder = 1   #白棋为服务器端，先走
    top_info = "请开始走棋!!!"
    serverSendThread = threading.Thread(target = server_sendInfo)
    serverRecvThread = threading.Thread(target = server_recvInfo)
    serverSendThread.setDaemon(True)
    serverRecvThread.setDaemon(True)
    serverSendThread.start()
    serverRecvThread.start()
    can_accept = False


def server_sendInfo():
    """创建消息发送"""
    global serverSendQueue, is_connect, sock, addr
    print('收到一个新客户端，IP地址为', addr)
    while is_connect:
        #发送消息队列里得到的内容
        time.sleep(1)
        #从server的发送队列里得到值并发送
        data = serverSendQueue.get().encode('utf-8')
        sock.send(data)
```

```
    try:
        sock.close()
        print("成功断开客户端连接")
    except:
        print("客户端断开出错")


def server_recvInfo():
    """创建消息接收"""
    global serverRecvQueue, is_connect, sock, addr
    print('开始服务器端的消息线程')
    while is_connect:
        try:
            data = sock.recv(1024)
            data = data.decode('utf-8')
            #将服务器端收到的消息经过处理后放到队列里
            serverRecvQueue.put(data)
            time.sleep(1)
        except:
            print("客户异常关闭")
            easygui.msgbox("客户端异常退出,返回初始状态")
            stop_connect(1)
    try:
        sock.close()
        print("成功断开客户端连接")
    except:
        print("客户端断开出错")
    sock.close()
```

build_server()函数建立了服务器端的socket套接字，在函数中sock，addr = tcp_server. accept()语句将使线程处于永远等待客户端连接的状态，当客户端没有连接时，此函数将不再往下执行，tcp_server. accept()方法在等待到客户端连接后，生成sock对象，此对象负责和客户端进行通信。

server_sendInfo()函数为消息的发送函数，其由serverSendThread子线程调用。函数里使用serverSendQueue. get(). encode('utf-8')语句得到发送队列的数据，使用sock. send()方法将数据发给客户端。

server_recvInfo()函数为消息的接收函数，其由serverRecvThread子线程调用。data= sock. recv(1024)语句用于接收客户端发送的消息，当客户端无消息发送时，此函数将阻塞在此语句，不再往下运行。接收到客户端消息后，serverRecvQueue. put(data)语句将客户端消息放入队列供主游戏线程使用。

7.5.4 客户端建立

当玩家单击“加入对战”按钮时，将弹出名为“连接服务器”的窗口，输入服务器端IP并单击OK按钮，将建立和远端服务器进行联机对战的客户端。

客户端的建立也如服务器端的建立一样，必须先创建一个基于 IPv4 和 TCP 的 socket 套接字，其代码如下：

```
client = socket.socket(socket.AF_INET, socket.SOCK_STREAM)
client.connect((serverIp,PORT))
```

在上述代码中，client 为创建的客户端套接字对象，使用 client.connect()方法可连接远端服务器端。

客户端需要接收服务器端的消息和向服务器端发送消息，因此需要建立两个 Queue，以此作为线程间的消息传送通道。以下代码用于建立客户端的消息发送 Queue 和消息接收 Queue，代码如下：

```
clientSendQueue = Queue()＃消息的发送 Queue
clientRecvQueue = Queue()＃消息的接收 Queue
```

客户端的 clientSendQueue 消息处理方法和服务器端的 serverSendQueue 处理方法很类似，同样建立 clientSendThread 子线程来专门处理消息发送 Queue。当 clientSendQueue 里有数据时，使用 client.send()方法将数据发送给服务器端，其中 clientSendQueue 里的数据由游戏程序的主线程得到，如图 7-29 所示。

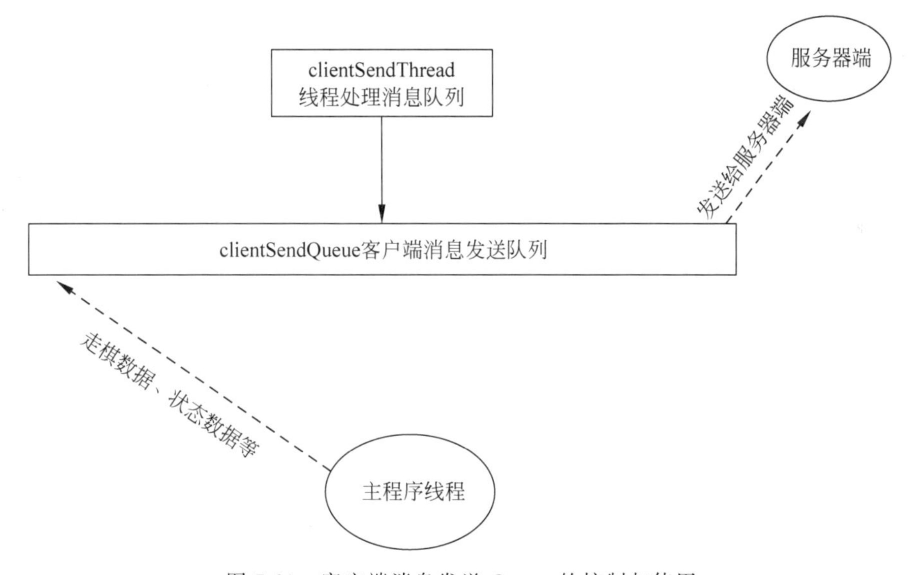

图 7-29 客户端消息发送 Queue 的控制与使用

客户端建立 clientRevQueue 进行消息接收 Queue 后，依靠 clientRecvThread 子线程来处理接收队列，clientRecvThread 子线程处理函数 client_recvInfo()使用 client.recv(1024).decode('utf-8')方法接收服务器端发送的数据，主程序通过 Queue.get_nowait()方法得到 Queue 里的数据，如图 7-30 所示。

以下代码为客户端单击“加入对战”按钮并正确输入服务器端 IP 地址后的主要处理代码，代码如下：

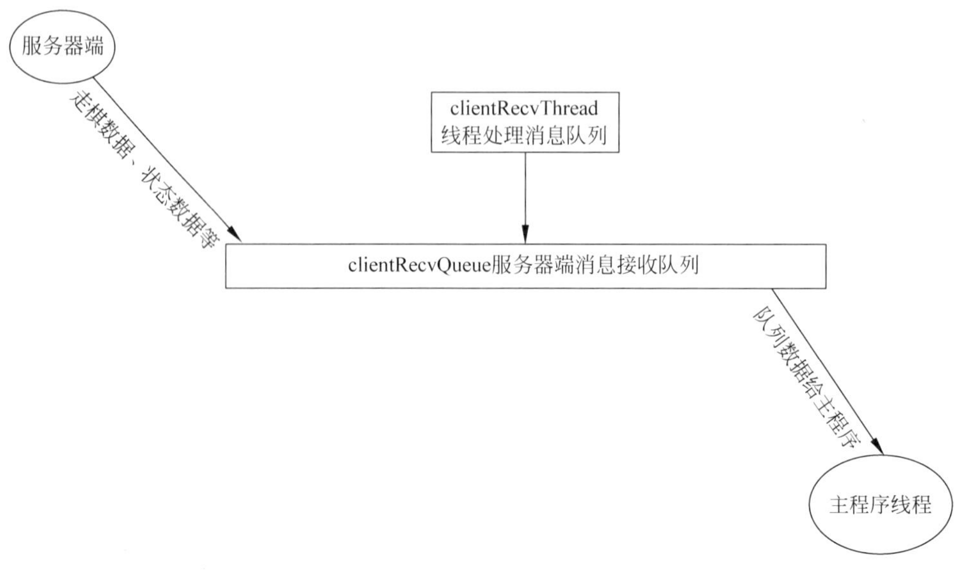

图 7-30　客户端消息接收 Queue 的控制与使用

```
#第 7 章/five/five.py
serverIp = easygui.enterbox("请输入服务器端 IP 地址", "连接服务器", "192.168.31.155")
#创建一个基于 IPv4 和 TCP 的 Socket
client = socket.socket(socket.AF_INET, socket.SOCK_STREAM)
client.connect((serverIp, PORT))
clientSendThread = threading.Thread(target = client_sendInfo)
clientRecvThread = threading.Thread(target = client_recvInfo)
clientSendThread.setDaemon(True)
clientRecvThread.setDaemon(True)
clientSendThread.start()
clientRecvThread.start()


def client_sendInfo():
    global clientSendQueue, is_connect, client
    """客户端发送消息"""
    while is_connect:
        time.sleep(1)
        data = clientSendQueue.get().encode('utf - 8')
        client.send(data)
    try:
        client.close()
        print("停止连接服务器端")
    except:
        print("连接已经关闭")


def client_recvInfo():
    global clientRecvQueue, is_connect, client
    """客户端接收消息"""
```

```
    while is_connect:
        try:
            data = client.recv(1024).decode('utf-8')
            clientRecvQueue.put(data)
            time.sleep(1)
        except:
            print("服务器端异常关闭")
            easygui.msgbox("服务器端异常退出,返回初始状态")
            stop_connect(2)
    try:
        client.close()
        print("停止连接服务器端")
    except:
        print("连接已经关闭")
```

clientSendThread 和 clientRecvThread 两个子线程分别用于处理客户端消息的接收 Queue 和消息的发送 Queue,client_sendInfo()和 client_recvInfo()两个函数分别是两个子线程的处理函数。

client_sendInfo()函数使用 clientSendQueue.get().encode('utf-8')语句接收主程序线程需要发送给服务器端的数据,使用 client.send()方法将数据发送给服务器端。当 is_connect 为假时,使用 client.close()语句断开和服务器端的连接。

client_recvInfo()函数使用 client.recv(1024).decode('utf-8')语句接收服务器端发送来的数据,并通过 clientRecvQueue.put()方法将数据传送给主线程。当服务器端无数据传送过来时,client_recvInfo()函数将阻塞于消息接收语句。

7.5.5 服务器端和客户端协议制定

服务器端和客户端建立连接后,涉及鼠标单击的坐标发送、连接断开、重新游戏等信息交互,必须制定一套简单的交流语言来保证双方知道对方的意图。"网络五子棋"游戏采用了 4 段信息组成的协议进行交互,每段信息通过"_"符号进行隔开,其中第 1 段为请求内容,后 3 段为第一段的内容补充。

1. 服务器端消息协议

服务器端共有 6 条消息协议,协议内容及解释如下。

(1) disconnect_-1_-1_-1 表示向客户端发送断开连接请求。

(2) lose_-1_-1_-1 表示向客户端发送认输请求。

(3) new_-1_-1_-1 表示向客户端发送新游戏请求。

(4) agree_-1_-1_-1 表示向客户端发送同意新游戏请求。

(5) disagree_-1_-1_-1 表示向客户端发送不同意建立新游戏请求。

(6) go_x_y_number 表示向客户端发送走棋信息,x 和 y 为数据坐标,number 为第几步。

2. 客户端消息协议

客户端共有 7 条消息协议,协议内容及解释如下。

(1) connect_-1_-1_-1 表示向服务器端发送请求连接。

(2) disconnect_-1_-1_-1 表示向服务器端发送断开连接请求。

(3) lose_−1_−1_−1 表示向服务器端发送认输请求。

(4) new_−1_−1_−1 表示向服务器端发送新游戏请求。

(5) agree_−1_−1_−1 表示向服务器端发送同意建立新游戏请求。

(6) disagree_−1_−1_−1 表示向服务器端发送不同意建立新游戏请求。

(7) go_x_y_number 表示向客户端发送走棋信息，x 和 y 为数据坐标，number 为第几步。

7.6 “网络五子棋”游戏主程序完善

至此，“网络五子棋”游戏的主要功能已经介绍完毕。接下来使用主函数将每个功能串联起来，主函数的代码如下：

```
import pygame
import socket
import threading
import time
import sys
import easygui
from multiprocessing import Queue
#游戏标题
TITLE = "网络五子棋"
#游戏主画布大小
WIDTH = 900
HEIGHT = 675
#背景颜色
BOARD_COLOR = (255, 180, 0)
#线的颜色
LINE_COLOR = (0, 0, 0)
#黑色棋子颜色
BLACKCHESS = (0, 0, 0)
#白色棋子颜色
WHITECHESS = (255, 255, 255)
#按钮颜色
BUTTON_COLOR = (255, 255, 0)
#当鼠标浮动到按钮上时的颜色
BUTTON_CHANGE_COLOR = (200, 200, 0)
#TCP 的端口号
PORT = 9988
#顶端显示的信息
top_info = "快乐五子棋!"
#是否处于等待连接状态
is_waiting = False
#是否已经处于连接状态
is_connect = False
#是否可以启动倒计时,只需启动一次
wait_count = True
screen = pygame.display.set_mode((WIDTH, HEIGHT + 45))
# -1 表示没有存储棋子,1 表示存储的是白色,2 表示存储的是黑色
```

```
chessPos = [[ - 1 for i in range(15)] for i in range(15)]
count_number = 0
timer = None
#客户端和服务器端的 socket
client = None
server = None
#判断当前机器是客户端还是服务器端
is_client = False
is_server = False
#建立服务器和客户端的进程间的通信队列
serverSendQueue = Queue()
serverRecvQueue = Queue()
clientSendQueue = Queue()
clientRecvQueue = Queue()
#棋子中心的数字
number = 1
#1 表示白棋走,2 表示黑棋走
playOrder = - 1
#只能建立一次服务器
is_tcpServer = False
#服务器端能否接收客户端
can_accept = False
#建立的 TcpServer
tcp_server = None


def drawChess():
    """绘制棋盘"""
    #global top_info
    for i in range(1, 16):
        pygame.draw.line(screen, LINE_COLOR, [45, 45 * i], [HEIGHT, 45 * i], 2)
        pygame.draw.line(screen, LINE_COLOR, [45 * i, 45], [45 * i, HEIGHT], 2)
        #绘制左边 15~1
        draw_text(str(i), 28, 45 * (16 - i), LINE_COLOR, 18)
        #绘制下边 A~O
        s = chr(ord("A") + i - 1)
        draw_text(s, 45 * i, 45 * 15 + 20, LINE_COLOR, 18)
        #绘制棋盘的 5 个定位
        pygame.draw.circle(screen, LINE_COLOR, [45 * 4, 45 * 4], 8)
        pygame.draw.circle(screen, LINE_COLOR, [45 * 12, 45 * 4], 8)
        pygame.draw.circle(screen, LINE_COLOR, [45 * 8, 45 * 8], 8)
        pygame.draw.circle(screen, LINE_COLOR, [45 * 4, 45 * 12], 8)
        pygame.draw.circle(screen, LINE_COLOR, [45 * 12, 45 * 12], 8)
    #画黑边
pygame.draw.line(screen, LINE_COLOR, [42, 42], [HEIGHT + 3, 42], 3)
pygame.draw.line(screen, LINE_COLOR, [42, 45 * 15 + 4], [HEIGHT + 3, 45 * 15 + 4], 3)
pygame.draw.line(screen, LINE_COLOR, [42, 42], [42, 45 * 15 + 4], 3)
pygame.draw.line(screen, LINE_COLOR, [45 * 15 + 4, 42], [45 * 15 + 4, 45 * 15 + 4], 3)
```

```
def show_count(count_number):
    """显示倒计时"""
    pygame.draw.rect(screen, BOARD_COLOR, (45 * 16, 45 + 420, 125, 45))
    draw_text(str(count_number), 45 * 16 + 70, 45 + 450, (255, 255, 255), 40)
    count_number += 1
    if is_waiting:
        timer = threading.Timer(1, show_count, args = (count_number,))
        timer.setDaemon(True)
        timer.start()


def drawButton():
    global wait_count, is_waiting, is_connect
    global timer, top_info
    #按钮和等待连接用背景色将其覆盖
    pygame.draw.rect(screen, BOARD_COLOR, (45 * 15 + 10, 30, 275, 430))
    #如果等待连接为假,则用背景色将其覆盖
    if is_waiting == False:
        pygame.draw.rect(screen, BOARD_COLOR, (45 * 16, 45 + 420, 125, 45))

    xPos, yPos = pygame.mouse.get_pos()
    if is_connect == False and is_waiting == False:
        #显示单机双人、建立对战、加入对战、等待连接
        pygame.draw.rect(screen, BUTTON_COLOR, (45 * 16, 45, 125, 45))
        pygame.draw.rect(screen, BUTTON_COLOR, (45 * 16, 45 + 70, 125, 45))
        pygame.draw.rect(screen, BUTTON_COLOR, (45 * 16, 45 + 210, 125, 45))
        #当鼠标移到3个按钮所在范围的时候,进行反色
        #单机双人的按钮范围
        if 45 * 16 + 125 > xPos > 45 * 16 and 90 > yPos > 45:
            pygame.draw.rect(screen, BUTTON_CHANGE_COLOR, (45 * 16, 45, 125, 45))
        #建立对战的按钮范围
        if 45 * 16 + 125 > xPos > 45 * 16 and 160 > yPos > 45 + 70:
            pygame.draw.rect(screen, BUTTON_CHANGE_COLOR, (45 * 16, 45 + 70, 125, 45))
        #加入对战的按钮范围
        if 45 * 16 + 125 > xPos > 45 * 16 and 400 > yPos > 45 + 210:
            pygame.draw.rect(screen, BUTTON_CHANGE_COLOR, (45 * 16, 45 + 210, 125, 45))
        draw_text("单机双人", 45 * 16 + 59, 45 + 25, (200, 0, 0), 20)
        draw_text("建立对战", 45 * 16 + 59, 45 + 90, (200, 0, 0), 20)
        draw_text("加入对战", 45 * 16 + 59, 45 + 230, (200, 0, 0), 20)
    #假如已经连接客户端,并且必须轮到走的时候,才显示断开连接和重新开始
    if (is_connect and is_server == True and playOrder == 1) or (is_connect and is_client ==
    True and playOrder == 2):
        #断开连接的按钮范围
        pygame.draw.rect(screen, BUTTON_COLOR, (45 * 16, 45 + 140, 125, 45))
        if 45 * 16 + 125 > xPos > 45 * 16 and 230 > yPos > 45 + 140:
            pygame.draw.rect(screen, BUTTON_CHANGE_COLOR, (45 * 16, 45 + 140, 125, 45))
        draw_text("断开连接", 45 * 16 + 59, 45 + 160, (200, 0, 0), 20)
        #重新开始
        pygame.draw.rect(screen, BUTTON_COLOR, (45 * 16, 45 + 210, 125, 45))
```

```
        if 45 * 16 + 125 > xPos > 45 * 16 and 300 > yPos > 45 + 210:
            pygame.draw.rect(screen, BUTTON_CHANGE_COLOR, (45 * 16, 45 + 210, 125, 45))
        draw_text("重新开始", 45 * 16 + 59, 45 + 230, (200, 0, 0), 20)
    if is_waiting:
        draw_text("等待连接!!!", 45 * 16 + 80, 45 + 400, (255, 255, 255), 30)
    if wait_count == True and is_waiting:
        timer = threading.Timer(1, show_count, args = (1,))
        timer.start()
        wait_count = not wait_count
    pygame.draw.rect(screen, (128, 128, 128), (45, 0, HEIGHT - 45, 38))
    draw_text(top_info, 45 * 8, 20, (255, 255, 255), 30)


def draw_text(text, xPos, yPos, font_color, font_size):
    """ 绘制文本,xPos 和 yPos 为坐标,font_color 为字体颜色,font_size 为字体大小"""
    #得到字体对象
#ff = pygame.font.Font(pygame.font.get_default_font(), font_size)
    #ff = pygame.font.SysFont('simsun.ttc',font_size,True,True)
    ff = pygame.font.Font('SIMYOU.TTF', font_size)
    textSurface = ff.render(text, True, font_color)
    textRect = textSurface.get_rect()
    textRect.center = (xPos, yPos)
    screen.blit(textSurface, textRect)

def draw_chessMan(xPos, yPos, chessManColor, number):
    """xPos 和 yPos 用于绘制棋子的坐标,chessManColor 用于绘制棋子的颜色,number 用于绘制棋子
的数字"""
    if chessManColor == BLACKCHESS:
        pygame.draw.circle(screen, BLACKCHESS, (xPos, yPos), 45 //2)
        draw_text(str(number), xPos, yPos, WHITECHESS, 18)
    else:
        pygame.draw.circle(screen, WHITECHESS, (xPos, yPos), 45 //2)
        draw_text(str(number), xPos, yPos, BLACKCHESS, 18)


def rebegin(chess):
    """当 chess 为 1 时表示服务器端重新开始,当 chess 为 2 时表示客户端单击重新开始"""
    global serverSendQueue, clientSendQueue
    info = "new_-1_-1_-1"
    if chess == 1:
        print("服务器端请求新游戏")
        serverSendQueue.put(info)
    if chess == 2:
        print("客户端请求新游戏")
        clientSendQueue.put(info)


def stop_connect(w):
    """当 w 为 1 时表示服务器端单击断开连接,当 w 为 2 时表示客户端单击断开连接"""
```

```
    global is_connect, is_server, is_client, top_info, tcp_server
    if w == 2:
        print("断开远方连接")
        is_connect = False
        is_server = False
        is_client = False
        init_game()
        top_info = "快乐五子棋!"
    if w == 1:
        print("关闭服务器端")
        is_connect = False
        is_server = False
        is_client = False
        init_game()
        top_info = "快乐五子棋"
        tcp_server.close()


def init_game():
    """游戏初始化"""
    global chessPos, playOrder, number
    screen.fill(BOARD_COLOR)
    drawChess()
    chessPos = [[ - 1 for i in range(15)] for i in range(15)]
    playOrder = 1
    number = 1



pygame.init()
pygame.font.init()
pygame.display.set_caption(TITLE)
screen.fill(BOARD_COLOR)
drawChess()
while True:
    event = pygame.event.poll()
    if event.type == pygame.QUIT:
        if is_server:
            stop_connect(1)
        if is_client:
            stop_connect(2)
        sys.exit()
    #以下分3种情况进行处理
    #第1种是当前为服务器端
    if is_connect and is_server:
        #服务器端走棋
        if playOrder == 1:
            if event.type == pygame.MOUSEBUTTONDOWN:
                #得到鼠标的x坐标和y坐标
                xPos, yPos = pygame.mouse.get_pos()
```

```
            #单击区域重新开始游戏
            if 45 * 16 + 125 > xPos > 45 * 16 and 300 > yPos > 45 + 210:
                rebegin(1)
            #鼠标单击区域为断开连接
            if 45 * 16 + 125 > xPos > 45 * 16 and 230 > yPos > 45 + 140:
                info = "disconnect_ - 1_ - 1_ - 1"
                serverSendQueue.put(info)
                #延时 1s,从而使客户端可以收到结束的消息
time.sleep(1)
                stop_connect(1)
                print(xPos)
            #当鼠标单击区域在棋盘中心时,重新得到鼠标交叉点坐标,从而绘制棋子
            if (45 <= xPos <= HEIGHT) and (45 <= yPos <= HEIGHT):
                if xPos % 45 > 23:
                    xPos = (xPos - xPos % 45) + 45
                else:
                    xPos = xPos - xPos % 45
                if yPos % 45 > 23:
                    yPos = (yPos - yPos % 45) + 45
                else:
                    yPos = yPos - yPos % 45
                #得到棋子的位置数组
                xRow = xPos //45 - 1
                yCol = yPos //45 - 1
                if chessPos[xRow][yCol] == -1:
                    if playOrder == 1:
                        draw_chessMan(xPos, yPos, WHITECHESS, number)
                        chessPos[xRow][yCol] = 1
                        #给客户端发走棋信息
                        info = "go_" + str(xPos) + "_" + str(yPos) + "_" + str(number)
                        print("给客户端发消息", info)
                        top_info = "等待远端走棋!"
                        serverSendQueue.put(info)
                        #白棋获胜
                        if judge_win(xRow, yCol, 1):
                            draw_text("白棋获胜!", 45 * 16 + 80, HEIGHT //2 + 300, (255,
255, 255), 40)
                            top_info = "白棋获胜!"
                            playOrder = -1
                        else:
                            number += 1
                            playOrder = 2
    try:
        info = serverRecvQueue.get_nowait()
        print("服务器端收到消息...", info)
        liInfo = info.split('_')
        if liInfo[0] == "connect":
            print("收到客户端请求连接消息")
        elif liInfo[0] == "disconnect":
```

```
            print("收到客户端断开连接消息")
            # 停止服务器端
            stop_connect(1)
        elif liInfo[0] == "lose":
            print("收到客户端认输消息")
        elif liInfo[0] == "agree":
            init_game()
        elif liInfo[0] == "disagree":
            easygui.msgbox("对方不同意重新开始", "信息")
        elif liInfo[0] == "new":
            print("收到客户端新游戏要求")
            result = easygui.ynbox("对方请求重新开始!", "请求", choices = ('同意', '不同意'))
            if result:
                print("同意重新建立新游戏")
                init_game()
                info = "agree_ - 1_ - 1_ - 1"
                serverSendQueue.put(info)
            else:
                print("不同意建立新游戏")
                info = "disagree_ - 1_ - 1_ - 1"
                serverSendQueue.put(info)
        elif liInfo[0] == "go":
            draw_chessMan(int(liInfo[1]), int(liInfo[2]), BLACKCHESS, int(liInfo[3]))
            # 让 number 值匹配远端
            number = int(liInfo[3]) + 1
            xRow = int(liInfo[1]) //45 - 1
            yCol = int(liInfo[2]) //45 - 1
            chessPos[xRow][yCol] = 2
            top_info = "请开始走棋!"
            if judge_win(xRow, yCol, 2):
                draw_text("黑棋获胜!", 45 * 16 + 80, HEIGHT //2 + 300, (255, 255, 255), 40)
                top_info = "黑棋获胜!"
                playOrder = - 1
            else:
                playOrder = 1
    except:
        pass

# 第 2 种情况是当前是客户端
if is_connect and is_client:
    # 客户端走棋
    if playOrder == 2:
        if event.type == pygame.MOUSEBUTTONDOWN:
            # 得到鼠标的 x 坐标和 y 坐标
            xPos, yPos = pygame.mouse.get_pos()
            # 单击区域重新开始游戏
            if 45 * 16 + 125 > xPos > 45 * 16 and 300 > yPos > 45 + 210:
                rebegin(2)
            # 鼠标单击区域为断开连接
```

```
            if 45 * 16 + 125 > xPos > 45 * 16 and 230 > yPos > 45 + 140:
                info = "disconnect_-1_-1_-1"
                clientSendQueue.put(info)
                easygui.msgbox("即将断开和服务器端的连接", "警告")
                stop_connect(2)
            #当鼠标单击区域在棋盘中心时,重新得到鼠标交叉点坐标,从而绘制棋子
            if (45 <= xPos <= HEIGHT) and (45 <= yPos <= HEIGHT):
                if xPos % 45 > 23:
                    xPos = (xPos - xPos % 45) + 45
                else:
                    xPos = xPos - xPos % 45
                if yPos % 45 > 23:
                    yPos = (yPos - yPos % 45) + 45
                else:
                    yPos = yPos - yPos % 45
                #得到棋子的位置数组
                xRow = xPos //45 - 1
                yCol = yPos //45 - 1
                if chessPos[xRow][yCol] == -1:
                    if playOrder == 2:
                        draw_chessMan(xPos, yPos, BLACKCHESS, number)
                        chessPos[xRow][yCol] = 2
                        #给服务器端发送走棋信息
                        info = "go_" + str(xPos) + "_" + str(yPos) + "_" + str(number)
                        print("给服务器端发送消息", info)
                        clientSendQueue.put(info)
                        top_info = "等待远端走棋!"
                        #黑棋获胜
                        if judge_win(xRow, yCol, 2):
                            draw_text("黑棋获胜!", 45 * 16 + 80, HEIGHT //2 + 300, (255,
255, 255), 40)
                            top_info = "黑棋获胜!"
                            playOrder = -1
                        else:
                            number += 1
                            playOrder = 1
        try:
            info = clientRecvQueue.get_nowait()
            if info is None:
                continue
            print("客户端得到消息", info)
            liInfo = info.split('_')
            if liInfo[0] == "disconnect":
                print("收到服务器端断开连接消息")
                stop_connect(2)
            elif liInfo[0] == "lose":
                print("收到服务器端认输消息")
            elif liInfo[0] == "agree":
                init_game()
```

```
            elif liInfo[0] == "disagree":
                easygui.msgbox("对方不同意重新开始", "信息")
            elif liInfo[0] == "new":
                print("收到服务器端新游戏要求")
                result = easygui.ynbox("对方请求重新开始!", "请求", choices = ('同意', '不同意'))
                if result:
                    print("同意重新建立新游戏")
                    init_game()
                    info = "agree_ - 1_ - 1_ - 1"
                    clientSendQueue.put(info)
                else:
                    print("不同意建立新游戏")
                    info = "disagree_ - 1_ - 1_ - 1"
                    clientSendQueue.put(info)
            elif liInfo[0] == "go":
                draw_chessMan(int(liInfo[1]), int(liInfo[2]), WHITECHESS, int(liInfo[3]))
                #让 number 值匹配远端后,加 1 变成当前序号
                number = int(liInfo[3]) + 1
                xRow = int(liInfo[1]) //45 - 1
                yCol = int(liInfo[2]) //45 - 1
                chessPos[xRow][yCol] = 1
                top_info = "请开始走棋!"
                if judge_win(xRow, yCol, 1):
                    draw_text("白棋获胜!", 45 * 16 + 80, HEIGHT //2 + 300, (255, 255, 255), 40)
                    top_info = "白棋获胜!"
                    playOrder = - 1
                else:
                    playOrder = 2
        except:
            #print("没有可接收的消息")
            pass

    #第 3 种情况是单机双人
    if is_connect == False and is_client == False and is_server == False:
        if event.type == pygame.MOUSEBUTTONDOWN:
            #得到鼠标的 x 坐标和 y 坐标
            xPos, yPos = pygame.mouse.get_pos()
            #单击的是新游戏
            if 45 * 16 + 125 > xPos > 45 * 16 and 90 > yPos > 45:
                if is_waiting == False and is_connect == False:
                    init_game()
                    top_info = "请白棋走棋"
            #单击的是网络对战,建立服务器端
            if 45 * 16 + 125 > xPos > 45 * 16 and 160 > yPos > 45 + 70:
                if is_waiting == False and is_connect == False:
                    init_game()
                    is_waiting = True
                    wait_count = True
                    can_accept = True
```

```
            #建立 TcpServer
            serverThread = threading.Thread(target = build_server)
            #设为守护线程,当主线程结束的时候不用等待其结束
            serverThread.setDaemon(True)
            serverThread.start()

        #单击的是加入对战,客户端去连接服务器端
        if 45 * 16 + 125 > xPos > 45 * 16 and 300 > yPos > 45 + 210:
            if is_waiting == False and is_connect == False and is_client == False:
                print("加入服务器端")
                serverIp = easygui.enterbox("请输入服务器端 IP 地址", "连接服务器", "192.
168.31.155")
                #创建一个基于 IPv4 和 TCP 的 Socket
                client = socket.socket(socket.AF_INET, socket.SOCK_STREAM)
                try:
                    client.connect((serverIp, PORT))
                    print("成功接入服务器端")
                    #建立客户端发送消息和接收消息的两个线程
                    is_connect = True
                    is_client = True
                    is_server = False
                    clientSendThread = threading.Thread(target = client_sendInfo)
                    clientRecvThread = threading.Thread(target = client_recvInfo)
                    clientSendThread.setDaemon(True)
                    clientRecvThread.setDaemon(True)
                    clientSendThread.start()
                    clientRecvThread.start()
                    playOrder = 2  #客户端为黑棋,等待白棋走
                    top_info = "等待远端走棋!"
                    init_game()
                    #向服务器端发送请求连接
                    clientSendQueue.put("connect_-1_-1_-1")
                except:
                    easygui.msgbox("连接服务器失败", "警告")
                    print("连接服务器端失败")
        if is_waiting:
            continue
        #当鼠标单击区域在棋盘中心时,重新得到鼠标交叉点坐标,从而绘制棋子
        if (45 <= xPos <= HEIGHT) and (45 <= yPos <= HEIGHT):
            if xPos % 45 > 23:
                xPos = (xPos - xPos % 45) + 45
            else:
                xPos = xPos - xPos % 45
            if yPos % 45 > 23:
                yPos = (yPos - yPos % 45) + 45
            else:
                yPos = yPos - yPos % 45
            #得到棋子的位置数组
            xRow = xPos //45 - 1
```

```
            yCol = yPos //45 - 1
            print("坐标信息:", xRow, yCol)
            if chessPos[xRow][yCol] == -1:
                if playOrder == 1:
                    draw_chessMan(xPos, yPos, WHITECHESS, number)
                    chessPos[xRow][yCol] = 1
                    #白棋获胜
                    if judge_win(xRow, yCol, 1):
                        draw_text("白棋获胜!", 45 * 16 + 80, HEIGHT //2 + 300, (255, 255,
255), 40)
                        playOrder = -1
                    else:
                        number += 1
                        playOrder = 2
                        top_info = "请黑棋走棋"
                elif playOrder == 2:
                    draw_chessMan(xPos, yPos, BLACKCHESS, number)
                    chessPos[xRow][yCol] = 2
                    #黑棋获胜
                    if judge_win(xRow, yCol, 2):
                        draw_text("黑棋获胜!", 45 * 16 + 90, HEIGHT //2 + 300, (255, 255,
255), 40)
                        playOrder = -1
                    else:
                        number += 1
                        playOrder = 1
                        top_info = "请白棋走棋"
    drawButton()
    pygame.display.update()
```

在代码的开始对游戏标题 TITLE、游戏主画布大小(WIDTH 和 HEIGHT)、背景颜色 BOARD_COLOR、棋盘线的颜色 LINE_COLOR、黑色棋子颜色 BLACKCHESS、白色棋子颜色 WHTIECHESS、按钮颜色 BUTTON_COLOR、鼠标浮动到按钮上时的颜色 BUTTON_CHANGE_COLOR、TCP 端口号等参数做了定义,读者可以根据自己的喜好对之进行相应改变。

“网络五子棋”游戏代码没有根据服务器端和客户端的不同而进行不同的编码,故需要引入 is_waiting、is_connect、wait_count、count_number 等变量来判断和响应服务器端和客户端的不同状态。

draw_chessMan()函数在给定的 xPos 和 yPos 坐标组成的主画布位置上进行棋子的绘制,chessManColor 是要绘制棋子的颜色,number 是要绘制在棋子正中的数字。

当进行网络对战的时候,服务器端和客户端的玩家可以选择向对方申请重新开始新的游戏,rebegin()函数负责响应服务器端和客户端提出的重新开始游戏的请求,其中当函数的 chess 参数为 1 时表示服务器端重新开始,当 chess 参数为 2 时表示客户端申请重新开始游戏。

在 while True 循环里首先对退出操作进行响应后,对 4 种主要情况进行了处理。

1. 当前为服务器端

主程序作为服务器端在运行，根据服务器端所需要的操作，分别对服务器端走棋、服务器端对客户端的各种状态响应进行操作。

2. 当前为客户端

主程序作为客户端在运行，根据客户端所需要的操作，分别对客户端走棋、客户端对服务器端的各种状态响应进行操作。

3. 当前为单机双人对战

主程序处理单机下的两个玩家对战，根据 playOrder 变量的状态来轮流对黑棋和白棋进行落子下棋。

4. 按钮响应

判断玩家鼠标的单击位置，根据鼠标的位置来判断玩家单击的按钮，根据玩家单击按钮的不同，分别对“单机双人”“建立对战”“加入对战”进行响应，当玩家单击不同的按钮时，调用对应的函数来完成相应功能。

7.7 小结

本章主要介绍了“网络五子棋”游戏的具体实现，同时对本章涉及的五子棋胜利判断、多线程任务建立、线程间的数据同步传输、socket 套接字编程、服务器端和客户端通信的协议制定等知识点进行了简要介绍。

学习本章后，读者应能理解多线程的编程思想，掌握线程间的数据同步传输、socket 编程，以及学会协议的制定方法等。

读者可以用本章介绍的知识完成黑白棋等常见棋类游戏。

本章知识可为后续章节的学习打下良好基础。

第 8 章

“中国象棋”游戏(支持 AI 对战)

中国象棋有着悠久的历史,具有强大的群众基础,其具有趣味性强、场地限制小、基本规则简明易懂等特点,是目前普及最广的棋类项目之一。经常玩象棋,能提高人的思维和注意力。

本章将帮助读者从头设计并完成“中国象棋”游戏,本章完成的“中国象棋”游戏可支持单机双人对战和人与 AI 对战两种游戏模式。通过对本章的学习读者将掌握“中国象棋”游戏的设计方法,掌握棋类游戏的 AI 设计思想并完成“中国象棋”的 AI 编码。

8.1 “中国象棋”游戏运行示例

本章完成的“中国象棋”游戏支持多个游戏场景的切换,其初始场景为“中国象棋”玩法选择,如图 8-1 所示。

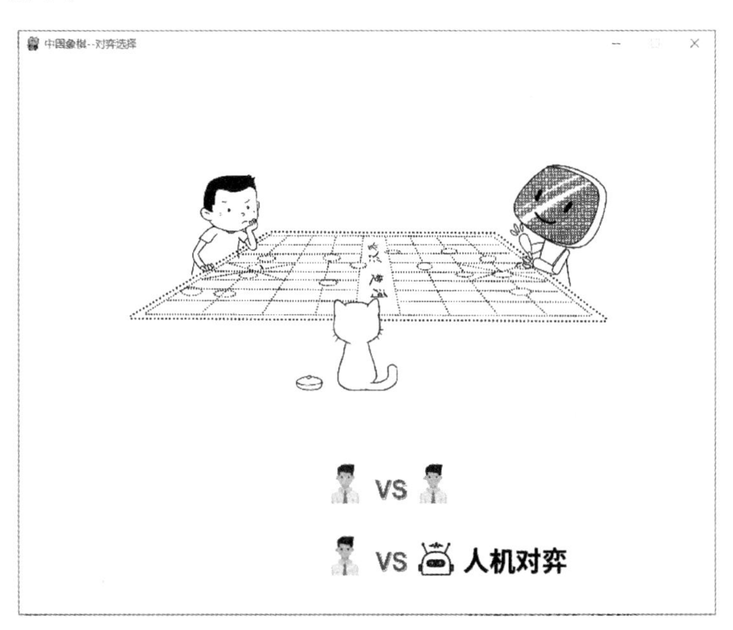

图 8-1 “中国象棋”玩法选择

当鼠标移到人与人对战的图片区域时,在图片右方会显示“人人对弈”的提示文字;当鼠标移到人与计算机对战的图片区域时,在图片右方会显示“人机对弈”的提示文字。玩家单击图片后，游戏将切换到相应场景。

当玩家单击人与人对战图片时，会显示如图 8-2 所示的游戏场景。

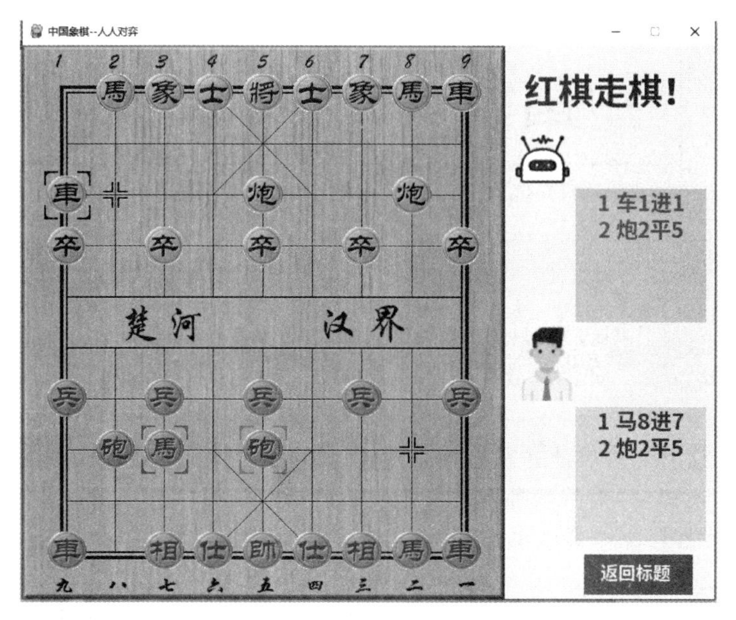

图 8-2　人人对弈游戏场景

当人与人进行单机对战时，两个玩家轮流操作鼠标进行落子操作，玩家选择棋子后，被选中的棋子周围将有对应棋子颜色的方形将其包围，从而提示玩家已经选择了哪个棋子。主画布的右上角的文字会提示象棋的走棋方是谁，主画布的右面的两个矩形区域将显示两个玩家所走过的步数。“返回标题”按钮将返回游戏选择的初始场景。

当玩家单击人与计算机对战的图片时，将显示如图 8-3 所示的游戏场景。

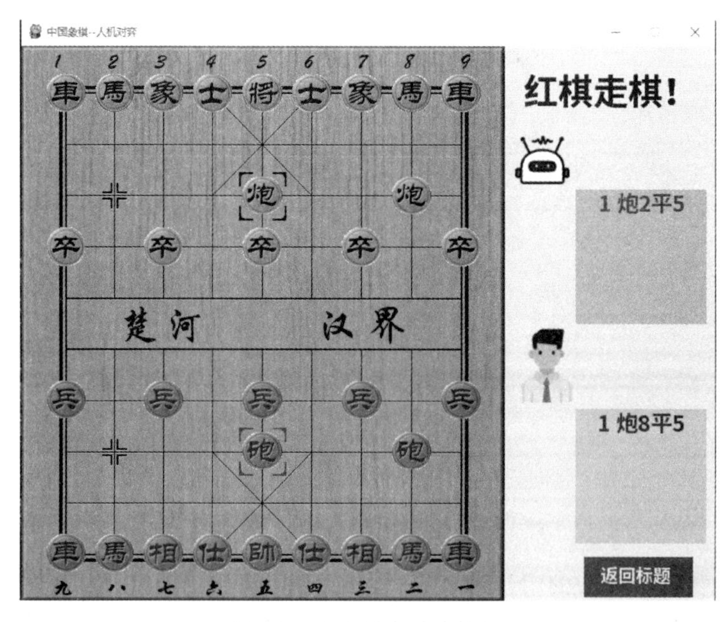

图 8-3　人机对弈游戏场景

在人机对弈游戏场景,玩家将和计算机 AI 进行对战,玩家操作红棋,AI 操作黑棋。玩家使用红棋走棋后,计算机 AI 将根据当前局面进行走棋。

“中国象棋”游戏的运行流程如图 8-4 所示。

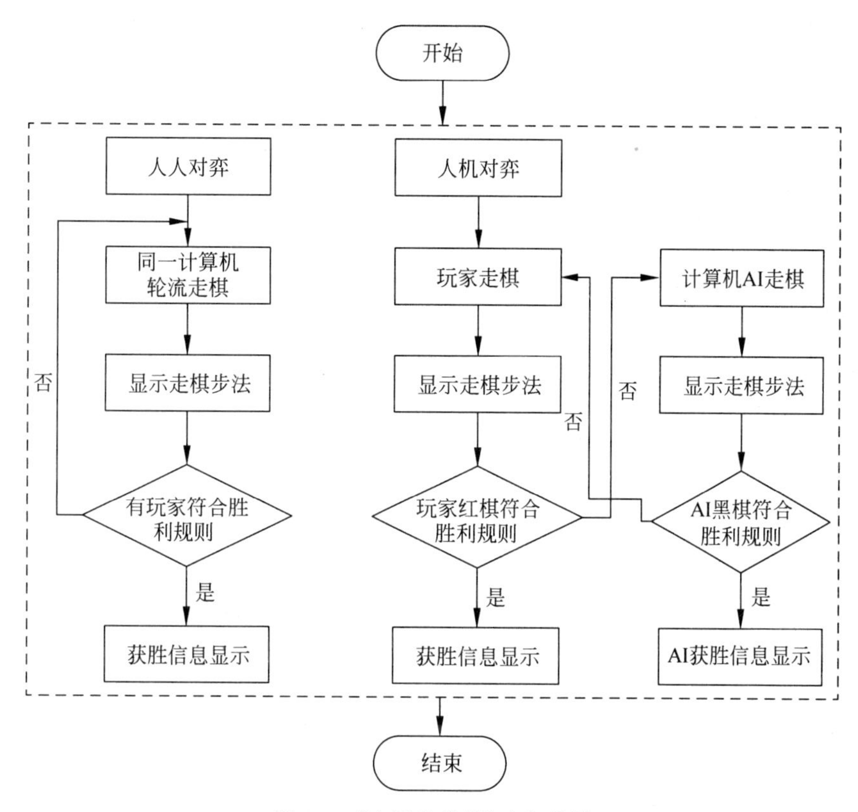

图 8-4 “中国象棋”游戏流程图

8.2 “中国象棋”游戏落子与获胜判断规则

1. “中国象棋”游戏落子规则

“中国象棋”游戏采用轮流走棋的方式进行对弈,每次走棋时只允许走一个棋子,在规则允许的情况下,玩家可以将棋子走到棋盘的空白位置,或者走到对方棋子位置并将对方棋子吃掉。

不论是玩家还是计算机 AI,走棋落子时必须符合以下规则。

1) 车落子

车可以横向移动和纵向移动,每次移动不限制走的象棋格子数量。车移动时,如果对方棋子在移动方向上,可以将对方棋子吃掉。

2) 炮落子

炮的移动方式和车完全相同,但炮要吃子时,必须和被吃子之间相隔一个棋子才可以吃掉对面棋子。

3) 马落子

马的移动方式为走两个象棋格子的交叉远点,也就是俗称的“马走日”。当“马走日”时,如果其方向上的前方有棋子，则马不能走到目标点，这就是俗称的“蹩马腿”。

4）相（象）落子

相（象）移动方式为走4个象棋格子的交叉远点，也就是俗称的“相（象）走田”。当走4个格子时，如果中心交叉点有棋子，则相（象）不能走到目标点，也就是俗称的“塞相（象）眼”。相（象）移动时不允许过河！

5）兵（卒）落子

兵（卒）在没有过河之前只能向其前方移动一个象棋格子；过河后，可以向前或者横向移动一个象棋格子。

6）仕（士）落子

仕（士）只能在己方的宫格内斜向移动一个象棋格子。

7）帅（将）落子

帅（将）只能在己方的宫格内移动一步，可横向和纵向移动，但不能斜向移动。

2. “中国象棋”胜利规则

本章设计的中国游戏没有走棋禁手限制，当以下任一规则被满足时，认为已决出胜负。

1）吃掉对方的首领

己方走棋后，对方的首领（红方是帅，黑方是将）被吃掉时，己方游戏获胜。

2）走棋后，首领碰面

己方走棋后，双方首领纵向之间没有棋子隔开，此时双方首领碰面，游戏结束，己方失败，对方游戏获胜。

8.3 游戏初始场景设计

“中国象棋”游戏在设计时，需要加载图片资源和字体资源。打开 PyCharm，新建 chineseChess 工程，将主文件 main. py 修改为 chineseChess. py，将本章附带的图片和字体资源复制到 chineseChess 工程目录，最终结果如图 8-5 所示。

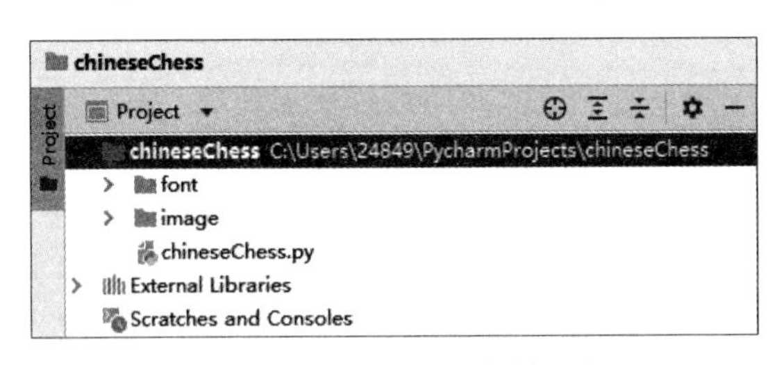

图 8-5　chineseChess 初始工程

基于不同计算机分辨率的考量，为了保证游戏在每台计算机上正常显示，本章设计的“中国象棋”游戏采用固定分辨率，其值为 800×620 像素，对应的游戏代码如下：

```
pygame.init()
SIZE = WIDTH, HEIGHT = (800, 620)
screen = pygame.display.set_mode(SIZE)
```

游戏初始场景中共有5个需要显示的对象，分别为标题图片、人与人对战的图片、人与计算机对战的图片、人人对弈提示文本、人机对弈提示文本。当玩家鼠标指针移到人与人对战图片上时，鼠标指针变为“手”的形状，并且显示“人人对弈”文字；当玩家鼠标指针移到人与计算机对战图片上时，鼠标指针变为“手”的形状，并且显示“人机对弈”文字。

有了上述游戏初始场景的显示分析，可以写出的代码如下：

```
import sys
import pygame
TITLESELECT = '中国象棋 -- 对弈选择'
TITLEMAN = '中国象棋 -- 人人对弈'
TITLECOM = '中国象棋 -- 人机对弈'

pygame.init()
SIZE = WIDTH, HEIGHT = (800, 620)
screen = pygame.display.set_mode(SIZE)
pygame.display.set_caption(TITLESELECT)
#显示片头图片
titleImage = pygame.image.load('image/title.png')
titleImage = pygame.transform.scale(titleImage, (600, 273))
titleImageRect = titleImage.get_rect()

man_man = pygame.image.load('image/man-man.png')
man_man = pygame.transform.scale(man_man, (150, 50))
man_manRect = man_man.get_rect()
man_manRect.left, man_manRect.top = 350, 450

man_com = pygame.image.load('image/man-com.png')
man_com = pygame.transform.scale(man_com, (150, 50))
man_comRect = man_com.get_rect()
man_comRect.left, man_comRect.top = 350, 530

def draw_text(text, xPos, yPos, font_color, font_size):
    """绘制文本,xPos和yPos为坐标,font_color为字体颜色,font_size为字体大小"""
    #得到字体对象
    ff = pygame.font.Font('font/bb4171.ttf', font_size)
    textSurface = ff.render(text, True, font_color)
    textRect = textSurface.get_rect()
    textRect.center = (xPos, yPos)
    screen.blit(textSurface, textRect)


gameInit()                                      #游戏初始化
while True:
    while titleJudge:
        for event in pygame.event.get():
            if event.type == pygame.QUIT:
                sys.exit()
            if event.type == pygame.MOUSEBUTTONDOWN:
                xPos, yPos = pygame.mouse.get_pos()    #得到鼠标坐标
```

```
            if 350 <= xPos <= 350 + 150 and 470 <= yPos <= 470 + 50:
                pygame.mouse.set_cursor(pygame.SYSTEM_CURSOR_ARROW)
                pygame.display.set_caption(TITLEMAN)
                tipTitle = '人人对弈'
                computer = False
                titleJudge = False
            elif 350 <= xPos <= 350 + 150 and 550 <= yPos <= 550 + 50:
                pygame.mouse.set_cursor(pygame.SYSTEM_CURSOR_ARROW)
                tipTitle = '人机对弈'
                pygame.display.set_caption(TITLECOM)
                computer = True
                titleJudge = False

        screen.fill(THECOLORS['white'])
        screen.blit(titleImage, (100, 110))
        screen.blit(man_man, man_manRect)
        screen.blit(man_com, man_comRect)
        #得到鼠标位置
        xPos, yPos = pygame.mouse.get_pos()
        if 350 <= xPos <= 350 + 150 and 470 <= yPos <= 470 + 50:
            pygame.mouse.set_cursor(pygame.SYSTEM_CURSOR_HAND)
            draw_text("人人对弈", 570, 480, THECOLORS['black'], 30)
        elif 350 <= xPos <= 350 + 150 and 550 <= yPos <= 550 + 50:
            pygame.mouse.set_cursor(pygame.SYSTEM_CURSOR_HAND)
            draw_text("人机对弈", 570, 560, THECOLORS['black'], 30)
        else:
            pygame.mouse.set_cursor(pygame.SYSTEM_CURSOR_ARROW)
        pygame.display.update()
```

代码开始定义的3个字符串常量TITLESELECT、TITLEMAN、TITLECOM分别对应3个场景下的游戏标题。

初始场景的主图片为title.png，使用pygame.image.load()方法将其加载为Surface对象titleImage，因title.png的分辨率比较大，需使用pygame.transform.scale()方法将其缩放为800×620像素。

人与人对战图片为man-man.png，用man_man变量存储其对应的Surface对象，使用pygame.transform.scale()方法将其缩小为150×50像素，利用Rect对象的left和top属性将man_man对应的Rect对象放置于横坐标为350，纵坐标为450的位置。人与AI对战的处理方法和人与人对战类似，此处不再赘述。

draw_text()函数负责将文本绘制到主画布上，其中text参数为要绘制的文本，xPos和yPos对应文本的中心坐标(x,y)，font_color对应文本的颜色，font_size对应文本字体的大小。

本章采用了bb471.ttf作为字体样式，读者也可根据自己的喜好加载不同的字体文件，将字体文件复制到font文件夹，修改pygame.font.Font()中的字体属性即可。

代码需判断titleJudge变量是否为True来判断是否显示游戏的初始场景，当titleJudge的值为True时，显示初始游戏场景。

当 event. type == pygame. MOUSEBUTTONDOWN 为 True 时，表示玩家单击了鼠标。xPos 和 yPos 对应玩家鼠标单击的 x 坐标和 y 坐标的值。当 350 <= xPos <= 350 + 150 and 470 <= yPos <= 470 + 50 成立时，说明鼠标单击的是人与人对战图片，此时应跳转到“人人对弈”的游戏场景；当 350 <= xPos <= 350 + 150 and 550 <= yPos <= 550 + 50 成立时，说明鼠标单击的是人与 AI 对战图片，此时应跳转到“人机对弈”的游戏场景。

在 for event in pygame. event. get()循环语句外，使用 pygame. mouse. get_pos()方法得到玩家移动鼠标的即时指针坐标，用 xPos 和 yPos 表示鼠标移动的当前坐标，当鼠标指针移动到人与人对战图片或人与 AI 对战图片上时，使用 pygame. mouse. set_cursor()方法将鼠标指针修改为“手状”，同时在图片后显示对应文字。

8.4 游戏主场景设计

7min

“中国象棋”有两个游戏主场景，分别是人人对弈场景和人机对弈场景，两个游戏主场景布局完全相同，本节以人人对弈场景为例进行讲解。

8.4.1 初始状态象棋棋盘与棋子显示

在第 7 章的“网络五子棋”游戏设计中，使用 pygame. draw. line()方法和 pygame . draw. circle()方法相结合的方式对棋盘和棋子进行了绘制，虽然棋盘和棋子都可以正常显示，但显得不是那么美观。本章的 image 文件夹里提供了较为美观的象棋棋盘和棋子的图片，可以直接使用 pygame. image. load()方法将其加载为 Surface 对象，并利用 Surface 对象的 Rect 将其显示到主画布上。

1. 象棋棋盘显示

象棋棋盘的图片为 main. png，将其加载并显示的代码如下：

```
mainBoard = pygame.image.load('image/main.png')
mainBoardRect = mainBoard.get_rect()
while True:
screen.fill(THECOLORS['aliceblue'])
screen.blit(mainBoard, (0, 0))
```

mainBoard 为棋盘对应的 Surface 对象，在 while True 循环里利用 screen. blit()方法将其直接显示在主画布中，其中棋盘显示的开始坐标为主画布的(0,0)点。

2. 棋子与标识显示

中国象棋共有 32 个棋子，其中红色棋子和黑色棋子各有 16 个。红色的 16 个棋子共有 2 个车、2 个马、2 个炮、2 个相、2 个仕、1 个帅、5 个兵；黑色的 16 个棋子共有 2 个车、2 个马、2 个炮、2 个象、2 个士、1 个将、5 个卒。相同的棋子可以用同样的图片，32 个棋子共需要 14 张图片。

单击棋子后，需要使用浅色的方形将其标识，棋子走完后，使用深色的方形将其标识。图 8-6 为红色兵单击选中时的浅色方形标识与棋子走完后的深色标识。

对应的黑色棋子走棋也有同样的两种状态，图 8-7 为黑色炮单击选中时的浅色方形标识与棋子走完后的深色标识。

图 8-6 红兵选择标识和走棋后的不同颜色标识

图 8-7 黑炮选择标识和走棋后的不同颜色标识

使用 pygame.image.load()方法可以很容易地将图片加载为 Surface 对象，使用 Surface 对象的 get_rect()方法可以得到 Rect 对象。从前面章节的知识可知，Pygame 通过 Rect 对象的位置来显示 Surface 对象，从而显示棋子图片。问题的关键是，如何将棋子正确地显示到棋盘上的相应位置？

棋盘的分辨率为 558×620 像素，每个棋子的分辨率为 55×55 像素，棋子需要放在棋盘的交叉点上，图 8-8 为棋盘放置两个黑色棋子后的 x 坐标示意。

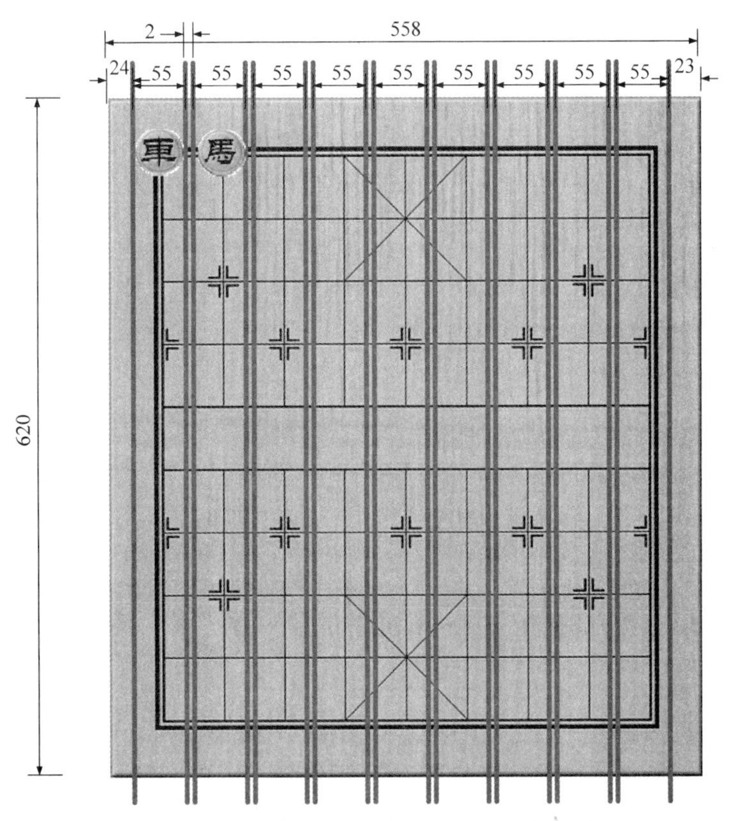

图 8-8 棋盘放置两个黑色棋子的 x 坐标示意

从图 8-8 可知，黑色车和黑色马的横向边界距离为 2 像素，黑色车的左边界的 x 坐标为 24，黑色马的左边界的 x 坐标为 $24+55+2=81$，很容易得出，如果再放置第 3 个黑色棋子，则其左边界的 x 坐标应该为 $24+55\times2+2\times2=138$。根据以上结论，推导出公式：从左边数，第 N 个($1\leqslant N\leqslant9$)棋子的 x 坐标为 $24+(N-1)\times55+(N-1)\times2$。

棋盘的纵向共有 620 像素，棋子放置后，该如何计算棋子的 y 坐标？图 8-9 为棋盘放置

两个黑色棋子后的 y 坐标示意。

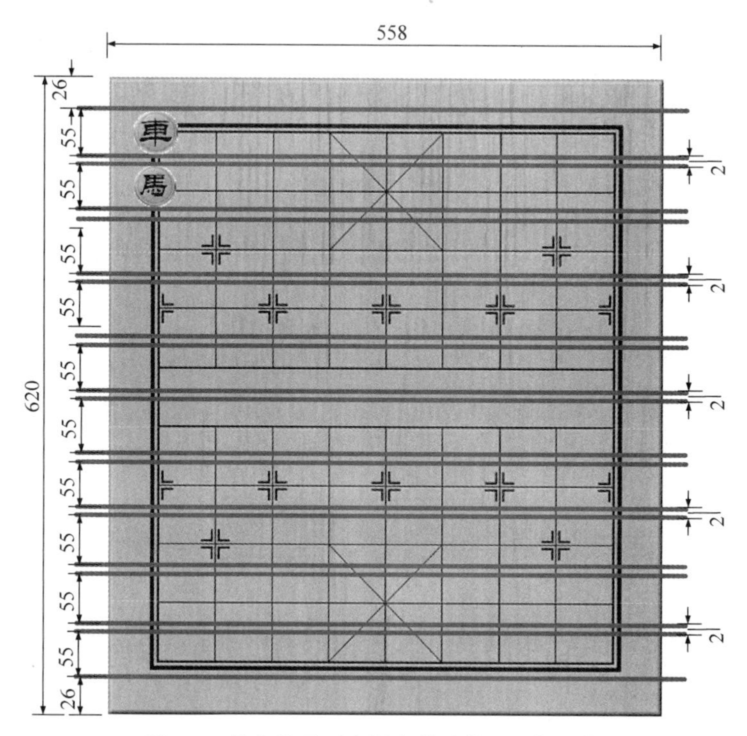

图 8-9　棋盘放置两个黑色棋子的 y 坐标示意

从图 8-9 可知，黑色车和黑色马的纵向边界距离为 2 像素，黑色车的上边界的 y 坐标为 26，黑色马的上边界的 y 坐标为 26+55+2=83，很容易得出，如果再放置第 3 个黑色棋子，则其上边界的 y 坐标应该为 26+55×2+2×2=140。根据以上结论，推导出公式：从上边数，第 M 个($1 \leqslant M \leqslant 10$)棋子的 y 坐标为 $26+(M-1)\times 55+(M-1)\times 2$。

从图 8-8 和图 8-9 的图解可知，如果知道棋子在棋盘交叉点的位置，则棋子加载为 Surface 对象后的 Rect 的 left 属性和 top 属性由式(8-1)可得。

$$\begin{cases} \text{rect.left} = 24 + (N-1)\times 55 + (N-1)\times 2 & 1 \leqslant N \leqslant 9 \\ \text{rect.top} = 26 + (M-1)\times 55 + (M-1)\times 2 & 1 \leqslant M \leqslant 10 \end{cases} \tag{8-1}$$

式中：N 表示棋盘从左往右数的第 N 根竖线；M 表示棋盘从上往下数的第 M 根竖线。

有了以上棋盘和棋子的知识，就可以写出棋盘和棋子的程序了，代码如下：

```
#第 8 章/chineseChess.py
import sys
import pygame
from pygame.color import THECOLORS
from Chess import Chess


chessGroup = pygame.sprite.Group()   #棋子的组
markGroup = pygame.sprite.Group()
chessArray = [[ -1 for i in range(9)] for j in range(10)]
```

```
#10×9 的棋盘数组,值-1 表示没有棋子,值 16～31 表示为黑色棋子,值 0～15 表示为红色棋子
chess = [None for i in range(32)]
redMarkBegin = None
redMarkEnd = None
blackMarkBegin = None
blackMarkEnd = None


def gameInit():
    global chessArray, redMarkBegin, redMarkEnd, blackMarkBegin
    global blackMarkEnd
    global chess,markGroup,chessGroup
    redMarkBegin = ChessMark('image/红子标识起点.png', 'red')
    markGroup.add(redMarkBegin)
    redMarkEnd = ChessMark('image/红子标识终点.png', 'red')
    markGroup.add(redMarkEnd)
    blackMarkBegin = ChessMark('image/黑子标识起点.png', 'black')
    markGroup.add(blackMarkBegin)
    blackMarkEnd = ChessMark('image/黑子标识终点.png', 'black')
    markGroup.add(blackMarkEnd)
    chess[0] = Chess('image/红车.gif', True, '车1', 0)
    chessGroup.add(chess[0])
    chessArray[9][0] = 0
    chess[1] = Chess('image/红马.gif', True, '马1', 1)
    chessGroup.add(chess[1])
    chessArray[9][1] = 1
    chess[2] = Chess('image/红象.gif', True, '象1', 2)
    chessGroup.add(chess[2])
    chessArray[9][2] = 2
    chess[3] = Chess('image/红士.gif', True, '士1', 3)
    chessGroup.add(chess[3])
    chessArray[9][3] = 3
    chess[4] = Chess('image/红将.gif', True, '将', 4)
    chessArray[9][4] = 4
    chessGroup.add(chess[4])
    chess[5] = Chess('image/红士.gif', True, '士2', 5)
    chessArray[9][5] = 5
    chessGroup.add(chess[5])
    chess[6] = Chess('image/红象.gif', True, '象2', 6)
    chessArray[9][6] = 6
    chessGroup.add(chess[6])
    chess[7] = Chess('image/红马.gif', True, '马2', 7)
    chessArray[9][7] = 7
    chessGroup.add(chess[7])
    chess[8] = Chess('image/红车.gif', True, '车2', 8)
    chessArray[9][8] = 8
    chessGroup.add(chess[8])
    chess[9] = Chess('image/红炮.gif', True, '炮1', 9)
    chessArray[7][1] = 9
```

```
chessGroup.add(chess[9])
chess[10] = Chess('image/红炮.gif', True, '炮 2', 10)
chessArray[7][7] = 10
chessGroup.add(chess[10])
chess[11] = Chess('image/红卒.gif', True, '卒 1', 11)
chessArray[6][0] = 11
chessGroup.add(chess[11])
chess[12] = Chess('image/红卒.gif', True, '卒 2', 12)
chessArray[6][2] = 12
chessGroup.add(chess[12])
chess[13] = Chess('image/红卒.gif', True, '卒 3', 13)
chessArray[6][4] = 13
chessGroup.add(chess[13])
chess[14] = Chess('image/红卒.gif', True, '卒 4', 14)
chessArray[6][6] = 14
chessGroup.add(chess[14])
chess[15] = Chess('image/红卒.gif', True, '卒 5', 15)
chessArray[6][8] = 15
chessGroup.add(chess[15])
#初始化黑色棋子
chess[16] = Chess('image/黑车.gif', False, '车 1', 16)
chessArray[0][0] = 16
chessGroup.add(chess[16])
chess[17] = Chess('image/黑马.gif', False, '马 1', 17)
chessArray[0][1] = 17
chessGroup.add(chess[17])
chess[18] = Chess('image/黑象.gif', False, '象 1', 18)
chessArray[0][2] = 18
chessGroup.add(chess[18])
chess[19] = Chess('image/黑士.gif', False, '士 1', 19)
chessArray[0][3] = 19
chessGroup.add(chess[19])
chess[20] = Chess('image/黑将.gif', False, '将', 20)
chessArray[0][4] = 20
chessGroup.add(chess[20])
chess[21] = Chess('image/黑士.gif', False, '士 2', 21)
chessArray[0][5] = 21
chessGroup.add(chess[21])
chess[22] = Chess('image/黑象.gif', False, '象 2', 22)
chessArray[0][6] = 22
chessGroup.add(chess[22])
chess[23] = Chess('image/黑马.gif', False, '马 2', 23)
chessArray[0][7] = 23
chessGroup.add(chess[23])
chess[24] = Chess('image/黑车.gif', False, '车 2', 24)
chessArray[0][8] = 24
chessGroup.add(chess[24])
chess[25] = Chess('image/黑炮.gif', False, '炮 1', 25)
chessArray[2][1] = 25
```

```
    chessGroup.add(chess[25])
    chess[26] = Chess('image/黑炮.gif', False, '炮 2', 26)
    chessArray[2][7] = 26
    chessGroup.add(chess[26])
    chess[27] = Chess('image/黑卒.gif', False, '卒 1', 27)
    chessArray[3][0] = 27
    chessGroup.add(chess[27])
    chess[28] = Chess('image/黑卒.gif', False, '卒 2', 28)
    chessArray[3][2] = 28
    chessGroup.add(chess[28])
    chess[29] = Chess('image/黑卒.gif', False, '卒 3', 29)
    chessArray[3][4] = 29
    chessGroup.add(chess[29])
    chess[30] = Chess('image/黑卒.gif', False, '卒 4', 30)
    chessArray[3][6] = 30
    chessGroup.add(chess[30])
    chess[31] = Chess('image/黑卒.gif', False, '卒 5', 31)
    chessArray[3][8] = 31
    chessGroup.add(chess[31])
```

使用 Pygame 的 Group 类管理 Sprite 对象的显示与碰撞检测非常方便，因此棋子类 Chess 继承于 Sprite，方便对其进行 Group 管理。chessGroup 和 markGroup 分别表示棋子的组和棋子标识的组，chessGroup 管理棋子组内的每个继承于 Sprite 对象的棋子，markGroup 管理棋子上的方形标识。

中国象棋共有 32 个棋子，如果定义 32 个变量来表示棋子，则使用起来就会显得非常烦琐，也容易出错，故定义大小为 32 的 chess 数组来存储棋子对象，棋子的每个对象都为一个棋子类的具体实例。

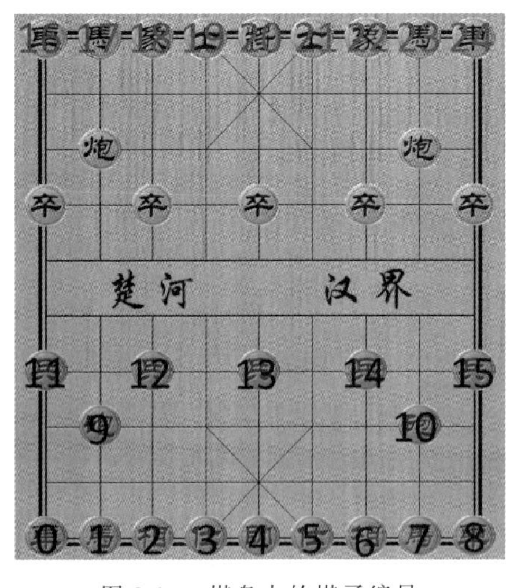

图 8-10　棋盘内的棋子编号

为了方便游戏编程，棋盘上的每个棋子都进行了编号，其中红色棋子的编号为 0～15，黑色棋子的编号为 16～31，如图 8-10 所示。

chessArray 为 10×9 的棋盘数组，用来存储象棋棋盘的每个交叉点的状态，当数组值为 −1 时表示棋盘交叉点没有棋子，当交叉点有棋子时，应存储对应的棋子编号。例如 chessArray[9][1] 对应棋盘的第 10 行和第 2 列的交叉点，从图 8-10 可知，棋盘内第 10 行和第 2 列的交叉点为第 1 个红马，第 1 个红马的编号又为 1，故 chessArray[9][1] 的值为 1。

chineseChess.py 文件里引用了 Chess 类来管理棋子，Chess 类的具体代码如下：

```
#第 8 章/chineseChess/Chess.py
import pygame
```

```
class Chess(pygame.sprite.Sprite):
    def __init__(self, image, isRed, name, arrayPos):
        '''image: 图片路径; isRed: 是否为红棋; name:棋子名称; arrayPos:数组内位置'''
        super(Chess, self).__init__()
        self.image = pygame.image.load(image)
        self.rect = self.image.get_rect()
        self.visible = True      #棋子初始可见
        self.isRed = isRed       #是红色棋子
        self.name = name
        self.arrayPos = arrayPos
        self.defaultPos(isRed, name)
        self.died = False

    def getName(self):
        return self.name[0:1]

    def setVisible(self, visible):
        self.visible = visible

    def setDied(self, died):
        self.died = died

    def defaultPos(self, isRed, name):
        if isRed:
            if name == '车1':
                self.rect.left = 24
                self.rect.top = 26 + 57 * 9
                self.x, self.y = 9, 0
            if name == '车2':
                self.rect.left = 24 + 57 * 8
                self.rect.top = 26 + 57 * 9
                self.x, self.y = 9, 8
            if name == '马1':
                self.rect.left = 24 + 57 * 1
                self.rect.top = 26 + 57 * 9
                self.x, self.y = 9, 1
            if name == '马2':
                self.rect.left = 24 + 57 * 7
                self.rect.top = 26 + 57 * 9
                self.x, self.y = 9, 7
            if name == '象1':
                self.rect.left = 24 + 57 * 2
                self.rect.top = 26 + 57 * 9
                self.x, self.y = 9, 2
            if name == '象2':
                self.rect.left = 24 + 57 * 6
                self.rect.top = 26 + 57 * 9
                self.x, self.y = 9, 6
            if name == '士1':
```

```
            self.rect.left = 24 + 57 * 3
            self.rect.top = 26 + 57 * 9
            self.x, self.y = 9, 3
        if name == '士 2':
            self.rect.left = 24 + 57 * 5
            self.rect.top = 26 + 57 * 9
            self.x, self.y = 9, 5
        if name == '将':
            self.rect.left = 24 + 57 * 4
            self.rect.top = 26 + 57 * 9
            self.x, self.y = 9, 4
        if name == '炮 1':
            self.rect.left = 24 + 57 * 1
            self.rect.top = 26 + 57 * 7
            self.x, self.y = 7, 1
        if name == '炮 2':
            self.rect.left = 24 + 57 * 7
            self.rect.top = 26 + 57 * 7
            self.x, self.y = 7, 7
        if name == '卒 1':
            self.rect.left = 24
            self.rect.top = 26 + 57 * 6
            self.x, self.y = 6, 0
        if name == '卒 2':
            self.rect.left = 24 + 57 * 2
            self.rect.top = 26 + 57 * 6
            self.x, self.y = 6, 2
        if name == '卒 3':
            self.rect.left = 24 + 57 * 4
            self.rect.top = 26 + 57 * 6
            self.x, self.y = 6, 4
        if name == '卒 4':
            self.rect.left = 24 + 57 * 6
            self.rect.top = 26 + 57 * 6
            self.x, self.y = 6, 6
        if name == '卒 5':
            self.rect.left = 24 + 57 * 8
            self.rect.top = 26 + 57 * 6
            self.x, self.y = 6, 8
    elif not isRed:
        if name == '车 1':
            self.rect.left = 24
            self.rect.top = 26 + 57 * 0
            self.x, self.y = 0, 0
        if name == '车 2':
            self.rect.left = 24 + 57 * 8
            self.rect.top = 26 + 57 * 0
            self.x, self.y = 0, 8
        if name == '马 1':
```

```
        self.rect.left = 24 + 57 * 1
        self.rect.top = 26 + 57 * 0
        self.x, self.y = 0, 1
    if name == '马2':
        self.rect.left = 24 + 57 * 7
        self.rect.top = 26 + 57 * 0
        self.x, self.y = 0, 7
    if name == '象1':
        self.rect.left = 24 + 57 * 2
        self.rect.top = 26 + 57 * 0
        self.x, self.y = 0, 2
    if name == '象2':
        self.rect.left = 24 + 57 * 6
        self.rect.top = 26 + 57 * 0
        self.x, self.y = 0, 6
    if name == '士1':
        self.rect.left = 24 + 57 * 3
        self.rect.top = 26 + 57 * 0
        self.x, self.y = 0, 3
    if name == '士2':
        self.rect.left = 24 + 57 * 5
        self.rect.top = 26 + 57 * 0
        self.x, self.y = 0, 5
    if name == '将':
        self.rect.left = 24 + 57 * 4
        self.rect.top = 26 + 57 * 0
        self.x, self.y = 0, 4
    if name == '炮1':
        self.rect.left = 24 + 57 * 1
        self.rect.top = 26 + 57 * 2
        self.x, self.y = 2, 1
    if name == '炮2':
        self.rect.left = 24 + 57 * 7
        self.rect.top = 26 + 57 * 2
        self.x, self.y = 2, 7
    if name == '卒1':
        self.rect.left = 24
        self.rect.top = 26 + 57 * 3
        self.x, self.y = 3, 0
    if name == '卒2':
        self.rect.left = 24 + 57 * 2
        self.rect.top = 26 + 57 * 3
        self.x, self.y = 3, 2
    if name == '卒3':
        self.rect.left = 24 + 57 * 4
        self.rect.top = 26 + 57 * 3
        self.x, self.y = 3, 4
    if name == '卒4':
        self.rect.left = 24 + 57 * 6
```

```
                self.rect.top = 26 + 57 * 3
                self.x, self.y = 3, 6
            if name == '卒 5':
                self.rect.left = 24 + 57 * 8
                self.rect.top = 26 + 57 * 3
                self.x, self.y = 3, 8


    def getPos(self):
        return self.x, self.y


    def setPos(self, xPos, yPos):
        self.x, self.y = xPos, yPos        #更新棋子所在的数组下标位置
        self.rect.left = 24 + 57 * yPos
        self.rect.top = 26 + 57 * xPos


    def getArrayPos(self):
        return self.arrayPos


    def update(self, screen):
        if not self.died:
            screen.blit(self.image, self.rect)
```

从上边的代码可知，Chess 类继承于 Sprite 类，其构造函数共接收 4 个参数：image 为图片的路径；isRed 为红棋的判断标志，当值为 True 时表示红棋，当值为 False 时表示黑棋；name 为棋子名称，本章设计的游戏代码为中国象棋的每个棋子都设置了唯一的名称，当棋盘上的棋子名称相同时，棋盘从左到右依次加数字进行命名，例如红炮 1 和红炮 2；arrayPos 为棋子在棋盘上的坐标位置。

构造函数里定义了 8 个类属性。①image 表示图片加载后形成的 Surface 对象；②rect 为 Surface 对象对应的 Rect；③visible 表示棋子是否可见，初始时为 True，当棋子被吃时，此属性将变为 False；④isRed 表示棋子是否是红棋；⑤name 表示棋子的名称；⑥arrayPos 表示棋子在棋盘上的数组位置；⑦defaultPos 根据 isRed 和 name 两个构造参数设置棋子应在的位置；⑧died 属性的默认值为 False，当棋子被吃时，属性值为 False。

defaultPos()方法有两个参数，分别是 isRed 和 name。方法内根据两个参数的值将棋子放置到棋盘的正确位置，同时棋子的 x 变量赋值为棋盘上棋子所在的横线编号，棋子的 y 变量赋值为棋盘上棋子所在的纵线编号。例如红将的 x 为 9，y 为 4。

getPos()方法用于得到棋子的横线编号 x 和纵线编号 y。

setPos()方法将棋子的横线编号 x 设为方法参数 xPos，将纵线编号 y 设置为方法参数 yPos，同时将棋子的 rect 位置设置到对应的棋盘位置。

update()方法将棋子显示主画布上。

8.4.2 鼠标确定棋子点选

从图 8-8 可知，中国象棋的棋盘大小为 558×620 像素，又因棋盘的初始位置在主画布的(0,0)坐标，棋盘左上的第 1 个线交叉点距离左边界为 24 像素，距离上边界为 26 像素，棋盘每两个格子之间的距离为 57 像素，棋盘横向共有 8 个格子，棋盘纵向共有 9 个格子，所以当鼠标单击的 x 坐标和 y 坐标同时满足不等式(8-2)时，可认为玩家想选择棋盘上的某个棋子，或者想让棋子运动到棋盘上的某个点。

$$\begin{cases} 24 \leqslant x \leqslant 24 + 57 \times 9 \\ 26 \leqslant y \leqslant 26 + 57 \times 10 \end{cases} \tag{8-2}$$

从中国象棋的规则可知，棋子只能放置在棋盘上线的交叉点，玩家每次不可能都点中线的交叉点，如何根据玩家鼠标单击的点来判断究竟要点选哪个交叉点？

已知每个棋子的大小为 55×55 像素，并且棋子在鼠标的交叉点，如果鼠标单击点在以交叉点为中心且长度为 55 像素的范围内，则属于单击该交叉点。又因棋子之间有 2 像素的距离，可以将当前交叉点后的 2 像素位置都归于当前交叉点，依次往后递推。图 8-11 中，圆点表示单击位置 A，其范围在黑士的 55 像素宽加 2 像素宽的位置，可以认为 A 点选择的是黑士对应的交叉点。

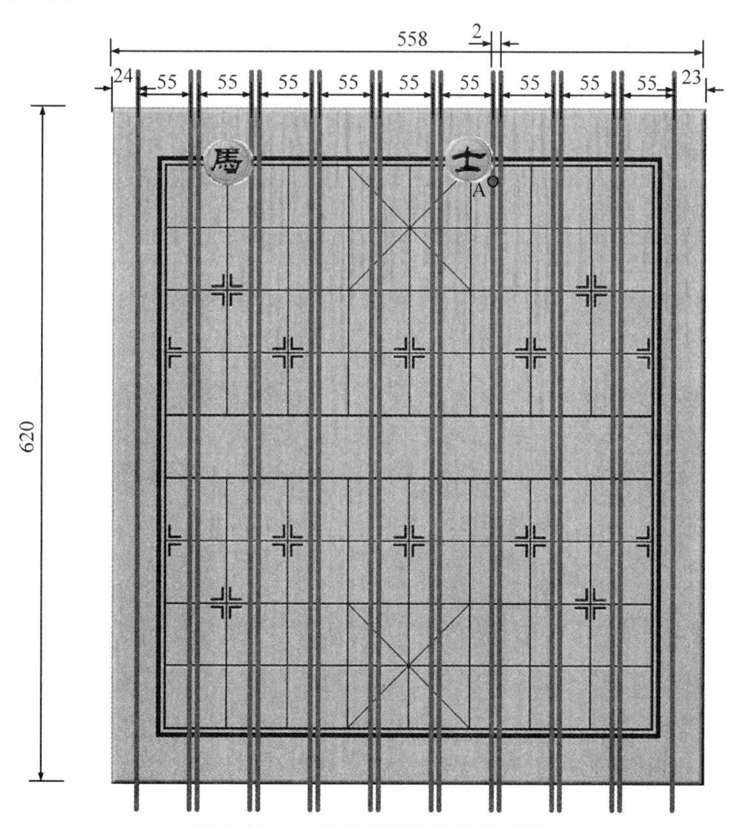

图 8-11 A 点对应棋盘交叉点示意

从图 8-11 可知，在不考虑 y 坐标时，当鼠标单击的 x 坐标满足式(8-3)时，点选的是黑士。

$$24 + 57 \times 5 \leqslant x < 24 + 57 \times 6 \tag{8-3}$$

黑士对应的纵线为第6条纵线，由8.4.1节可知，chessArray为表示棋盘状态的数组，并且从0开始计算，因此黑士对应于chessArray中的chessArray[0][5]的位置。由上所述知识，很容易得出结论：鼠标单击的 x 对应于chessArray中的纵向位置关系为yPos=(x－24)//57，其中yPos对应于chessArray中的纵向下标，x 为鼠标的当前单击位置的 x 坐标。

鼠标单击位置的 y 坐标和棋盘横线的位置关系和 x 坐标非常类似，图8-12的B点为鼠标单击点，其单击点属于红兵所在的交叉点。

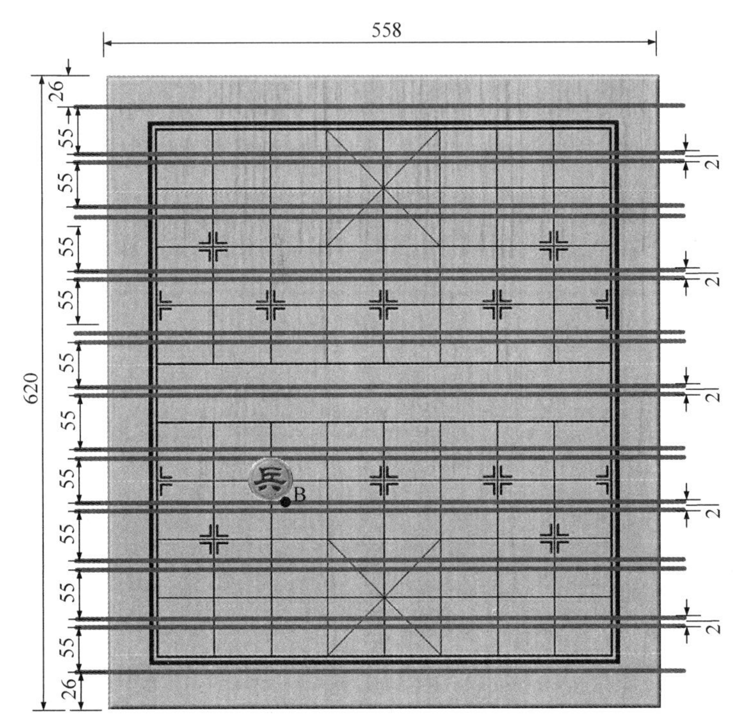

图8-12 B点对应棋盘的交叉点

从图8-12可知，在不考虑 x 坐标时，当鼠标单击的 y 坐标满足式(8-4)时，点选的是红兵。

$$26 + 57 \times 6 \leqslant y < 26 + 57 \times 7 \tag{8-4}$$

红兵对应的横线为第7条横线，对应的为chessArray中chessArray[6][2]的位置。很容易得出结论：鼠标单击的 y 对应于chessArray中的横向位置关系为xPos=(y－26)//57，其中xPos对应于chessArray中的横向下标，y 为鼠标的当前单击位置的 y 坐标。

以上对应关系写成的代码如下：

```
#第8章/chineseChess/chineseChess.py
def getArrayPos(x, y):
    '''得到单击坐标对应的数组坐标,注意单击位置和实际数组是相反对应'''
    yPos = (x - 24) //57
    xPos = (y - 26) //57
    return xPos, yPos
```

getArrayPos()函数的参数为 x 和 y,对应鼠标的单击点坐标。函数返回值 yPos 和 xPos 对应 chessArray 数组中的位置。

在主程序中首先判断鼠标是否单击的是棋盘,再调用 getArrayPos()函数,代码如下:

```
#如果单击的在棋盘内
if 24 <= xPos <= 24 + 57 * 9 and 26 <= yPos <= 26 + 57 * 10:
x, y = getArrayPos(xPos, yPos)    #得到数组坐标
```

8.4.3 棋子标识类创建

从 8.4.1 节可知,棋子被选择后在其四周会有一个浅色的方块将其包围,棋子走完后,在其四周会有深色的方块将其包围。在 8.4.1 节已经定义了 markGroup 对象来管理棋子浅色方块和深色方块标识的显示,棋子标识需频繁复用,因此最好将其定义成一个 ChessMark 类。

在 chineseChess 工程下新建 ChessMark. py 文件,在 ChessMark. py 文件里建立 ChessMark 类的代码如下:

```
#第 8 章/chineseChess/ChessMark.py
class ChessMark(pygame.sprite.Sprite):
    def __init__(self, image, color):
        super(ChessMark, self).__init__()
        self.image = pygame.image.load(image)
        self.rect = self.image.get_rect()
        self.color = color
        self.visible = False
        self.x, self.y = -1, -1

    def getVisible(self):
        return self.visible

    def setVisible(self, visible):
        """是否可见"""
        self.visible = visible

    def setPos(self, xPos, yPos):
        self.rect.left = 24 + 57 * yPos
        self.rect.top = 26 + 57 * xPos
        self.x, self.y = xPos, yPos

    def getPos(self):
        return self.x, self.y

    def update(self, screen):
        if self.visible:
            screen.blit(self.image, self.rect)
```

ChessMark 类继承于 Sprite 类,其构造函数接收 image 和 color 两个参数,其中 image 是要转变为 Surface 对象的图片,color 为标识颜色。

setPos()方法有两个参数，其中 xPos 表示在棋盘的第 xPos 条纵线，yPos 表示在棋盘的第 yPos 条横线，方法内容为将标识显示在对应的棋盘交叉点位置。

update()方法负责标识在棋盘内的显示。

8.4.4 其余场景绘制

在游戏主画布中，除了棋盘和棋子，还有对应的走棋提示文字、按钮、走棋矩形、图标等场景元素需要绘制，其位置均为固定位置，代码也较为容易，其代码如下：

```
#第 8 章/chineseChess/chineseChess.py
com = pygame.image.load('image/computer.png')
comRect = com.get_rect()
comRect.left, comRect.top = 570, 100
man = pygame.image.load('image/man.png')
manRect = man.get_rect()
manRect.left, manRect.top = 560, 310


def showInfo(str):
    '''str 游戏界面要显示的右上角提示语'''
    xPos, yPos = pygame.mouse.get_pos()
    draw_text(str, 680, 50, THECOLORS['royalblue'], 40)
    pygame.draw.rect(screen, THECOLORS['wheat'], (640, 160, 150, 150))
    pygame.draw.rect(screen, THECOLORS['bisque'], (640, 405, 150, 150))
    pygame.draw.rect(screen, THECOLORS['tomato'], (650, 570, 125, 45))
    draw_text("返回标题", 650 + 59, 590, THECOLORS['honeydew'], 20)
    screen.blit(com, comRect)
    screen.blit(man, manRect)
```

com 和 man 分别对应主画布右边的两个图标的 Surface 对象，程序中利用 Surface 对象的 Rect 将其显示到主画布的正确位置。

在 showInfo()函数中，使用“番茄红”颜色绘制矩形后，在矩形上绘制文字“返回标题”，这两个操作构成了“返回标题”按钮。

8.5 棋子规则类创建

10min

棋盘上的棋子被选择后，其只有 3 个可能操作：单击棋盘上的空白交叉点，将棋子移动过去；单击棋盘上非当前选择棋子颜色的棋子，吃掉非当前选择颜色的棋子，并将选择的棋子移动到被吃掉棋子所在的交叉点；如果单击的是同样颜色的棋子，则第 2 个被单击的棋子将变成选中状态。

8.5.1 棋子移动方法判断

从中国象棋的规则可知，棋子被选中后，再单击棋盘上的交叉点，必须满足棋子的移动规则才可以将棋子移动到交叉点，接下来依次对每种棋子进行移动方法讲解。

1. 车的移动

车的移动方式如图 8-13 所示。

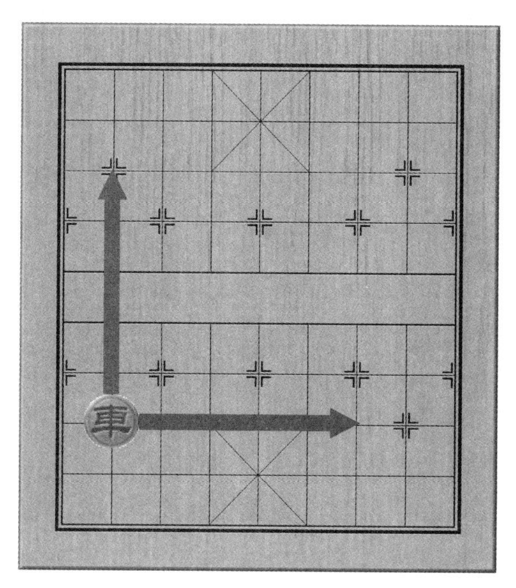

图 8-13 车的移动方式

从图 8-13 可知，车的移动方式分为横向移动和纵向移动两种，其移动特点是只能水平或者垂直移动，车要移动到目标点必须满足以下要求：

(1) 到达目标点的路上不能有棋子。

(2) 目标点不能有棋子。

根据其特点可以写出车的移动判断方法，代码如下：

```
#第 8 章/chineseChess/ChessRule.py
def carMove(self, chessArray, begin, end):
    if begin[1] == end[1]:          #竖着走
        if end[0] < begin[0]:       #位置点在上方
            for i in range(end[0] + 1, begin[0]):
                if chessArray[i][begin[1]] != -1:
                    return False
            return True
        else:
            for i in range(begin[0] + 1, end[0]):
                if chessArray[i][begin[1]] != -1:
                    return False
            return True
    elif begin[0] == end[0]:        #横着走
        if begin[1] > end[1]:       #位置点在左方
            for i in range(end[1] + 1, begin[1]):
                if chessArray[begin[0]][i] != -1:
                    return False
            return True
        else:
            for i in range(begin[1] + 1, end[1]):
                if chessArray[begin[0]][i] != -1:
```

```
                return False
          return True
    return False
```

carMove()方法共有3个参数，chessArray数组为棋盘的数组表示，begin为车在chessArray中的开始坐标，end为车要移动到的棋盘目标点在chessArray中的坐标。

当begin[1]的值等于end[1]的值时，说明车要纵向移动，当end[0]< begin[0]时，说明要移动的位置点在车的上方，当end[0]>=begin[0]时，要移动的位置点在车的下方。使用for循环对车和目标点之间的chessArray值进行判断，如果存在非−1值，则说明车和目标点之间有棋子，不符合车这个棋子的移动规则，方法的返回值为False；如果不存在非−1值，则说明车和目标点之间没有棋子，可以将车这个棋子移动到目标点，方法的返回值为True。

当begin[0]等于end[0]值时，说明车要横向移动，其判定方法和竖向移动类似，此处不再赘述。

2. 炮的移动

炮的移动判断和车完全相同，直接调用车的移动判断方法即可，代码如下：

```
#炮移动判断
def cannonMove(self, chessArray, begin, end):
    return self.carMove(chessArray, begin, end)
```

3. 马的移动

马在棋盘内要走"日"字，共有两种大的变化，第1种"日"字为纵向，如图8-14所示。

从图8-14可知，当马采用纵向"日"字移动时，共有4种方式，设马的当前位置为($x0$,$y0$)，要移动的目标位置的坐标为(x,y)，则其对应关系如下：

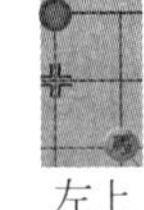

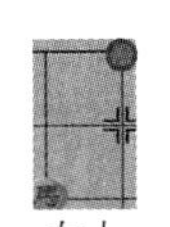

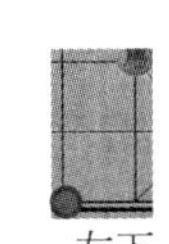

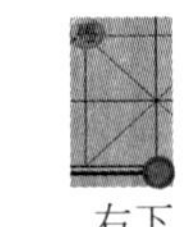

图8-14　马采用纵向"日"移动

(1) 左上位置：此时满足$x=x0-1$、$y=y0-2$。

(2) 右上位置：此时满足$x=x0+1$、$y=y0-2$。

(3) 左下位置：此时满足$x=x0-1$、$y=y0+2$。

(4) 右下位置：此时满足$x=x0+1$、$y=y0+2$。

马在棋盘中走的第2种方式为横向的"日"字，如图8-15所示。

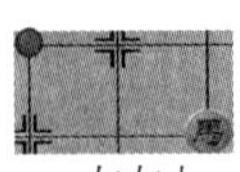

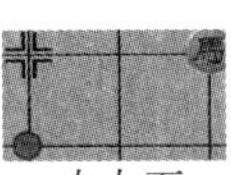

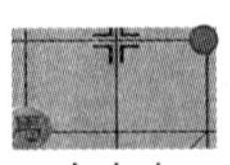

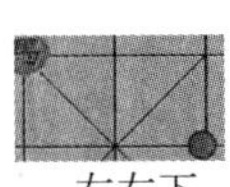

图8-15　马采用横向"日"移动

从图8-15可知，当马采用横向"日"字移动时，也有4种方式，设马的当前位置为($x0$,$y0$)，要移动的目标位置的坐标为(x,y)，则其对应关系如下：

(1) 左左上位置：此时满足$x=x0-2$、$y=y0-1$。

(2) 左左下位置：此时满足$x=x0-2$、$y=y0+1$。

(3) 右右上位置：此时满足 $x=x0+2$、$y=y0-1$。

(4) 右右下位置：此时满足 $x=x0+2$、$y=y0+1$。

从中国象棋的规则可知，即使马在棋盘内走“日”字时，如果存在“蹩马腿”的情形，马也无法移动到目标位置。

图 8-16 为马以纵向“日”移动时，“蹩马腿”的情况。

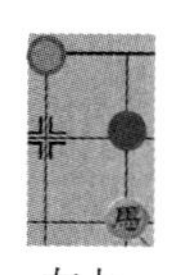

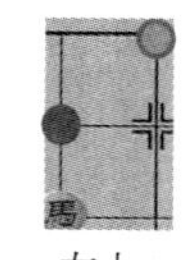

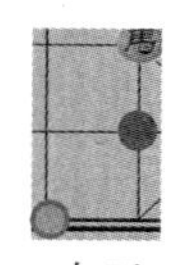

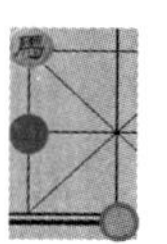

图 8-16　马采用纵向“日”移动时，“蹩马腿”情形

假设马的当前位置为$(x0,y0)$，从图 8-16 可知，马采用纵向“日”移动时，其对应两大类的“蹩马腿”情形。

(1) 左上和右上：红色坐标点$(x0,y0-1)$存在棋子。

(2) 左下和右下：红色坐标点$(x0,y0+1)$存在棋子。

马在棋盘内走横向“日”字时，存在“蹩马腿”的情形如图 8-17 所示。

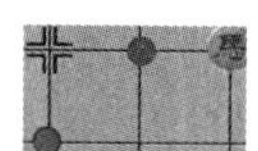

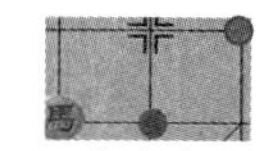

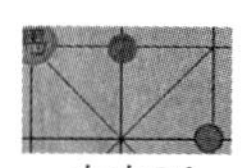

图 8-17　马采用横向“日”移动时，“蹩马腿”情形

假设马的当前位置为$(x0,y0)$，从图 8-17 可知，马采用横向“日”移动时，其也对应两大类的“蹩马腿”情形。

(1) 左左上和左左下：红色坐标点$(x0-1,y0)$存在棋子。

(2) 右右上和右右下：红色坐标点$(x0+1,y0)$存在棋子。

有了以上马的移动和“蹩马腿”的判断，可以写出马的移动判断，代码如下：

```
#第 8 章/chineseChess/ChessRule.py
#马的移动判断
def horseMove(self, chessArray, begin, end):
    #上下走日的情况
    if abs(begin[0] - end[0]) == 2 and abs(begin[1] - end[1]) == 1:
        #运动点在马的上方
        if begin[0] > end[0]:
            if chessArray[begin[0] - 1][begin[1]] == -1:   #不存在“蹩马腿”
                return True
        else:   #运动点在马的下方
            if chessArray[begin[0] + 1][begin[1]] == -1:   #不存在“蹩马腿”
                return True
```

```
#左右走日的情况
if abs(begin[0] - end[0]) == 1 and abs(begin[1] - end[1]) == 2:
    #运动点在马的左边
    if begin[1] > end[1]:
        if chessArray[begin[0]][begin[1] - 1] == -1:    #不存在"蹩马腿"
            return True
    else:   #运动点在马的右边
        if chessArray[begin[0]][begin[1] + 1] == -1:    #不存在"蹩马腿"
            return True
return False
```

在代码中分成两部分对马的移动进行判断，分别是上下走日和左右走日。当马可以移动到目标点 end 坐标位置时，返回值为 True；当马移动不到目标点 end 坐标位置时，返回值为 False。

4. 相(象)的移动

相(象)在棋盘内要走"田"字，共有 4 种走棋方向，分别是左上、右上、左下和右下，如图 8-18 所示。

从图 8-18 可知，当相(象)进行"田"字移动时，共有 4 种方式，设相(象)的当前位置为($x0$，$y0$)，要移动的位置坐标为(x，y)，则其对应关系如下：

(1) 左上位置：此时满足 $x=x0-2$、$y=y0-2$。

(2) 右上位置：此时满足 $x=x0+2$、$y=y0-2$。

(3) 左下位置：此时满足 $x=x0-2$、$y=y0+2$。

(4) 右下位置：此时满足 $x=x0+2$、$y=y0+2$。

此外，相(象)移动时，不能过河，在游戏编码中需要对目标位置进行判断。

从中国象棋的规则可知，即使相(象)在棋盘内走"田"字，如果存在"塞相(象)眼"的情形，则相(象)也无法移动到目标位置，如图 8-19 所示。

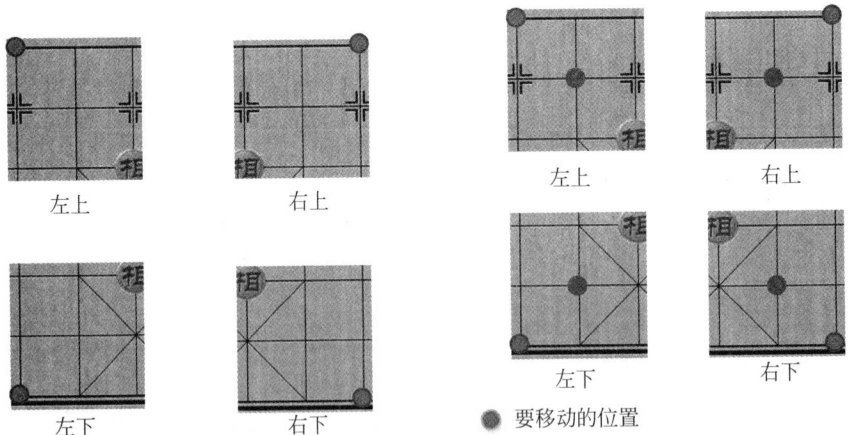

图 8-18 相(象)的移动方式

图 8-19 相(象)移动时，"塞相(象)眼"情形

假设相(象)的当前位置为($x0$，$y0$)，从图 8-19 可知，相(象)"田"字移动时，其对应的"塞相(象)眼"情形。

(1) 左上："田"字中心坐标点($x0-1$,$y0-1$)存在棋子。

(2) 右上："田"字中心坐标点($x0+1$,$y0-1$)存在棋子。

(3) 左下："田"字中心坐标点($x0-1$,$y0+1$)存在棋子。

(4) 右下："田"字中心坐标点($x0+1$,$y0+1$)存在棋子。

有了以上相(象)的移动和"塞相(象)眼"的判断,可以写出相(象)的移动判断,代码如下:

```
#第8章/chineseChess/ChessRule.py
#(相)象移动判断
def elephantMove(self, chessArray, begin, end, red):
    #红相,并且活动范围在下方.黑象,并且活动范围在上方
    if (red and end[0] >= 5) or (not red and end[0] <= 5):
        #走的是田字格
        if abs(begin[0] - end[0]) == 2 and abs(begin[1] - end[1]) == 2:
            if begin[1] > end[1] and begin[0] > end[0]:             #往左上角走
                if chessArray[begin[0] - 1][begin[1] - 1] == -1:#不存在象眼
                    return True
            elif begin[1] > end[1] and begin[0] < end[0]:           #往左下角走
                if chessArray[begin[0] + 1][begin[1] - 1] == -1:
                    return True
            elif begin[1] < end[1] and begin[0] > end[0]:           #往右上角走
                if chessArray[begin[0] - 1][begin[1] + 1] == -1:
                    return True
            elif begin[1] < end[1] and begin[0] < end[0]:           #往右下角走
                if chessArray[begin[0] + 1][begin[1] + 1] == -1:
                    return True
    return False
```

相(象)移动判断方法 elephantMove()共有4个参数,其中 chessArray、begin、end 和马的 horseMove()移动判断方法一致,此处不再赘述。red 参数为布尔变量,当值为 True 时表示是红相;当 red 值为 False 时表示是黑象。

为了满足相(象)不能过河的规则,当棋子是红相移动判断时,end 坐标的 y 值应大于5,当棋子是黑象移动判断时,end 坐标的 y 值应小于或等于5。

end 点的坐标位置如果符合相(象)的移动规则,则方法的返回值为 True,如果不符合相(象)的移动规则,则方法的返回值为 False。

5. 仕(士)的移动

仕(士)在棋盘内要斜向走1格,并且不能离开所处的宫格,其共有4种走棋方向,分别是左上、右上、左下和右下,如图8-20所示。

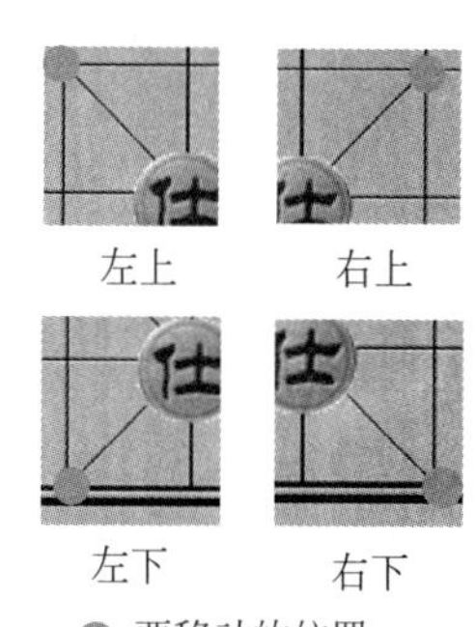

图 8-20 仕(士)的移动方式

仕(士)的移动分为两个大的方向:斜上方向和斜下方向。假设仕(士)的坐标点位置为($x0$,$y0$),目标点的位置为(x,y),如果仕(士)要移动到目标点,并且不离开对应的宫格,则两个大的移动方向需要满足以下要求。

(1) end[0]要求:红仕,end[0]>=7;黑士,end[0]<=2。

(2) end[1]要求:3<=end[1]<=5。

(3) begin 和 end 关系要求：begin[0]－end[0]的绝对值等于 1，begin[1]－end[1]的绝对值等于 1。

根据以上分析，仕(士)的移动判断可写出的代码如下：

```
#第 8 章/chineseChess/ChessRule.py
#仕(士)移动判断
def mandarinMove(self, chessArray, begin, end, red):
    if ((red and end[0] >= 7) or (not red and end[0] <= 2)) and 3 <= end[1] <= 5:
        if abs(begin[0] - end[0]) == 1 and abs(begin[1] - end[1]) == 1:
            return True
    return False
```

在 mandarinMove()方法中：当 red 值为 True 时，表示红仕移动判断，当 red 值为 False 时，表示黑士移动判断。

6. 帅(将)的移动

帅(将)在其宫格内只允许横向或者纵向走一格，其移动如图 8-21 所示。

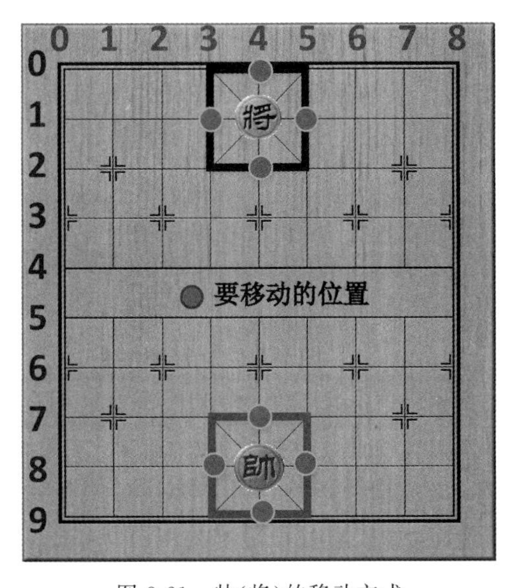

图 8-21 帅(将)的移动方式

假设帅(将)的坐标位置为$(x0,y0)$，要移动的目标位置坐标为(x,y)，从图 8-21 可知，满足以下情况，帅(将)才可以移动到目标点。

(1) end[0]要求：红帅，end[0]>=7；黑将，end[0]<=2。

(2) end[1]要求：3 <=end[1]<=5。

(3) begin 和 end 关系要求：begin[0]－end[0]的绝对值等于 1，begin[1]等于 end[1]；begin[1]－end[1]的绝对值等于 1，begin[0]等于 end[0]。

根据以上分析，帅(将)的移动判断可写出的代码如下：

```
#第 8 章/chineseChess/ChessRule.py
#帅(将)的移动判断
```

```
def kingMove(self, chessArray, begin, end, red):
    #在对应的田字格里进行移动
    if ((red and end[0] >= 7) or (not red and end[0] <= 2)) and 3 <= end[1] <= 5:
        #左右走一格,或者上下走一格
        if (abs(begin[0] - end[0]) == 1 and begin[1] == end[1]) or (
                abs(begin[1] - end[1]) == 1 and begin[0] == end[0]):
            return True
    return False
```

7. 兵(卒)的移动

根据中国象棋规则,兵(卒)不过河时只允许向其垂直的正方向移动一格;当兵(卒)过河后,除了可以垂直正方向移动一格外,可以向左或者向右横向移动一格,如图 8-22 所示。

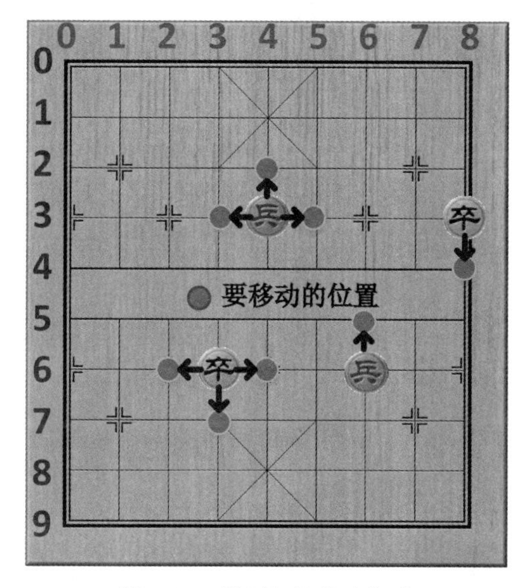

图 8-22 兵(卒)的移动方式

假设兵(卒)的坐标位置为($x0$,$y0$),要移动的位置坐标为(x,y),从图 8-22 可以得到,满足以下情况,兵(卒)才可以移动到目标点。

(1) 红兵移动:begin[1]等于 end[1]且 begin[0]-end[0]差值等于 1;满足 begin[0]< 5 的情况下,begin[1]-end[1]的绝对值等于 1 且 begin[0]-end[0]等于 0。

(2) 黑卒移动:begin[1]等于 end[1]且 end[0]-begin[0]的值等于 1;满足 begin[0]> 4 的情况下,begin[1]-end[1]的绝对值等于 1 且 end[0]-begin[0]等于 0。

根据以上分析,兵(卒)的移动判断可写出的代码如下:

```
#第 8 章/chineseChess/ChessRule.py
#兵或者卒的移动判断
def soldierMove(self, chessArray, begin, end, red):
    if red:
        if begin[1] == end[1] and begin[0] - end[0] == 1:
            return True
        if begin[0] < 5:   #红兵过河
```

```
            if abs(begin[1] - end[1]) == 1 and begin[0] - end[0] == 0:
                return True
    if not red:
        if begin[1] == end[1] and end[0] - begin[0] == 1:
            return True
        if begin[0] > 4:    #黑卒过河
            if abs(begin[1] - end[1]) == 1 and end[0] - begin[0] == 0:
                return True
    return False
```

8.5.2 棋子吃子方法判断

1. 炮的吃子

炮的吃子判断非常特殊，在横向或者纵向方向上，需要隔一个棋子才可以吃掉对方棋子，如图 8-23 所示。

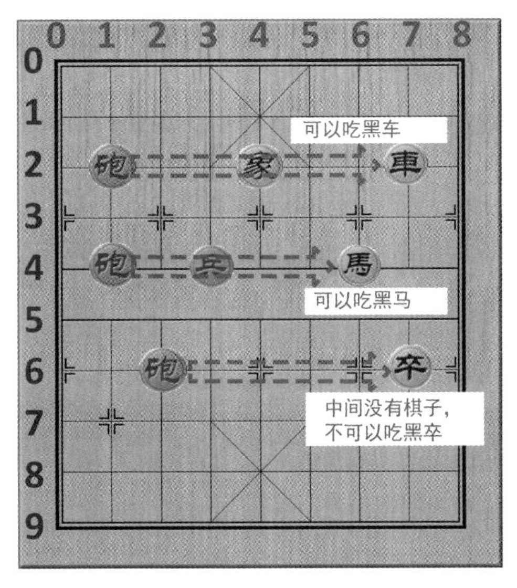

图 8-23 炮吃子示例

从图 8-23 可知，当目标棋子和炮之间有一个棋子时，炮可以吃掉敌方的棋子，炮和目标点之间的棋子可以是己方棋子，也可以是敌方棋子。

有了以上分析，可以写出炮吃子判断的代码如下：

```
#第 8 章/chineseChess/ChessRule.py
#炮的吃子判断
def cannonEat(self, chessArray, begin, end):
    chessNumber = 0
    if begin[1] == end[1]:          #竖着走
        if end[0] < begin[0]:       #位置点在上方
            for i in range(end[0] + 1, begin[0]):
                if chessArray[i][begin[1]] != -1:
                    chessNumber += 1
```

```
        else:
            for i in range(begin[0] + 1, end[0]):
                if chessArray[i][begin[1]] != -1:
                    chessNumber += 1
    elif begin[0] == end[0]:        #横着走
        if begin[1] > end[1]:       #位置点在左方
            for i in range(end[1] + 1, begin[1]):
                if chessArray[begin[0]][i] != -1:
                    chessNumber += 1
        else:
            for i in range(begin[1] + 1, end[1]):
                if chessArray[begin[0]][i] != -1:
                    chessNumber += 1
    #只相隔了一个棋子
    if chessNumber == 1:
        return True
```

cannonEat()方法共有3个参数,chessArray为棋盘的数组表示,begin为炮的当前坐标位置,end为被吃子的坐标位置。当begin[1]等于end[1]时,说明炮是纵向吃子,此时end有可能在炮的上方,也有可能在炮的下方,对这两种情况分别计算begin和end点之间的棋子数量,当棋子数量chessNumber为1时,表示只相隔了一个棋子,允许吃子,方法的返回值为True。当begin[0]等于end[0]时,炮横向吃子,依旧统计begin和end点之间的棋子数量,如果棋子数量chessNumber为1,允许吃子,方法的返回值为True。

2. 除炮外的其余棋子的吃子

除炮外的棋子吃子方法判断和其移动方法判断类似,不同的是在移动方法判断中,目标点坐标end为棋盘上空白交叉点的坐标,吃子方法中的end为棋盘上被吃棋子的坐标位置。

车、马、相(象)、仕(士)、帅(将)、兵(卒)这6种棋子的吃子方法判断可以直接调用其移动方法判断,具体的代码如下:

```
#第8章/chineseChess/ChessRule.py
#车的吃子判断
def carEat(self, chessArray, begin, end):
    return self.carMove(chessArray, begin, end)

#相(象)的吃子判断
def elephantEat(self, chessArray, begin, end, red):
    return self.elephantMove(chessArray, begin, end, red)

#马的吃子判断
def horseEat(self, chessArray, begin, end):
    return self.horseMove(chessArray, begin, end)

#帅(将)的吃子判断
def kingEat(self, chessArray, begin, end, red):
    return self.kingMove(chessArray, begin, end, red)
```

```
#仕(士)的吃子判断
def mandarinEat(self, chessArray, begin, end, red):
    return self.mandarinMove(chessArray, begin, end, red)

#兵(卒)的吃子判断
def soldierEat(self, chessArray, begin, end, red):
    return self.soldierMove(chessArray, begin, end, red)
```

在上述代码中,当调用棋子的吃子判断时,直接使用吃子判断的参数调用其移动判断。当方法的返回值为 True 时,表示允许吃子;当方法的返回值为 False 时,表示不允许吃子。

8.5.3 棋子吃子方法调用

在 8.5.2 节针对每个棋子的吃子都编写了判断方法,如果在主程序里想要使用这些判断方法,则需要先判断棋子名称再调用对应方法,这样会使主程序维护起来很困难,程序稳健性太差。

为了解决上述问题,可在 ChessRule.py 文件里编写棋子总的吃子判断方法,由此方法调用对应的具体棋子吃子判断,从而对主程序掩盖了其调用接口,程序以后扩展将会变得更容易,其代码如下:

```
#第8章/chineseChess/ChessRule.py
#吃子判断
def eatJudge(self, chessArray, begin, end):
    name = chessArray[begin[0]][begin[1]]
    #炮的吃子判断
    if name in [9, 10, 25, 26]:
        return self.cannonEat(chessArray, begin, end)
    #车的吃子判断
    if name in [0, 8, 16, 24]:
        return self.carEat(chessArray, begin, end)
    #象的吃子判断
    if name in [2, 6, 18, 22]:
        if name < 16:
            return self.elephantEat(chessArray, begin, end, True)
        else:
            return self.elephantEat(chessArray, begin, end, False)
    #士的运动判断
    if name in [3, 5, 19, 21]:
        if name < 16:
            return self.mandarinEat(chessArray, begin, end, True)
        else:
            return self.mandarinEat(chessArray, begin, end, False)
    #马的运动判断
    if name in [1, 7, 17, 23]:
        return self.horseEat(chessArray, begin, end)
    #将或者帅的运动判断
    if name in [4, 20]:
        if name == 4:
```

```
            return self.kingEat(chessArray, begin, end, True)
        else:
            return self.kingEat(chessArray, begin, end, False)
    #红兵运动判断
    if 11 <= name <= 15:
        return self.soldierEat(chessArray, begin, end, True)
    #黑卒运动判断
    if 27 <= name <= 31:
        return self.soldierEat(chessArray, begin, end, False)
```

eatJudge()方法里的 name = chessArray[begin[0]][begin[1]]语句得到要进行吃子判断的棋子的编号,由图 8-10 可知,有了编号后,可以知道具体的棋子是哪个,使用多个 if 语句分别对棋子编号进行 in 操作,从而调用其具体的吃子判断方法。

8.5.4 “中国象棋”游戏获胜判断

1. 帅(将)被吃

从中国象棋的规则可知,将对方帅(将)杀死,则游戏者获胜,其具体判断方法如下:

```
#游戏结束判断
def kingDiedJudge(self,chess):
    if chess[4].died or chess[20].died:
        return True
    return False
```

kingDieJudge()方法有一个参数 chess,chess 为 Chess 类的对象,棋盘上的 32 个棋子构成了 chess 数组。在 chess 数组中,下标 4 和下标 20 分别代表了红帅和黑将,当这两个棋子中的任意一个 died 属性为 True 时,游戏都将结束。

2. 帅(将)碰面

当棋子落子后,如果红棋和黑棋的帅(将)在纵向上两者之间没有棋子,则认为帅(将)碰面,此时游戏将分出胜负,造成碰面的一方失败。

根据以上判定逻辑,写出的代码如下:

```
#第 8 章/chineseChess/ChessRule.py
def kingMeetJudge(self,chessArray,chess):
    redPos = chess[4].getPos()
    blackPos = chess[20].getPos()
    if redPos[1]!= blackPos[1]:
        return False
    chessNumber = 0
    if redPos[1] == blackPos[1]: #两个 king 在一条竖线上
        for i in range(blackPos[0] + 1, redPos[0]):
            if chessArray[i][redPos[1]] != -1:
                chessNumber += 1
    if chessNumber > 0:
        return False
    return True
```

kingMeetJudge()方法共有两个参数，分别是存储棋盘状态的 chessArray 和存储 32 个棋子状态的 chess 数组。chess[4]. getPos()方法用于得到红帅的坐标位置，chess[20]. getPos()方法用于得到黑将的位置。利用得到的帅和将的坐标位置，使用 for 循环，判断帅和将之间有几个棋子，当棋子个数 chessNumber 等于 0 时，说明帅和将之间没有棋子，游戏分出胜负，方法的返回值为 True；当 chessNumber 大于 0 时，帅(将)没有碰面，游戏没有分出胜负，方法的返回值为 False。

8.6 已走棋的中文俗语表示

中国象棋(支持 AI 对战)支持已走过棋的中文俗语表示，所有走过的棋都记录在主画布右方的矩形区域，因矩形区域大小的限制，默认只显示最后 5 步的走棋记录，如图 8-24 所示。

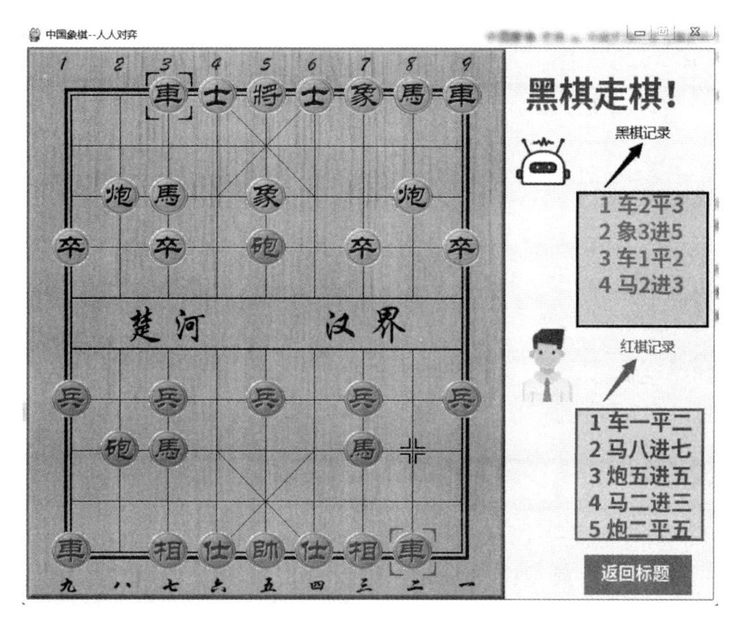

图 8-24　已走棋记录

中国象棋走法的俗语表示遵循以下基本原则。

1. 走棋采用纵线的坐标方式

中国象棋的规则规定，红方棋子的纵线采用从右向左依次进行编号，依次为一、二、三、四、五、六、七、八、九，黑方的纵线从左向右依次进行编号，从 1～9。

2. 走棋采用 4 个字的记录方式

无论是红方棋子还是黑方棋子，走棋的记录方式均使用 4 个字来表示。其中，第 1 个字为棋子名称；第 2 个字为棋子所在的纵线位置；第 3 个字为行进方式，包括“平”“进”“退”。当棋子运动的目的地处于持棋方玩家视角水平的左方时，使用“平”；当棋子目的地纵线名称大于出发纵线名称时，使用“进”；当棋子目的地纵线名称小于出发纵线名称时，使用“退”；第 4 个字为棋子到达的纵线位置。

3. 同一条纵线上的相同棋子记录方式

同一条纵线上如果有两个相同的棋子，则以当前下棋玩家的视角，处于上方的棋子为前，处于下方的棋子为后，同时 4 个字的记录方式要进行修改。例如，在图 8-25 的纵线名称为"二"的线上有两个红炮，现在想让前边的红炮移动到纵线名称为"四"的线上，则其 4 个字记录为"前炮平四"。

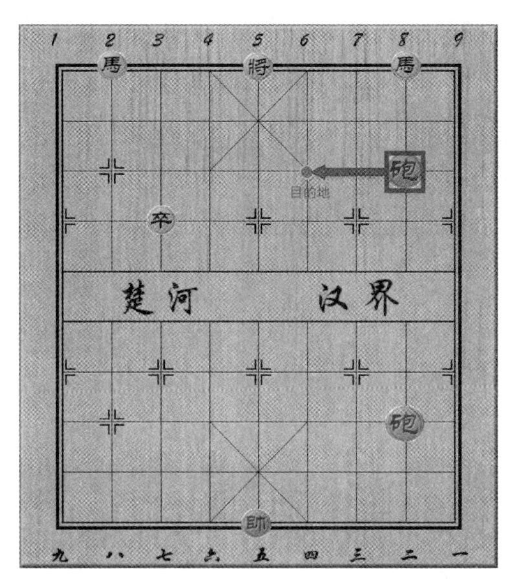

图 8-25　同一纵线同名棋子记录方式

有了以上基本原则后，可以写出棋子记录的 4 个字的函数的代码如下：

```
#第 8 章/chineseChess/chineseChess.py
chineseNumber = ['零', '一', '二', '三', '四', '五', '六', '七', '八', '九']
def recordStep(chessMove, xOld, yOld, xNew, yNew):
    global chess,blackStepRecord,redStepRecord
    sameChess = False
    #要显示的 4 个位置
    firstExpress = chessMove.getName()
    if chessMove.getArrayPos() < 16:  #红色棋子移动位置记录
        secondExpress = 9 - yOld
        forthExpress = 9 - yNew
        if xOld == xNew:
            thirdExpress = '平'
        elif xOld > xNew:
            thirdExpress = '进'
        else:
            thirdExpress = '退'
        #判断一条路上是否有两个一样的棋子
        for i in range(16):
            xTemp,yTemp = chess[i].getPos()
            if chessMove.getName() == chess[i].getName() and i!= chessMove.getArrayPos() and
chess[i].died == False and yTemp == yOld:
```

```
                sameChess = True
                #要移动的棋子在同名棋子上
                if xTemp > xOld:
                    firstExpress = '前'
                else:
                    firstExpress = '后'
                secondExpress = chessMove.getName()
        if sameChess:
            strTemp = firstExpress + secondExpress + thirdExpress + chineseNumber[forthExpress]
        else:
            strTemp = firstExpress + chineseNumber[secondExpress] + thirdExpress +
chineseNumber[forthExpress]
        redStepRecord.insert(0,strTemp)
    else: #黑色棋子移动位置记录
        secondExpress = 1 + yOld
        forthExpress = 1 + yNew
        if xOld == xNew:
            thirdExpress = '平'
        elif xOld > xNew:
            thirdExpress = '退'
        else:
            thirdExpress = '进'
            #判断一条路上是否有两个一样的棋子
        for i in range(16,32):
            xTemp, yTemp = chess[i].getPos()
            if chessMove.getName() == chess[i].getName() and i != chessMove.getArrayPos() and
chess[i].died == False and yTemp == yOld:
                #要移动的棋子在同名棋子上
                sameChess = True
                if xTemp > xOld:
                    firstExpress = '后'
                else:
                    firstExpress = '前'
                secondExpress = chessMove.getName()
        if sameChess:
            strTemp = firstExpress + secondExpress + thirdExpress + str(forthExpress)
        else:
            strTemp = firstExpress + str(secondExpress) + thirdExpress + str(forthExpress)
        blackStepRecord.insert(0,strTemp)
```

chineseNumber 为记录中文纵线名称的 list 变量，在进行 4 个字的记录时，根据棋子的下标位置在 chessNumber 变量里取得对应的中文名称。

chess 为 32 个棋子数组，blackStepRecord 用于记录黑棋的走棋，redStepRecord 用于记录红棋的走棋，sameChess 变量表示当要走的棋在棋盘同一纵线上有多个的时候，值为 True。

firstExpress、secondExpress、thirdExpress、forthExpress 分别表示 4 个字中的每个字。

得到 4 个字后，recordStep()函数会将棋子 4 个字的记录方式存储到全局变量 blackStepRecord 和 redStepRecord 中，供主函数进行显示。

8.7 AI 走棋

本章设计的“中国象棋”游戏只支持计算机 AI 使用黑方走棋。当玩家使用红方走棋后，AI 应该如何走棋？容易想到的办法是计算机将棋盘上所有能走的黑色棋子都尝试着走一下，看一看哪个走法得到的收益最高，就采用该走法进行下棋。毋庸置疑，如果黑棋的某个棋子能直接杀死红帅，这样的棋子走法肯定收益是最高的，但绝大多数情况下不会出现这样的场面，那么正常走棋时的收益该如何衡量？

8.7.1 局面分

经常玩中国象棋的读者都知道，象棋的棋子在棋局中的重要性很不同，其中己方的帅(将)肯定是最重要的，车第二重要，马和炮的重要性相当，过河的兵(卒)重要性又要远远大于不过河的兵(卒)，每个棋子在棋盘的不同位置其重要性也很不同。

根据多个棋局的经验，以数值的方式对棋子和棋子所在棋盘的位置进行量化，量化后所得的分数就叫局面分。

在 chineseChess 工程里新建 ComputerAi.py 文件，输入以下代码，定义棋子的数值分数和棋子在棋盘不同位置时的数值分数，代码如下：

```
#第 8 章/chinsesChess/ComputerAi.py
#定义 ComputerAi 类
class ComputerAi:
    def __init__(self):
        #每个棋子有不同的价值分
#车、马、象、士、将、士、象、马、车、炮、炮、卒、卒、卒、卒、卒
self.chessValue = [9500, 4500, 2000, 2000, 99999, 2000, 2000, 4500, 9500, 4500, 4500, 1300,
1300, 1300, 1300, 1300]
        self.chessRule = ChessRule()
        self.kingPos = [
            [0, 0, 0, 11, 15, 11, 0, 0, 0],
            [0, 0, 0, 2, 2, 2, 0, 0, 0],
            [0, 0, 0, 1, 1, 1, 0, 0, 0],
            [0, 0, 0, 0, 0, 0, 0, 0, 0],
            [0, 0, 0, 0, 0, 0, 0, 0, 0],
            [0, 0, 0, 0, 0, 0, 0, 0, 0],
            [0, 0, 0, 0, 0, 0, 0, 0, 0],
            [0, 0, 0, 0, 0, 0, 0, 0, 0],
            [0, 0, 0, 0, 0, 0, 0, 0, 0],
            [0, 0, 0, 0, 0, 0, 0, 0, 0]]
        self.mandarinPos = [
            [0, 0, 0, 20, 0, 20, 0, 0, 0],
            [0, 0, 0, 0, 23, 0, 0, 0, 0],
            [0, 0, 0, 20, 0, 20, 0, 0, 0],
            [0, 0, 0, 0, 0, 0, 0, 0, 0],
            [0, 0, 0, 0, 0, 0, 0, 0, 0],
            [0, 0, 0, 0, 0, 0, 0, 0, 0],
```

```
        [0, 0, 0, 0, 0, 0, 0, 0, 0],
        [0, 0, 0, 0, 0, 0, 0, 0, 0],
        [0, 0, 0, 0, 0, 0, 0, 0, 0],
        [0, 0, 0, 0, 0, 0, 0, 0, 0]]
    self.elephantPos = [
        [0, 0, 20, 0, 0, 0, 20, 0, 0],
        [0, 0, 0, 0, 0, 0, 0, 0, 0],
        [18, 0, 0, 0, 23, 0, 0, 0, 18],
        [0, 0, 0, 0, 0, 0, 0, 0, 0],
        [0, 0, 20, 0, 0, 0, 20, 0, 0],
        [0, 0, 0, 0, 0, 0, 0, 0, 0],
        [0, 0, 0, 0, 0, 0, 0, 0, 0],
        [0, 0, 0, 0, 0, 0, 0, 0, 0],
        [0, 0, 0, 0, 0, 0, 0, 0, 0],
        [0, 0, 0, 0, 0, 0, 0, 0, 0]]
    self.horsePos = [
        [88, 85, 90, 88, 90, 88, 90, 85, 88],
        [85, 90, 92, 93, 78, 93, 92, 90, 85],
        [93, 92, 94, 95, 92, 95, 94, 92, 93],
        [92, 94, 98, 95, 98, 95, 98, 94, 92],
        [90, 98, 101, 102, 103, 102, 101, 98, 90],
        [90, 100, 99, 103, 104, 103, 99, 100, 90],
        [93, 108, 100, 107, 100, 107, 100, 108, 93],
        [92, 98, 99, 103, 99, 103, 99, 98, 92],
        [90, 96, 103, 97, 94, 97, 103, 96, 90],
        [90, 90, 90, 96, 90, 96, 90, 90, 90]]
    self.carPos = [
        [194, 206, 204, 212, 200, 212, 204, 206, 194],
        [200, 208, 206, 212, 200, 212, 206, 208, 200],
        [198, 208, 204, 212, 212, 212, 204, 208, 198],
        [204, 209, 204, 212, 214, 212, 204, 209, 204],
        [208, 212, 212, 214, 215, 214, 212, 212, 208],
        [208, 211, 211, 214, 215, 214, 211, 211, 208],
        [206, 213, 213, 216, 216, 216, 213, 213, 206],
        [206, 208, 207, 214, 216, 214, 207, 208, 206],
        [206, 212, 209, 216, 233, 216, 209, 212, 206],
        [206, 208, 207, 213, 214, 213, 207, 208, 206]]
    self.cannonPos = [
        [96, 96, 97, 99, 99, 99, 97, 96, 96],
        [96, 97, 98, 98, 98, 98, 98, 97, 96],
        [97, 96, 100, 99, 101, 99, 100, 96, 97],
        [96, 96, 96, 96, 96, 96, 96, 96, 96],
        [95, 96, 99, 96, 100, 96, 99, 96, 95],
        [96, 96, 96, 96, 100, 96, 96, 96, 96],
        [96, 99, 99, 98, 100, 98, 99, 99, 96],
        [97, 97, 96, 91, 92, 91, 96, 97, 97],
        [98, 98, 96, 92, 89, 92, 96, 98, 98],
        [100, 100, 96, 91, 90, 91, 96, 100, 100]]
    self.soliderPos = [
        [0, 0, 0, 0, 0, 0, 0, 0, 0],
        [0, 0, 0, 0, 0, 0, 0, 0, 0],
```

```
[0, 0, 0, 0, 0, 0, 0, 0, 0],
[7, 0, 7, 0, 15, 0, 7, 0, 7],
[7, 0, 13, 0, 16, 0, 13, 0, 7],
[14, 18, 20, 27, 29, 27, 20, 18, 14],
[19, 23, 27, 29, 30, 29, 27, 23, 19],
[19, 24, 32, 37, 37, 37, 32, 24, 19],
[19, 24, 34, 42, 44, 42, 34, 24, 19],
[9, 9, 9, 11, 13, 11, 9, 9, 9]]
```

ComputerAi 的构造函数里根据棋子的重要性，使用 chessValue 属性进行了棋子价值分定义，读者也可根据自己的下棋经验对棋子的价值分进行相应修改。chessRule 属性为 ChessRule 类的对象，在后续代码中将使用这个变量得到黑棋的走法。

kingPos、mandarinPos 等棋子在棋盘的位置分数均以红棋为例进行定义，当黑棋计算分数时，需要进行矩阵行和列的变换：第一行数据和最后一行数据交换，第一列数据和最后一列数据交换，第二行数据和倒数第二行数据交换，第二列数据和倒数第二列数据交换，以此类推，直到彻底交换完一遍为止。

8.7.2 AI 得到黑棋的所有走法

当计算机 AI 走黑棋时，为了得到一个最优的局面，其要尝试所有黑棋的走法，从而选出一个最好的走法，依靠计算机强大的计算能力，可以采取穷举的方法得到黑棋的所有走法，如图 8-26 所示。

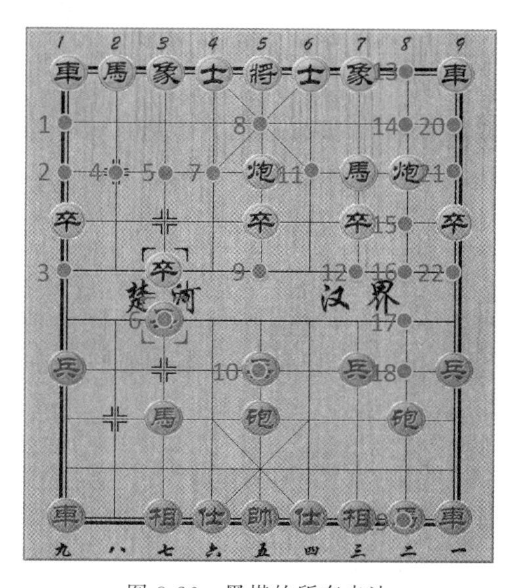

图 8-26　黑棋的所有走法

从图 8-26 可知，黑棋共有 22 个棋盘坐标位置可走，其中在标号为“1”的纵线上的车可以走到 1 点和 2 点的位置，标号为“2”的纵线上的马可以走到 2 点和 5 点的位置，标号为“5”的纵线上的炮可以走到 2 点、4 点、5 点、7 点、8 点、10 点、11 点的位置，其余黑棋根据走法和吃子规则，都有相应的点可以走，此处不再赘述。

穷举法得到黑棋的所有走法的代码如下：

```
#第8章/chineseChess/ComputerAi.py
def getBlackAllPossibleMove(self, chessArray, chess):
    """得到黑棋所有的走法"""
    chessRule = ChessRule()
    blackStepList = []
    #所有的黑棋子
    for c in range(16, 32):
        x, y = chess[c].getPos()
        #炮移动判断
        if c in [25, 26] and not chess[c].died:
            #炮向右判断
            for m in range(y + 1, 9):
                chessNumber = 0
                for n in range(y + 1, m):
                    if chessArray[x][n] != -1:
                        chessNumber += 1
                #目的地没有棋子,并且到目的地的路上也没有棋子挡路
                if chessArray[x][m] == -1 and chessNumber == 0:
                    chessStep = ChessStep(chess[c])
                    chessStep.moveToPos(x, m)
                    blackStepList.append(chessStep)
                #如果目的地为红棋,并且到目的地的路上只有1个棋子,则符合炮吃子规则
                elif 0 <= chessArray[x][m] < 16 and chessNumber == 1:
                    chessStep = ChessStep(chess[c])
                    chessStep.moveToPos(x, m)
                    blackStepList.append(chessStep)
            #炮向左判断
            for m in range(y - 1, -1, -1):
                chessNumber = 0
                for n in range(y - 1, m, -1):
                    if chessArray[x][n] != -1:
                        chessNumber += 1
                #目的地没有棋子,并且到目的地的路上也没有棋子挡路
                if chessArray[x][m] == -1 and chessNumber == 0:
                    chessStep = ChessStep(chess[c])
                    chessStep.moveToPos(x, m)
                    blackStepList.append(chessStep)
                #如果目的地为红棋,并且到目的地的路上只有1个棋子,则符合炮吃子规则
                elif 0 <= chessArray[x][m] < 16 and chessNumber == 1:
                    chessStep = ChessStep(chess[c])
                    chessStep.moveToPos(x, m)
                    blackStepList.append(chessStep)
            #炮向下判断
            for m in range(x + 1, 10):
                chessNumber = 0
                for n in range(x + 1, m):
                    if chessArray[n][y] != -1:
                        chessNumber += 1
                #目的地没有棋子,并且到目的地的路上也没有棋子挡路
                if chessArray[m][y] == -1 and chessNumber == 0:
```

```
                chessStep = ChessStep(chess[c])
                chessStep.moveToPos(m, y)
                blackStepList.append(chessStep)
            #如果目的地为红棋,并且到目的地的路上只有1个棋子,则符合炮吃子规则
            elif 0 <= chessArray[m][y] < 16 and chessNumber == 1:
                chessStep = ChessStep(chess[c])
                chessStep.moveToPos(m, y)
                blackStepList.append(chessStep)
        #炮向上判断
        for m in range(x - 1, -1, -1):
            chessNumber = 0
            for n in range(x - 1, m, -1):
                if chessArray[n][y] != -1:
                    chessNumber += 1
            #目的地没有棋子,并且到目的地的路上也没有棋子挡路
            if chessArray[m][y] == -1 and chessNumber == 0:
                chessStep = ChessStep(chess[c])
                chessStep.moveToPos(m, y)
                blackStepList.append(chessStep)
            #如果目的地为红棋,并且到目的地的路上只有1个棋子,则符合炮吃子规则
            elif 0 <= chessArray[m][y] < 16 and chessNumber == 1:
                chessStep = ChessStep(chess[c])
                chessStep.moveToPos(m, y)
                blackStepList.append(chessStep)
    #车移动判断
    if c in [16, 24] and not chess[c].died:
        #车向右移动
        for m in range(y + 1, 9):
            if chessArray[x][m] == -1:          #没有棋子
                chessStep = ChessStep(chess[c])
                chessStep.moveToPos(x, m)
                blackStepList.append(chessStep)
            elif chessArray[x][m] < 16:         #碰到红棋,直接走到红棋的位置
                chessStep = ChessStep(chess[c])
                chessStep.moveToPos(x, m)
                blackStepList.append(chessStep)
                break
            else:                               #碰到黑棋,停止向右走的循环
                break
        #车向左移动
        for m in range(y - 1, -1, -1):
            if chessArray[x][m] == -1:          #没有棋子
                chessStep = ChessStep(chess[c])
                chessStep.moveToPos(x, m)
                blackStepList.append(chessStep)
            elif chessArray[x][m] < 16:         #碰到红棋,直接走到红棋的位置
                chessStep = ChessStep(chess[c])
                chessStep.moveToPos(x, m)
                blackStepList.append(chessStep)
                break
```

```
            else:                               #碰到黑棋,停止向左走的循环
                break
        #车向下移动
        for m in range(x + 1, 10):
            if chessArray[m][y] == -1:          #没有棋子
                chessStep = ChessStep(chess[c])
                chessStep.moveToPos(m, y)
                blackStepList.append(chessStep)
            elif chessArray[m][y] < 16:         #碰到红棋,直接走到红棋的位置
                chessStep = ChessStep(chess[c])
                chessStep.moveToPos(m, y)
                blackStepList.append(chessStep)
                break                           #已经不能往下走了
            else:                               #碰到黑棋,停止向下走的循环
                break
        #车向上移动
        for m in range(x - 1, -1, -1):
            if chessArray[m][y] == -1:          #没有棋子
                chessStep = ChessStep(chess[c])
                chessStep.moveToPos(m, y)
                blackStepList.append(chessStep)
            elif chessArray[m][y] < 16:         #碰到红棋,直接走到红棋的位置
                chessStep = ChessStep(chess[c])
                chessStep.moveToPos(m, y)
                blackStepList.append(chessStep)
                break                           #已经不能往上走了
            else:                               #碰到黑棋,停止向左走的循环
                break
    #马移动判断
    if c in [17, 23] and not chess[c].died:
        for i in range(10):
            for j in range(9):
                #移动到的位置或者没有棋子,或者为红棋
                if chessRule.horseMove(chessArray, (x, y), (i, j)) and chessArray[i][j] < 16:
                    chessStep = ChessStep(chess[c])
                    chessStep.moveToPos(i, j)
                    blackStepList.append(chessStep)
    #象移动判断
    if c in [18, 22] and not chess[c].died:
        for i in range(10):
            for j in range(9):
                if chessRule.elephantMove(chessArray, (x, y), (i, j),
False) and chessArray[i][j] < 16:
                    chessStep = ChessStep(chess[c])
                    chessStep.moveToPos(i, j)
                    blackStepList.append(chessStep)

    #士移动判断
    if c in [19, 21] and not chess[c].died:
        for i in range(10):
            for j in range(9):
```

```
                if chessRule.mandarinMove(chessArray, (x, y), (i, j), False) and
chessArray[i][j] < 16:
                    chessStep = ChessStep(chess[c])
                    chessStep.moveToPos(i, j)
                    blackStepList.append(chessStep)
        #卒移动判断
        if c in [27, 28, 29, 30, 31] and (not chess[c].died):
            for i in range(10):
                for j in range(9):
                    if chessRule.soldierMove(chessArray, (x, y), (i, j), False) and
chessArray[i][j] < 16:
                        chessStep = ChessStep(chess[c])
                        chessStep.moveToPos(i, j)
                        blackStepList.append(chessStep)
        #黑将的移动判断
        if c == 20 and not chess[c].died:
            for i in range(10):
                for j in range(9):
                    if chessRule.kingMove(chessArray, (x, y), (i, j), False) and
chessArray[i][j] < 16:
                        chessStep = ChessStep(chess[c])
                        chessStep.moveToPos(i, j)
                        blackStepList.append(chessStep)
return blackStepList
```

getBlackAllPossibleMove()方法共有两个入口参数,chessArray 为棋盘每个交叉点的坐标值,chess 为 32 个棋子对象数组。方法开始定义的 chessRule 为 ChessRule 类的对象,在方法中用来判断走棋是否可行,blackStepList 列表变量用于存储所有可能的黑棋走法。

方法中得到黑色棋子所有可能的走法的流程如图 8-27 所示。

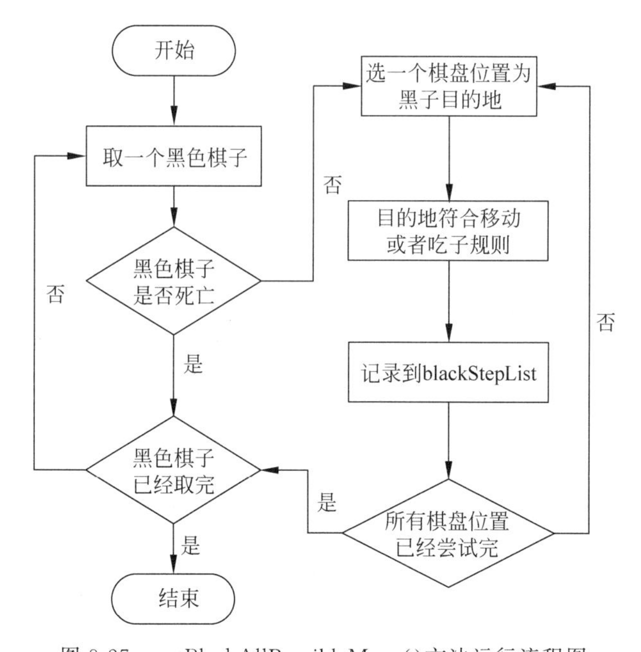

图 8-27　getBlackAllPossibleMove()方法运行流程图

blackStepList 存储的是黑色棋子的走法，一次走法需要哪些变量才能唯一确定呢？很容易分析出，确定一次走法，需要要走的棋子的 Chess 类对象和要移动到的位置坐标。为了后续走法的复用，需要将其写成一个类文件。

在已打开的 PyCharm 工程里新建 ChessStep.py 文件并输入以下建立 ChessStep 类的代码，代码如下：

```
class ChessStep:
    def __init__(self,movedChess):
        self.chess = movedChess
        self.moveToX = -1
        self.moveToY = -1
    def moveToPos(self,x,y):
        self.moveToX,self.moveToY = x,y
    def getChess(self):
        return self.chess
    def getPos(self):
        return self.moveToX,self.moveToY
```

ChessStep 类的构造函数需要 Chess 类的对象作为入口参数，同时 ChessStep 类提供了 moveToPos()、getChess()、getPos()方法，分别用来设置其目的坐标、得到要移动的 Chess 对象、得到其目的坐标。

8.7.3 黑棋最有利局面

从 8.7.2 节得到了黑棋的所有可能走法，黑棋怎么走才是最好的局面呢？很容易想到，找局面分得分最高的黑棋走法似乎是一个不错的选择，只是这样想没有考虑红棋的可能应对。假设计算机 AI 的最好局面分是使用黑车走了一步，得到分数 1000，红棋随之做出应对，在所有可能的红棋走法中找到一个局面分最高的走法，其分数为 900，此时黑棋局面分－红棋局面分＝100。如果黑棋的走法中存在一个非最好局面分的马的走法，得到分数 900，红棋应对的时候，所有可能走法的最好走法只可以得到分数 600，此时黑棋局面分－红棋局面分＝300。此种情况下计算机 AI 走车还是走马？走车虽然局面分高，但是红棋走完，其优势分只有 100，如果走马，其优势分可以达到 300，明显走马合算。

在上述分析中，黑棋所有走法已经在 8.7.2 节做了阐述，只是红棋是人类玩家使用，如何得到其所有走法？可以让计算机 AI 站在人类的角度在内存中得到红棋的所有走法，只是不在棋盘上加以显示。

1. 红棋所有的可能走法

得到红棋所有走法的 getRedAllPossibleMove()方法的代码如下：

```
#第 8 章/chineseChess/ComputerAi.py
def getRedAllPossibleMove(self, chessArray, chess):
    """得到红棋所有的可能走法"""
    chessRule = ChessRule()
    redStepList = []
    #所有的红棋子
```

```
for c in range(0, 16):
x, y = chess[c].getPos()
#炮移动判断
if c in [9, 10] and not chess[c].died:
    #炮向右判断
    for m in range(y + 1, 9):
        chessNumber = 0
        for n in range(y + 1, m):
            if chessArray[x][n] != -1:
                chessNumber += 1
        #目的地没有棋子,并且到目的地的路上也没有棋子挡路
        if chessArray[x][m] == -1 and chessNumber == 0:
            chessStep = ChessStep(chess[c])
            chessStep.moveToPos(x, m)
            redStepList.append(chessStep)
        #如果目的地为黑棋,并且到目的地的路上只有1个棋子,则符合炮吃子规则
        elif 15 < chessArray[x][m] < 32 and chessNumber == 1:
            chessStep = ChessStep(chess[c])
            chessStep.moveToPos(x, m)
            redStepList.append(chessStep)
    #炮向左判断
    for m in range(y - 1, -1, -1):
        chessNumber = 0
        for n in range(y - 1, m, -1):
            if chessArray[x][n] != -1:
                chessNumber += 1
        #目的地没有棋子,并且到目的地的路上也没有棋子挡路
        if chessArray[x][m] == -1 and chessNumber == 0:
            chessStep = ChessStep(chess[c])
            chessStep.moveToPos(x, m)
            redStepList.append(chessStep)
        #如果目的地为黑棋,并且到目的地的路上只有1个棋子,则符合炮吃子规则
        elif 15 < chessArray[x][m] < 32 and chessNumber == 1:
            chessStep = ChessStep(chess[c])
            chessStep.moveToPos(x, m)
            redStepList.append(chessStep)
    #炮向下判断
    for m in range(x + 1, 10):
        chessNumber = 0
        for n in range(x + 1, m):
            if chessArray[n][y] != -1:
                chessNumber += 1
        #目的地没有棋子,并且到目的地的路上也没有棋子挡路
        if chessArray[m][y] == -1 and chessNumber == 0:
            chessStep = ChessStep(chess[c])
            chessStep.moveToPos(m, y)
            redStepList.append(chessStep)
        #如果目的地为黑棋,并且到目的地的路上只有1个棋子,则符合炮吃子规则
        elif 15 < chessArray[m][y] < 32 and chessNumber == 1:
```

```
                chessStep = ChessStep(chess[c])
                chessStep.moveToPos(m, y)
                redStepList.append(chessStep)
        #炮向上判断
        for m in range(x - 1, -1, -1):
            chessNumber = 0
            for n in range(x - 1, m, -1):
                if chessArray[n][y] != -1:
                    chessNumber += 1
            #目的地没有棋子,并且到目的地的路上也没有棋子挡路
            if chessArray[m][y] == -1 and chessNumber == 0:
                chessStep = ChessStep(chess[c])
                chessStep.moveToPos(m, y)
                redStepList.append(chessStep)
            #如果目的地为黑棋,并且到目的地的路上只有1个棋子,则符合炮吃子规则
            elif 15 < chessArray[m][y] < 32 and chessNumber == 1:
                chessStep = ChessStep(chess[c])
                chessStep.moveToPos(m, y)
                redStepList.append(chessStep)
    #车移动判断
    if c in [0, 8] and not chess[c].died:
        #车向右移动
        for m in range(y + 1, 9):
            if chessArray[x][m] == -1:     #没有棋子
                chessStep = ChessStep(chess[c])
                chessStep.moveToPos(x, m)
                redStepList.append(chessStep)
            elif chessArray[x][m] > 15:    #碰到黑棋,直接走到黑棋的位置
                chessStep = ChessStep(chess[c])
                chessStep.moveToPos(x, m)
                redStepList.append(chessStep)
                break #不能往右走了
            else:                          #碰到红棋,停止向右走的循环
                break
        #车向左移动
        for m in range(y - 1, -1, -1):
            if chessArray[x][m] == -1:     #没有棋子
                chessStep = ChessStep(chess[c])
                chessStep.moveToPos(x, m)
                redStepList.append(chessStep)
            elif chessArray[x][m] > 15:    #碰到黑棋,直接走到黑棋的位置
chessStep = ChessStep(chess[c])
                chessStep.moveToPos(x, m)
                redStepList.append(chessStep)
                break                      #不能往左走了
            else:                          #碰到红棋,停止向左走的循环
                break
        #车向下移动
        for m in range(x + 1, 10):
```

```
            if chessArray[m][y] == -1:          #没有棋子
                chessStep = ChessStep(chess[c])
                chessStep.moveToPos(m, y)
                redStepList.append(chessStep)
            elif chessArray[m][y] > 15:         #碰到黑棋,直接走到黑棋的位置
                chessStep = ChessStep(chess[c])
                chessStep.moveToPos(m, y)
                redStepList.append(chessStep)
                break                           #不能往下走了
            else:                               #碰到红棋,停止向左走的循环
                break
        #车向上移动
        for m in range(x - 1, -1, -1):
            if chessArray[m][y] == -1:          #没有棋子
                chessStep = ChessStep(chess[c])
                chessStep.moveToPos(m, y)
                redStepList.append(chessStep)
            elif chessArray[m][y] > 15:         #碰到黑棋,直接走到黑棋的位置
                chessStep = ChessStep(chess[c])
                chessStep.moveToPos(m, y)
                redStepList.append(chessStep)
                break                           #不能往上走了
            else:                               #碰到红棋,停止向左走的循环
                break
    #马移动判断
    if c in [1, 7] and not chess[c].died:
        for i in range(10):
            for j in range(9):
                #移动到的位置或者没有棋子,或者为黑棋
                if chessRule.horseMove(chessArray, (x, y), (i, j)) and (
                        chessArray[i][j] > 15 or chessArray[i][j] == -1):
                    chessStep = ChessStep(chess[c])
                    chessStep.moveToPos(i, j)
                    redStepList.append(chessStep)
    #象移动判断
    if c in [2, 6] and not chess[c].died:
        for i in range(10):
            for j in range(9):
                if chessRule.elephantMove(chessArray, (x, y), (i, j), True) and
(chessArray[i][j] > 15 or chessArray[i][j] == -1):
                    chessStep = ChessStep(chess[c])
                    chessStep.moveToPos(i, j)
                    redStepList.append(chessStep)
    #士移动判断
    if c in [3, 5] and not chess[c].died:
        for i in range(10):
            for j in range(9):
                if chessRule.mandarinMove(chessArray, (x, y), (i, j), True) and
(chessArray[i][j] > 15 or chessArray[i][j] == -1):
```

```
                    chessStep = ChessStep(chess[c])
                    chessStep.moveToPos(i, j)
                    redStepList.append(chessStep)
        #卒移动判断
        if c in [11, 12, 13, 14, 15] and (not chess[c].died):
            for i in range(10):
                for j in range(9):
                    if chessRule.soldierMove(chessArray, (x, y), (i, j), True) and
(chessArray[i][j] > 15 or chessArray[i][j] == -1):
                    chessStep = ChessStep(chess[c])
                    chessStep.moveToPos(i, j)
                    redStepList.append(chessStep)
        #红帅移动判断
        if c == 4 and not chess[c].died:
            for i in range(10):
                for j in range(9):
                    if chessRule.kingMove(chessArray, (x, y), (i, j), True) and
(chessArray[i][j] > 15 or chessArray[i][j] == -1):
                    chessStep = ChessStep(chess[c])
                    chessStep.moveToPos(i, j)
                    redStepList.append(chessStep)
    return redStepList
```

getRedAllPossibleMove()方法和 8.7.2 节里的 getBlackAllPossibleMove()方法很类似，只是此处方法里使用的是 redStepList 变量，而在 for c in range 循环里使用的是红色的棋子范围 0～15。

2. 计算最终局面分

将计算机 AI 使用黑棋的所有走法中的其中一个走法得到的分数定义成 blackStore，将计算机 AI 使用红棋的所有走法中的其中一个走法得到的分数定义成 redScore，则最终局面分为 score＝blackScore－redScore。计算 score 的代码如下：

```
#第 8 章/chineseChess/ComputerAi.py
def calcScore(self, chessArray, chess):
    redScore = 0
    blackScore = 0
    for i in range(16):
        if not chess[i].died:
            x, y = chess[i].getPos()
            #计算红车的位置分
            if i in [0, 8]:
                redScore += self.chessValue[i] + self.carPos[9 - x][y]
            #计算红马的位置分
            if i in [1, 7]:
                redScore += self.chessValue[i] + self.horsePos[9 - x][y]
            if i in [2, 6]:
                redScore += self.chessValue[i] + self.elephantPos[9 - x][y]
            if i in [3, 5]:
```

```
                redScore += self.chessValue[i] + self.mandarinPos[9 - x][y]
            if i == 4:
                redScore += self.chessValue[i] + self.kingPos[9 - x][y]
            if i in [9, 10]:
                redScore += self.chessValue[i] + self.cannonPos[9 - x][y]
            if i in [11, 12, 13, 14, 15]:
                redScore += self.chessValue[i] + self.soliderPos[9 - x][y]
    for i in range(16, 32):
        if not chess[i].died:
            x, y = chess[i].getPos()
            if i in [16, 24]:
                blackScore += self.chessValue[i - 16] + self.carPos[x][y]
            if i in [17, 23]:
                blackScore += self.chessValue[i - 16] + self.horsePos[x][y]
            if i in [18, 22]:
                blackScore += self.chessValue[i - 16] + self.elephantPos[x][y]
            if i in [19, 21]:
                blackScore += self.chessValue[i - 16] + self.mandarinPos[x][y]
            if i == 20:
                blackScore += self.chessValue[i - 16] + self.kingPos[x][y]
            if i in [25, 26]:
                blackScore += self.chessValue[i - 16] + self.cannonPos[x][y]
            if i in [27, 28, 29, 30, 31]:
                blackScore += self.chessValue[i - 16] + self.soliderPos[x][y]
    return blackScore - redScore
```

calcScore()方法的入口参数为棋盘交叉点存储状态的 chessArray 和 32 个棋子对象。

在此方法中，首先使用 for 循环对红棋的所有棋子根据 8.7.1 节定义的棋子分数和棋子所在的位置分数计算出红棋所有得分 redScore，再使用 for 循环对黑棋的所有棋子计算局面分，得到 balckScore，方法最终返回 blackScore 减去 redScore 的值。

有了黑棋和红棋所有的可能走法，就可以对每个走法进行评分。根据 8.7.1 节的分数设置，可以得到如下计算局面分数的方法。

8.7.4 AI 最佳走法

从 8.7.3 节可知，最终局面分数 score＝blackScore－redScore。当计算机 AI 使用黑棋时，这个分数越大越好，其走棋逻辑如图 8-28 所示。

图 8-28 模拟了计算机 AI 的思考过程，计算机以图 8-28 所示的运行流程走一遍，可以得到黑棋思考一步得到的最大局面分。很容易想到，在计算机 AI 使用红棋时，局面分应该为最小分。为了得到更好的步法，可以迭代地让计算机 AI 使用黑棋、使用红棋、使用黑棋、使用红棋……，只是计算机消耗的内存会越来越大，计算时间也会越来越长。计算机 AI 迭代思考的过程如图 8-29 所示。

本章的迭代次数被设置为 3，读者可以根据自己的计算机配置修改这个参数，具体的计算机 AI 得到最佳走法的代码如下：

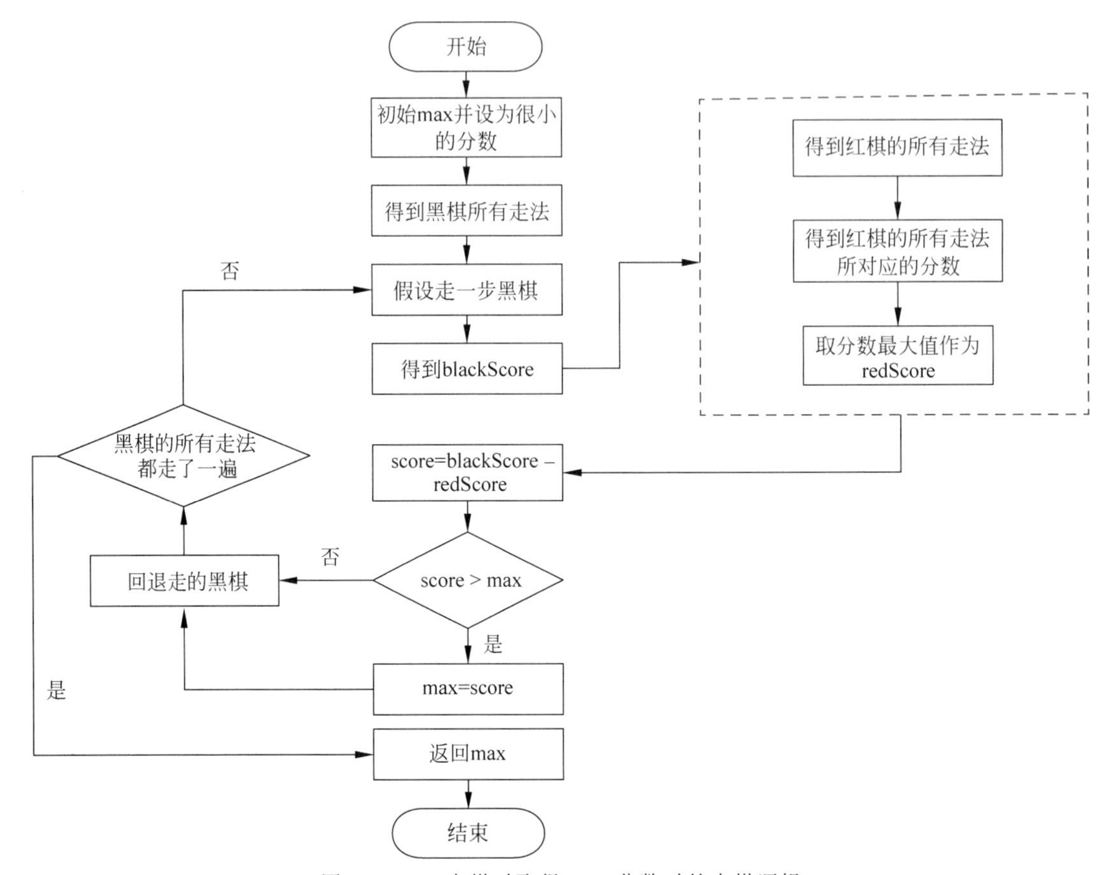

图 8-28　AI 走棋时取得 max 分数时的走棋逻辑

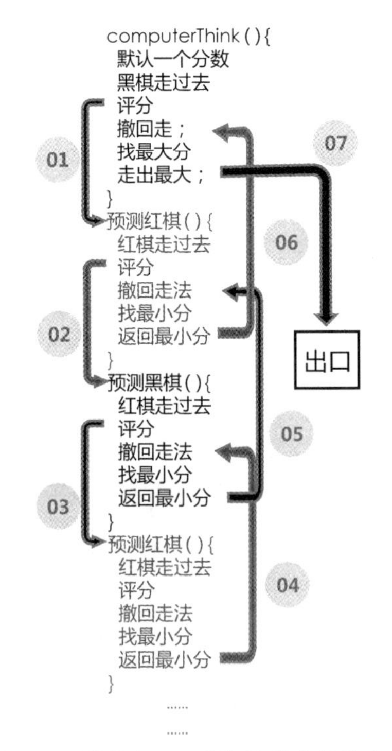

图 8-29　计算机 AI 迭代思考求最佳走法

```
#第 8 章/chineseChess/ComputerAi.py
#计算机的思索深度
AITHINK = 3
def computerThink(self, chessArray, chess):
    bestStep, bestScore = self.getBlackMaxScore(chessArray, chess, AITHINK)
    return bestStep, chessArray

def getRedMinScore(self, chessArray, chess, n):
    redStepList = self.getRedAllPossibleMove(chessArray, chess)
    minScore = 9999999    #求红棋走后,黑棋减去红棋的最小分,这个情况对红棋最有利
    for redStep in redStepList:
        redXTo, redYTo = redStep.getPos()
        #得到要移动的红色棋子在原数组中的坐标
        redX, redY = redStep.getChess().getPos()
        redValue = chessArray[redXTo][redYTo]
        chess[chessArray[redX][redY]].setPos(redXTo, redYTo)
        chessArray[redXTo][redYTo] = chessArray[redX][redY]
        chessArray[redX][redY] = -1
        if redValue >= 0:
            chess[redValue].setDied(True)
            chess[redValue].setVisible(False)
        #假如本步走完,将帅碰面,红棋就会输,不考虑这个走法
        if self.chessRule.kingMeetJudge(chessArray, chess):
            #红棋走的这一步被修改回去
            redStep.getChess().setPos(redX, redY)
            if redValue >= 0:
                chess[redValue].setDied(False)
                chess[redValue].setVisible(True)
            chessArray[redX][redY] = redStep.getChess().getArrayPos()
            chessArray[redXTo][redYTo] = redValue
            continue
        #开始分数判断
        if n == 1:
            getScore = self.calcScore(chessArray, chess)
        else:
            tempStep, getScore = self.getBlackMaxScore(chessArray, chess, n - 1)
        if getScore < minScore:
            minScore = getScore
        #红棋走的这一步被修改回去
        redStep.getChess().setPos(redX, redY)
        if redValue >= 0:
            chess[redValue].setDied(False)
            chess[redValue].setVisible(True)
        chessArray[redX][redY] = redStep.getChess().getArrayPos()
        chessArray[redXTo][redYTo] = redValue
    return minScore

def getBlackMaxScore(self, chessArray, chess, n):
    blackStepList = self.getBlackAllPossibleMove(chessArray, chess)
```

```
    #尝试着黑棋走一步
    bestScore = -9999999
    bestStep = None
    for step in blackStepList:
        #chessArrayOrigin = copy.deepcopy(chessArray)
        xTo, yTo = step.getPos()
        x, y = step.getChess().getPos()           #得到要移动的棋子在原数组中的坐标
        value = chessArray[xTo][yTo]              #得到要移动到的位置的数组值
        chess[chessArray[x][y]].setPos(xTo, yTo)  #将棋子的位置更改为移动到的位置
        chessArray[xTo][yTo] = chessArray[x][y]   #将棋子移动过去
        chessArray[x][y] = -1
        if value >= 0:
            chess[value].setDied(True)
            chess[value].setVisible(False)
        #假如本步走完,将帅碰面,黑棋就会输,不考虑这个走法
if self.chessRule.kingMeetJudge(chessArray, chess):
            #修改回去
    step.getChess().setPos(x, y)                  #将位置修改回去
    if value >= 0:                                #移动到的位置棋子恢复原状态
                chess[value].setDied(False)
                chess[value].setVisible(True)
            chessArray[x][y] = step.getChess().getArrayPos()
            chessArray[xTo][yTo] = value
            continue
        #如果只有一步,则计算局面分
if n == 1:
            maxScore = self.calcScore(chessArray, chess)
        else:
            maxScore = self.getRedMinScore(chessArray, chess, n - 1)
        if maxScore > bestScore:
            bestScore = maxScore
            bestStep = step
        else:                                     #如果不是一步计算,则进入递归运算
            pass
        #修改回去
step.getChess().setPos(x, y)                      #位置修改回去
if value >= 0:                                    #移动到的位置棋子恢复原状态
            chess[value].setDied(False)
            chess[value].setVisible(True)
        chessArray[x][y] = step.getChess().getArrayPos()
        chessArray[xTo][yTo] = value
    #返回最好的步骤和最大的分数
    return bestStep, bestScore
```

AITHINK 变量为计算机的思考深度,值越大,计算机思考的迭代步数就越多,相对来讲得到的黑棋走棋也较为理想。

computerThink()方法得到的 bestStep 为黑棋的最佳走法,这个变量最终将返回主程序控制黑棋移动的代码中。

getRedMinScore()方法用于得到红棋的最小局面分,getBlackMaxScore()方法用于得

到黑棋的最大局面分，方法中的代码实现以图 8-28 的流程逻辑作为基准。

8.8 “中国象棋”游戏主程序完善

至此，游戏的各个主要功能已经完成。接下来完善 chineseChess.py 主程序，从而将各个功能按照游戏流程串联起来，主程序的代码如下：

```
import sys
import pygame
from pygame.color import THECOLORS
from Chess import Chess
from ChessMark import ChessMark
from ChessRule import ChessRule
from ComputerAi import ComputerAi
from ChessStep import ChessStep

TITLESELECT = '中国象棋 -- 对弈选择'
TITLEMAN = '中国象棋 -- 人人对弈'
TITLECOM = '中国象棋 -- 人机对弈'
pygame.init()
SIZE = WIDTH, HEIGHT = (800, 620)
screen = pygame.display.set_mode(SIZE)
pygame.display.set_caption(TITLESELECT)
mainBoard = pygame.image.load('image/main.png')
mainBoardRect = mainBoard.get_rect()
chessGroup = pygame.sprite.Group()      #棋子的组
markGroup = pygame.sprite.Group()
#10×9 的棋盘数组,值 -1 表示没有棋子,值 16~31 为黑色棋子,值 0~15 为红色棋子
chessArray = [[-1 for i in range(9)] for j in range(10)]
chess = [None for i in range(32)]
redMarkBegin = None
redMarkEnd = None
blackMarkBegin = None
blackMarkEnd = None
chessRule = ChessRule()
chessTurn = 1                           #1 为红棋走,2 为黑棋走,0 为游戏结束
computer = True                         #True 为计算机走黑棋,False 为人走黑棋
computerAi = ComputerAi()

#显示片头图片
titleImage = pygame.image.load('image/title.jpg')
titleImage = pygame.transform.scale(titleImage, (600, 273))
titleImageRect = titleImage.get_rect()
man_man = pygame.image.load('image/man-man.png')
man_man = pygame.transform.scale(man_man, (150, 50))
man_manRect = man_man.get_rect()
man_manRect.left, man_manRect.top = 350, 450
man_com = pygame.image.load('image/man-com.png')
```

```
man_com = pygame.transform.scale(man_com, (150, 50))
man_comRect = man_com.get_rect()
man_comRect.left, man_comRect.top = 350, 530
com = pygame.image.load('image/computer.png')
comRect = com.get_rect()
comRect.left, comRect.top = 570, 100
man = pygame.image.load('image/man.png')
manRect = man.get_rect()
manRect.left, manRect.top = 560, 310

titleJudge = True        #显示标题界面
#分别记录红棋和黑棋走过的路径
blackStepRecord = []
redStepRecord = []
tipTitle = ''


def returnTitle():
    '''返回标题界面'''
    global titleJudge
    titleJudge = True
    pygame.display.set_caption(TITLESELECT)
    gameReset()


def gameReset():
    global blackStepRecord, redStepRecord, chess
    global redMarkBegin, redMarkEnd, blackMarkBegin, blackMarkEnd
    global chessArray, chessTurn, chess
    global chess, markGroup, chessGroup
    #记录步数的清零
blackStepRecord.clear()
    redStepRecord.clear()
    chessTurn = 1            #红棋先走
#棋盘回归原状
chessArray = [[-1 for i in range(9)] for j in range(10)]
    markGroup.empty()
    chessGroup.empty()
    gameInit()


def showInfo(str):
    '''str 游戏界面要显示的右上角提示语'''
    xPos, yPos = pygame.mouse.get_pos()
    draw_text(str, 680, 50, THECOLORS['royalblue'], 40)
    pygame.draw.rect(screen, THECOLORS['wheat'], (640, 160, 150, 150))
    pygame.draw.rect(screen, THECOLORS['bisque'], (640, 405, 150, 150))
    pygame.draw.rect(screen, THECOLORS['tomato'], (650, 570, 125, 45))
    draw_text("返回标题", 650 + 59, 590, THECOLORS['honeydew'], 20)
```

```
    screen.blit(com, comRect)
    screen.blit(man, manRect)


def showStep():
    '''显示红棋和黑棋的行走记录'''
    blackStepNumber = 0
    redStepNumber = 0
    if len(blackStepRecord)> 5:
        blackStepNumber = 5
    else:
        blackStepNumber = len(blackStepRecord)
    if len(redStepRecord)> 5:
        redStepNumber = 5
    else:
        redStepNumber = len(redStepRecord)
    #显示黑棋的走棋记录
    for i in range(blackStepNumber):
        draw_text(str(i + 1) + " " + blackStepRecord[i],715,175 + i * 30,THECOLORS['cadetblue'],25)
    '''显示红棋和黑棋的走棋记录'''
    for i in range(redStepNumber):
        draw_text(str(i + 1) + " " + redStepRecord[i],715,420 + i * 30,THECOLORS['steelblue'],25)


def draw_text(text, xPos, yPos, font_color, font_size):
    """ 绘制文本,xPos 和 yPos 为坐标,font_color 为字体颜色,font_size 为字体大小"""
    #得到字体对象
    ff = pygame.font.Font('font/bb4171.ttf', font_size)
    textSurface = ff.render(text, True, font_color)
    textRect = textSurface.get_rect()
    textRect.center = (xPos, yPos)
    screen.blit(textSurface, textRect)


def gameInit():
    global chessArray, redMarkBegin, redMarkEnd, blackMarkBegin,blackMarkEnd
    global chess,markGroup,chessGroup
    redMarkBegin = ChessMark('image/红子标识起点.png', 'red')
    markGroup.add(redMarkBegin)
    redMarkEnd = ChessMark('image/红子标识终点.png', 'red')
    markGroup.add(redMarkEnd)
    blackMarkBegin = ChessMark('image/黑子标识起点.png', 'black')
    markGroup.add(blackMarkBegin)
    blackMarkEnd = ChessMark('image/黑子标识终点.png', 'black')
    markGroup.add(blackMarkEnd)
    chess[0] = Chess('image/红车.gif', True, '车 1', 0)
    chessGroup.add(chess[0])
    chessArray[9][0] = 0
    chess[1] = Chess('image/红马.gif', True, '马 1', 1)
```

```
    chessGroup.add(chess[1])
    chessArray[9][1] = 1
    chess[2] = Chess('image/红象.gif', True, '象1', 2)
    chessGroup.add(chess[2])
    chessArray[9][2] = 2
    chess[3] = Chess('image/红士.gif', True, '士1', 3)
    chessGroup.add(chess[3])
    chessArray[9][3] = 3
    chess[4] = Chess('image/红将.gif', True, '将', 4)
    chessArray[9][4] = 4
    chessGroup.add(chess[4])
    chess[5] = Chess('image/红士.gif', True, '士2', 5)
    chessArray[9][5] = 5
    chessGroup.add(chess[5])
    chess[6] = Chess('image/红象.gif', True, '象2', 6)
    chessArray[9][6] = 6
    chessGroup.add(chess[6])
    chess[7] = Chess('image/红马.gif', True, '马2', 7)
    chessArray[9][7] = 7
    chessGroup.add(chess[7])
    chess[8] = Chess('image/红车.gif', True, '车2', 8)
    chessArray[9][8] = 8
    chessGroup.add(chess[8])
    chess[9] = Chess('image/红炮.gif', True, '炮1', 9)
    chessArray[7][1] = 9
    chessGroup.add(chess[9])
    chess[10] = Chess('image/红炮.gif', True, '炮2', 10)
    chessArray[7][7] = 10
    chessGroup.add(chess[10])
    chess[11] = Chess('image/红卒.gif', True, '卒1', 11)
    chessArray[6][0] = 11
    chessGroup.add(chess[11])
    chess[12] = Chess('image/红卒.gif', True, '卒2', 12)
    chessArray[6][2] = 12
    chessGroup.add(chess[12])
    chess[13] = Chess('image/红卒.gif', True, '卒3', 13)
    chessArray[6][4] = 13
    chessGroup.add(chess[13])
    chess[14] = Chess('image/红卒.gif', True, '卒4', 14)
    chessArray[6][6] = 14
    chessGroup.add(chess[14])
    chess[15] = Chess('image/红卒.gif', True, '卒5', 15)
    chessArray[6][8] = 15
    chessGroup.add(chess[15])
    #初始化黑色棋子
    chess[16] = Chess('image/黑车.gif', False, '车1', 16)
    chessArray[0][0] = 16
    chessGroup.add(chess[16])
    chess[17] = Chess('image/黑马.gif', False, '马1', 17)
```

```
    chessArray[0][1] = 17
    chessGroup.add(chess[17])
    chess[18] = Chess('image/黑象.gif', False, '象 1', 18)
    chessArray[0][2] = 18
    chessGroup.add(chess[18])
    chess[19] = Chess('image/黑士.gif', False, '士 1', 19)
    chessArray[0][3] = 19
    chessGroup.add(chess[19])
    chess[20] = Chess('image/黑将.gif', False, '将', 20)
    chessArray[0][4] = 20
    chessGroup.add(chess[20])
    chess[21] = Chess('image/黑士.gif', False, '士 2', 21)
    chessArray[0][5] = 21
    chessGroup.add(chess[21])
    chess[22] = Chess('image/黑象.gif', False, '象 2', 22)
    chessArray[0][6] = 22
    chessGroup.add(chess[22])
    chess[23] = Chess('image/黑马.gif', False, '马 2', 23)
    chessArray[0][7] = 23
    chessGroup.add(chess[23])
    chess[24] = Chess('image/黑车.gif', False, '车 2', 24)
    chessArray[0][8] = 24
    chessGroup.add(chess[24])
    chess[25] = Chess('image/黑炮.gif', False, '炮 1', 25)
    chessArray[2][1] = 25
    chessGroup.add(chess[25])
    chess[26] = Chess('image/黑炮.gif', False, '炮 2', 26)
    chessArray[2][7] = 26
    chessGroup.add(chess[26])
    chess[27] = Chess('image/黑卒.gif', False, '卒 1', 27)
    chessArray[3][0] = 27
    chessGroup.add(chess[27])
    chess[28] = Chess('image/黑卒.gif', False, '卒 2', 28)
    chessArray[3][2] = 28
    chessGroup.add(chess[28])
    chess[29] = Chess('image/黑卒.gif', False, '卒 3', 29)
    chessArray[3][4] = 29
    chessGroup.add(chess[29])
    chess[30] = Chess('image/黑卒.gif', False, '卒 4', 30)
    chessArray[3][6] = 30
    chessGroup.add(chess[30])
    chess[31] = Chess('image/黑卒.gif', False, '卒 5', 31)
    chessArray[3][8] = 31
    chessGroup.add(chess[31])


def getArrayPos(x, y):
    '''得到鼠标单击坐标对应的数组坐标,注意鼠标单击位置和实际数组是相反对应的关系'''
    yPos = (x - 24) //57
```

```
    xPos = (y - 26) //57
    return xPos, yPos


chineseNumber = ['零', '一', '二', '三', '四', '五', '六', '七', '八', '九']
def recordStep(chessMove, xOld, yOld, xNew, yNew):
    global chess,blackStepRecord,redStepRecord
    sameChess = False
    #要显示的4个位置
    firstExpress = chessMove.getName()
    if chessMove.getArrayPos() < 16:      #红色棋子移动位置记录
        secondExpress = 9 - yOld
        forthExpress = 9 - yNew
        if xOld == xNew:
            thirdExpress = '平'
        elif xOld > xNew:
            thirdExpress = '进'
        else:
            thirdExpress = '退'
        #判断一条路上是否有两个一样的棋子
        for i in range(16):
            xTemp,yTemp = chess[i].getPos()
            if chessMove.getName() == chess[i].getName() and i!= chessMove.getArrayPos() and
chess[i].died == False and yTemp == yOld:
                sameChess = True
                #要移动的棋子在同名棋子上
                if xTemp > xOld:
                    firstExpress = '前'
                else:
                    firstExpress = '后'
                secondExpress = chessMove.getName()
        if sameChess:strTemp = firstExpress + secondExpress + thirdExpress + chineseNumber
[forthExpress]
        else:
            strTemp = firstExpress + chineseNumber[secondExpress] + thirdExpress +
chineseNumber[forthExpress]
        redStepRecord.insert(0,strTemp)
    else:                                 #黑色棋子移动位置记录
        secondExpress = 1 + yOld
        forthExpress = 1 + yNew
        if xOld == xNew:
            thirdExpress = '平'
        elif xOld > xNew:
            thirdExpress = '退'
        else:
            thirdExpress = '进'
            #判断一条路上是否有两个一样的棋子
        for i in range(16,32):
            xTemp, yTemp = chess[i].getPos()
```

```
        if chessMove.getName() == chess[i].getName() and i != chessMove.getArrayPos() and
chess[i].died == False and yTemp == yOld:
            # 要移动的棋子在同名棋子上
            sameChess = True
            if xTemp > xOld:
                firstExpress = '后'
            else:
                firstExpress = '前'
            secondExpress = chessMove.getName()
    if sameChess:
        strTemp = firstExpress + secondExpress + thirdExpress + str(forthExpress)
    else:
        strTemp = firstExpress + str(secondExpress) + thirdExpress + str(forthExpress)
    blackStepRecord.insert(0,strTemp)


gameInit()                                          # 游戏初始化
while True:
    while titleJudge:
        for event in pygame.event.get():
            if event.type == pygame.QUIT:
                sys.exit()
            if event.type == pygame.MOUSEBUTTONDOWN:
                xPos, yPos = pygame.mouse.get_pos()   # 得到鼠标坐标
                if 350 <= xPos <= 350 + 150 and 470 <= yPos <= 470 + 50:
                    pygame.mouse.set_cursor(pygame.SYSTEM_CURSOR_ARROW)
                    pygame.display.set_caption(TITLEMAN)
                    tipTitle = '人人对弈'
                    computer = False
                    titleJudge = False
                elif 350 <= xPos <= 350 + 150 and 550 <= yPos <= 550 + 50:
                    pygame.mouse.set_cursor(pygame.SYSTEM_CURSOR_ARROW)
                    tipTitle = '人机对弈'
                    pygame.display.set_caption(TITLECOM)
                    computer = True
                    titleJudge = False
        screen.fill(THECOLORS['white'])
        # draw_text("人机对弈", 400, 200, THECOLORS['black'], 30)
        screen.blit(titleImage, (100, 110))
        screen.blit(man_man, man_manRect)
        screen.blit(man_com, man_comRect)
        # 得到鼠标位置
        xPos, yPos = pygame.mouse.get_pos()
        if 350 <= xPos <= 350 + 150 and 470 <= yPos <= 470 + 50:
            pygame.mouse.set_cursor(pygame.SYSTEM_CURSOR_HAND)
            draw_text("人人对弈", 570, 480, THECOLORS['black'], 30)
        elif 350 <= xPos <= 350 + 150 and 550 <= yPos <= 550 + 50:
            pygame.mouse.set_cursor(pygame.SYSTEM_CURSOR_HAND)
            draw_text("人机对弈", 570, 560, THECOLORS['black'], 30)
        else:
```

```
            pygame.mouse.set_cursor(pygame.SYSTEM_CURSOR_ARROW)
        pygame.display.update()
    if computer and chessTurn == 2:
        #计算机思考
        bestStep, chessArray = computerAi.computerThink(chessArray, chess)
        xTo, yTo = bestStep.getPos()
        x, y = bestStep.getChess().getPos()         #得到要移动棋子在原数组中的坐标
        value = chessArray[xTo][yTo]                #得到要移动到的位置的数组值
        chess[chessArray[x][y]].setPos(xTo, yTo)    #将棋子的位置更改为移动到的位置
        chessArray[xTo][yTo] = chessArray[x][y]     #将棋子移动过去
        chessArray[x][y] = -1
        #移动到的位置有棋子,要把该棋子杀死
        if value >= 0:
            chess[value].setDied(True)
            chess[value].setVisible(False)
        blackMarkEnd.setPos(xTo, yTo)
        blackMarkEnd.setVisible(True)
        recordStep(bestStep.getChess(), x, y, xTo, yTo)
        tipTitle = '红棋走棋!'
        showInfo(tipTitle)
        chessTurn = 1
        if chessRule.kingDiedJudge(chess):
            tipTitle = '黑棋获胜!!!'
            showInfo(tipTitle)
            chessTurn = 0
        if chessRule.kingMeetJudge(chessArray, chess):
            tipTitle = '红棋获胜!!!'
            showInfo(tipTitle)
            chessTurn = 0
    for event in pygame.event.get():
        if event.type == pygame.QUIT:
            sys.exit()
        if event.type == pygame.MOUSEBUTTONDOWN:
            xPos, yPos = pygame.mouse.get_pos()    #得到鼠标坐标
            #如果单击返回标题按钮
            if 650 + 125 > xPos > 650 and 570 + 45 > yPos > 570:
                returnTitle()
            #如果单击在棋盘内
            if 24 <= xPos <= 24 + 57 * 9 and 26 <= yPos <= 26 + 57 * 10:
                x, y = getArrayPos(xPos, yPos)     #得到数组坐标
                #print(x,y)
                if chessTurn == 1:                 #红棋走
                    #如果当前位置是红色棋子,则更改出发标志
                    if chessArray[x][y] != -1 and chessArray[x][y] < 16:
                        redMarkBegin.setPos(x, y)
                        redMarkBegin.setVisible(True)
                        #如果单击的是没有棋子的点,则移动判断
                    elif chessArray[x][y] == -1 and redMarkBegin.getVisible():
                        moveJudge = chessRule.moveJudge(chessArray, redMarkBegin.getPos(), (x, y))
```

```
        if moveJudge:
            #得到要移动棋子的数组坐标
            oldPos = redMarkBegin.getPos()
            #得到老位置的棋子名称
            pos = chessArray[oldPos[0]][oldPos[1]]
            #将棋子挪走,位置设为-1
            chessArray[oldPos[0]][oldPos[1]] = -1
            chessArray[x][y] = pos  #在新位置放下数组
            chess[pos].setPos(x, y)  #将棋子移动到新位置
            redMarkEnd.setPos(x, y)
            redMarkEnd.setVisible(True)
            redMarkBegin.setVisible(False)
            #记录走的步,并显示
            recordStep(chess[pos], oldPos[0], oldPos[1], x, y)
            tipTitle = '黑棋走棋!'
            showInfo(tipTitle)
            chessTurn = 2
            if chessRule.kingDiedJudge(chess):
                tipTitle = '红棋获胜!!!'
                showInfo(tipTitle)
                chessTurn = 0
            if chessRule.kingMeetJudge(chessArray, chess):
                tipTitle = '黑棋获胜!!!'
                showInfo(tipTitle)
                chessTurn = 0
    elif chessArray[x][y] >= 16 and redMarkBegin.getVisible():
        eatJudge = chessRule.eatJudge(chessArray, redMarkBegin.getPos(), (x, y))
        if eatJudge:
            #得到要移动棋子的数组坐标
            oldPos = redMarkBegin.getPos()
            #得到老位置的棋子名称
            pos = chessArray[oldPos[0]][oldPos[1]]
            posKilled = chessArray[x][y]
            #被杀的棋子不可见
            chess[posKilled].setVisible(False)
            #将被杀的棋子加上死亡标识
            chess[posKilled].setDied(True)
            #将棋子挪走,位置设为-1
            chessArray[oldPos[0]][oldPos[1]] = -1
            chessArray[x][y] = pos  #在新位置放下数组
            chess[pos].setPos(x, y)  #将棋子移动到新位置
            redMarkEnd.setPos(x, y)
            redMarkEnd.setVisible(True)
            redMarkBegin.setVisible(False)
            #记录走的步,并显示
            recordStep(chess[pos], oldPos[0], oldPos[1], x, y)
            tipTitle = '黑棋走棋!'
            showInfo(tipTitle)
```

```
                chessTurn = 2
                if chessRule.kingDiedJudge(chess):
                    tipTitle = '红棋获胜!!!'
                    showInfo(tipTitle)
                    chessTurn = 0
                if chessRule.kingMeetJudge(chessArray, chess):
                    tipTitle = '黑棋获胜!!!'
                    showInfo(tipTitle)
                    chessTurn = 0
    elif chessTurn == 2 and not computer:   #人人对战,轮到黑棋走
        #如果当前位置是黑色棋子,则更改出发标志
        if chessArray[x][y] != -1 and chessArray[x][y] > 15:
            blackMarkBegin.setPos(x, y)
            blackMarkBegin.setVisible(True)
            #如果单击的是没有棋子的点,则移动判断
        elif chessArray[x][y] == -1 and blackMarkBegin.getVisible():
            moveJudge = chessRule.moveJudge(chessArray, blackMarkBegin.getPos(), (x, y))
            if moveJudge:
                #得到要移动棋子的数组坐标
                oldPos = blackMarkBegin.getPos()
                #得到老位置的棋子名称
                pos = chessArray[oldPos[0]][oldPos[1]]
                #将棋子挪走,位置设为-1
                chessArray[oldPos[0]][oldPos[1]] = -1
                chessArray[x][y] = pos          #在新位置放下数组
                chess[pos].setPos(x, y)         #将棋子移动到新位置
                blackMarkEnd.setPos(x, y)
                blackMarkEnd.setVisible(True)
                blackMarkBegin.setVisible(False)
                #记录走的步,并显示
                recordStep(chess[pos], oldPos[0], oldPos[1], x, y)
                tipTitle = '红棋走棋!'
                showInfo(tipTitle)
                chessTurn = 1
                if chessRule.kingDiedJudge(chess):
                    tipTitle = '黑棋获胜!!!'
                    showInfo(tipTitle)
                    chessTurn = 0
                if chessRule.kingMeetJudge(chessArray, chess):
                    tipTitle = '红棋获胜!!!'
                    showInfo(tipTitle)
                    chessTurn = 0
        elif chessArray[x][y] < 16 and blackMarkBegin.getVisible():
            eatJudge = chessRule.eatJudge(chessArray, blackMarkBegin.getPos(), (x, y))
            if eatJudge:
                #得到要移动棋子的数组坐标
                oldPos = blackMarkBegin.getPos()
                #得到老位置的棋子名称
                pos = chessArray[oldPos[0]][oldPos[1]]
```

```
                    posKilled = chessArray[x][y]
                    #被杀的棋子不可见
                    chess[posKilled].setVisible(False)
                    #将被杀的棋子加上死亡标识
                    chess[posKilled].setDied(True)
                    #将棋子挪走,位置设为-1
                    chessArray[oldPos[0]][oldPos[1]] = -1
                    chessArray[x][y] = pos     #在新位置放下数组
                    chess[pos].setPos(x, y)    #将棋子移动到新位置
                    blackMarkEnd.setPos(x, y)
                    blackMarkEnd.setVisible(True)
                    blackMarkBegin.setVisible(False)
                    #记录走的步,并显示
                    recordStep(chess[pos], oldPos[0], oldPos[1], x, y)
                    tipTitle = '红棋走棋!'
                    showInfo(tipTitle)
                    chessTurn = 1
                    if chessRule.kingDiedJudge(chess):
                        tipTitle = '黑棋获胜!!!'
                        showInfo(tipTitle)
                        chessTurn = 0
                    if chessRule.kingMeetJudge(chessArray, chess):
                        tipTitle = '红棋获胜!!!'
                        showInfo(tipTitle)
                        chessTurn = 0

        screen.fill(THECOLORS['aliceblue'])
        screen.blit(mainBoard, (0, 0))
        showInfo(tipTitle)
        showStep()
        xPos, yPos = pygame.mouse.get_pos()
        #更改鼠标指针颜色
        if 650 + 125 > xPos > 650 and 570 + 45 > yPos > 570:
            pygame.mouse.set_cursor(pygame.SYSTEM_CURSOR_HAND)
        else:
            pygame.mouse.set_cursor(pygame.SYSTEM_CURSOR_ARROW)
        chessGroup.update(screen)
        markGroup.update(screen)
        pygame.display.update()
```

代码的开始引入 sys 模块,用于退出程序;然后引入 pygame.color 模块,用于使用 Pygame 已经调配好的颜色;引入自定义的 Chess、ChessMark、ChessRule、ComputerAi 类,用于相关对象的功能调用。

returnTitle()函数用于返回标题界面,此函数在单击"返回标题"按钮时触发,函数内将判断是否显示标题画面的 titleJudge 赋值为 True 后,调用 gameReset()函数。

gameReset()函数将记录红棋和黑棋步数的 redStepRecord 和 blackStepRecord 清零,将棋盘数组回归原状,同时调用 gameInit()初始化函数。

showStep()函数在主画布的右方矩形区域分别显示红棋的俗语走法和黑棋的俗语走

法，默认只显示最后 5 步。

gameInit()函数将棋盘上的红色棋子、黑色棋子、红棋的标识、黑棋的标识都归于初始状态，这个函数在 gameReset()和 returnTitle()函数里都会被调用。

whileTrue 循环里的代码段是主程序里最重要的代码，负责整个游戏的运转。循环里共有两大部分：第 1 大部分是 titleJudge 为 True 时的游戏玩法选择场景，在这个场景里玩家可以选择“人人对弈”或者“人机对弈”；第 2 大部分负责下棋时的游戏场景，包含人与人下棋和人与计算机 AI 下棋，此游戏场景下的算法逻辑也较为复杂。

当玩家已经选择棋子后，如果玩家使用的是红棋，则 redMarkBegin 的 visible 属性为 True；如果玩家使用的是黑棋，则 blackMarkBegin 的 visible 属性为 True。在单击棋盘时，while True 循环里最复杂的算法逻辑如图 8-30 所示。

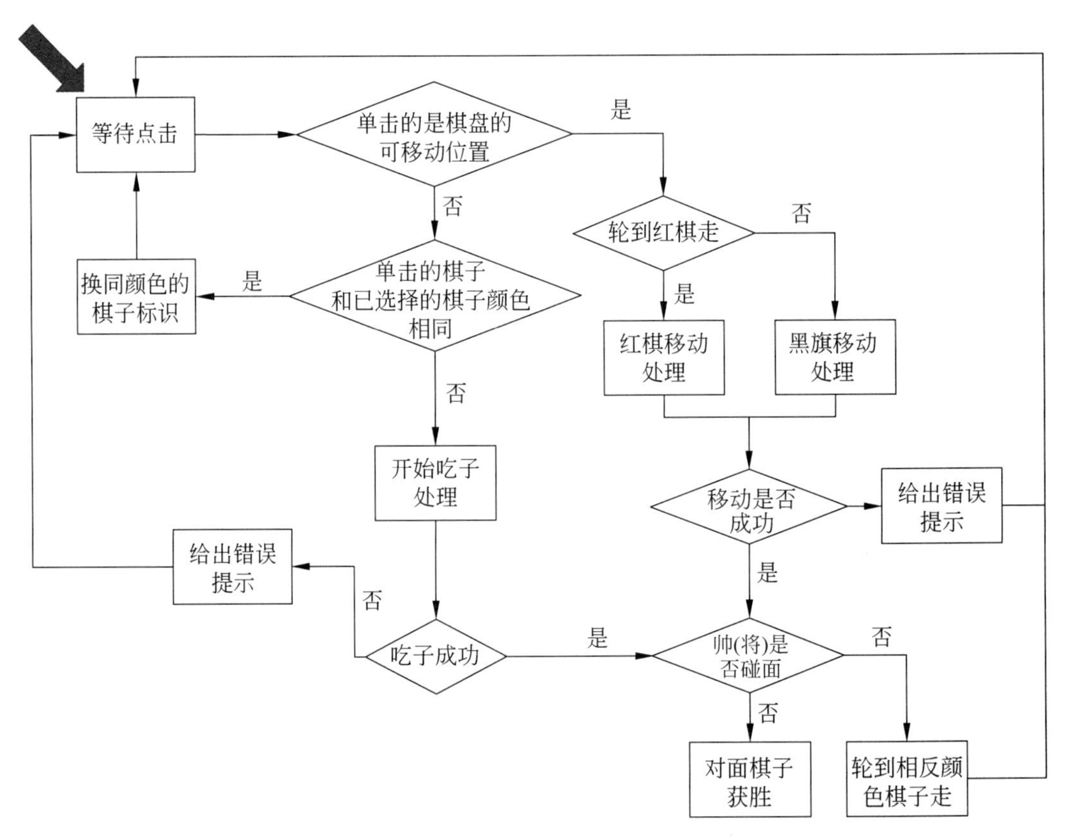

图 8-30 玩家单击棋盘时的算法逻辑

从图 8-30 可以看出，玩家已经选择棋子后单击棋盘，存在 3 种可能。

1）单击的是棋盘的交叉点位置，此位置无棋子

算法判断是轮到红棋走还是黑棋走，同时调用其对应的移动处理函数。在移动处理函数里对棋子移动进行棋子的规则校验：如果符合棋子移动规则，则棋子移动到对应位置，判断帅(将)是否碰面，如果碰面，则游戏结束，如果不碰面，则轮到相反颜色棋子走，并回到等待单击的状态；如果不符合移动规则，则给出错误提示，同时又回到等待棋子单击状态。

2）单击的是相同颜色的棋子

如果单击的是相同颜色的棋子，则将棋子选择的标识更换到新的被单击的同色棋子上。

3）单击的是不同颜色的棋子

如果单击的是不同颜色的棋子，则进行吃子判断。如果单击的棋子不符合吃子规则，则给出错误提示，并回到等待单击的状态。如果单击的棋子符合吃子规则，则将单击的不同颜色的棋子吃掉后，判断帅(将)是否碰面，如果碰面，则游戏结束，如果不碰面，则轮到相反颜色棋子走，同时又回到等待单击状态。

8.9 小结

本章主要介绍了“中国象棋”游戏的具体实现，同时对本章涉及的中国象棋的各个棋子的走法与吃子规则做了详细介绍，对中国象棋计算机 AI 的具体实现做了详细讲解。

学习本章后，读者应能掌握“中国象棋”游戏的具体实现，掌握棋类 AI 设计的基本思想。

读者可以用本章介绍的知识完成类似棋类游戏的 AI 对战，例如五子棋的 AI 对战和黑白棋的 AI 对战等。

PYTHON!!!

附录 A

Pygame 常用模块

表 A-1 display 模块——控制窗口的显示

方法	返回值	方法描述
init()	None	初始化 display 模块
quit()	None	关闭 display 模块
get_init()	bool	如果 display 模块已经初始化,则返回值为 True
set_mode(size=(0,0),flags=0,display=0,vsync=0)	Surface	初始化窗体或屏幕来显示
get_surface()	Surface or None	如果已经有 Surface 对象被初始化,则返回初始化的 Surface 对象。如果没有 Surface 对象被创建,则返回 None
flip()	None	在屏幕上更新显示 Surface 对象
update()	None	用法和 flip()方法类似,运行一部分窗体并单独更新显示
get_driver()	name	得到 Pygame 显示后端的名字,可用来判断哪个模式可以加速
Info()	VideoInfo	创建一个具有简单属性描述的显示对象
get_vm_info()	dict	得到当前窗口系统的信息
list_modes(depth=0,flags=pygame.FULLSCREEN,display=0)	list	得到全屏模式下的列表信息
mode_ok(size,flags=0,depth=0,display=0)	depth	得到最好的颜色深度
gl_get_attribute(flag)	value	得到当前显示的 OpenGL 属性值
lg_set_attribute(flag,value)	None	为当前的显示模式请求 OpenGL 属性
get_active()	bool	当前显示在屏幕上被激活时显示 True
iconify()	bool	最小化显示的 Surface 对象
toggle_fullscreen()	int	在全屏显示和窗口显示间切换
set_gamma(red,green=None,blue=None)	bool	更改硬件的 gamma ramps
set_gamma_ramp(red,green,blue)	bool	使用自定义查找表更改 gammaramps
set_icon()	None	更改系统窗口图标
set_caption(title,icontitle=None)	None	设置当前窗口标题
get_caption()	(title,icontitle)	得到当前窗口标题

续表

方　　法	返　回　值	方 法 描 述
set_palette(palette=None)	None	设置当前显示的颜色调色板
get_num_displays()	int	得到可用的显示数目
get_window_size()	tuple	得到当前屏幕或窗口的大小
get_allow_screensaver()	bool	返回屏保是否允许运行
set_allow_screensaver(bool)	None	当前应用运行时设置屏保是否可以运行

表 A-2　surface 模块——代表图像的对象

方　　法	返　回　值	方 法 描 述
bilit(source,dest,area=None,special_flags=0)	Rect	在一张图像上绘制另一张图像
blits(blit_sequence=(source,dest),…),doreturn=1))	list or None	在一张图像上绘制很多图像
convert(Surface=None)	Surface	更改图像的像素模式
convert_alpha(Surface)	Surface	保留图像的 Alpha 通道后,更改图像的像素模式
copy()	Surface	创建一个 Surface 对象的新复制
fill(color,rect=None,special_flags=0)	Rect	纯色填充 Surface 对象
scroll(dx=0,dy=0)	None	移动图像,x 轴移动 dx,y 轴移动 dy
set_colorkey(Color,flags=0)	None	设置透明色基
get_colorkey()	RGB or None	返回当前对象的透明色基
set_alpha(value,flags=0)	None	设置当前 Surface 对象的 alpha 值
get_alpha()	int_value	返回当前 Surface 对象的 alpha 值
lock()	None	锁定 Surface 对象的像素数据,以便像素访问
unlock()	None	解锁 Surface 对象的像素数据,以便像素访问
mustlock()	bool	测试 Surface 对象是否需要锁定
get_locked()	bool	测试 Surface 对象是否锁定
get_locks()	tuple	返回当前已锁定的 Surface 对象
get_at((x,y))	Color	获取一像素的颜色值
set_at((x,y),Color)	None	设置一像素的颜色值
get_at_mapped((x,y))	Color	获取一像素的颜色映射值
get_palette())	[RGB,RGB,RGB,…]	返回 8 位 Surface 对象的调色板颜色索引
get_palette_at(index)	RGB	返回索引号对应的调色板颜色
set_palette([RGB,RGB,RGB<,…])	None	设置 8 位 Surface 对象调色板
set_palette_at(index,RGB)	None	设置 8 位 Surface 对象的索引位置对应的颜色
map_rgb(Color)	mapped_int	将 RGB 颜色转换到映射的颜色值
unmap_rgb(mapped_int)	Color	将一个映射的颜色值转换到 RGB 颜色
set_clip(rect)	None	设置 Surface 对象的剪切区域
get_clip()	Rect	获取 Surface 对象的剪切区域
subsurface(Rect)	Surface	根据引用的父对象创建一个新的 Surface 对象
get_parent()	Surface	返回父对象的子对象
get_abs_parent()	Surface	返回子对象的顶层父对象

续表

方　法	返 回 值	方法描述
get_offset()	(x,y)	返回子对象在父对象中的偏移位置
get_abs_offset()	(x,y)	返回子对象在父对象中的绝对位置
get_size()	(width,height)	得到 Surface 对象的尺寸
get_width()	width	得到 Surface 对象的宽度
get_height()	height	得到 Surface 对象的高度
get_rect ** kwargs)	Rect	得到 Surface 对象的矩形区域
get_bitsize()	int	得到 Surface 对象像素格式的位深度
get_Bytesize()	int	得到 Surface 对象的每像素所用的字节数
get_flags()	int	得到 Surface 对象的额外标志
get_pitch()	int	得到 Surface 对象每一行的字节数
get_masks()	(R,G,B,A)	返回颜色与映射值之间转换的掩码
set_masks((r,g,b,a))	None	设置颜色与映射值之间转换的掩码
get_shifts()	(R,G,B,A)	返回颜色和映射值之间转换时需要的位移
set_shifts((r,g,b,a))	None	设置颜色和映射值之间转换时需要的位移
get_losses()	(R,G,B,A)	返回颜色和映射值之间转换时需要的有效位
get_bounding_rect(min_alpha=1)	Rect	返回包含数据的最小 rect 对象
get_view(< king >='2')	BufferProxy	返回 Surface 对象的像素缓冲区视图
get_buffer()	BufferProxy	返回 Surface 对象的像素缓冲区对象

表 A-3　draw 模块——绘制图形

方　法	返回值	方法描述
rect(surface,color,rect)	Rect	在给定的 Surface 对象上绘制矩形
polygon(surface,color,points,width=0)	Rect	在给定的 Surface 对象上绘制多边形
ellipse(surface,color,rect,width=0)	Rect	在给定的 Surface 对象上绘制椭圆
arc(surface,color,rect,start_angle,stop_angle,width=1)	Rect	在给定的 Surface 对象上绘制弧线
line(surface,color,start_pos,end_pos,width=1)	Rect	在给定的 Surface 对象上绘制线段
lines(surface,color,closed,points,width=1)	Rect	在给定的 Surface 对象上绘制多条线段
aaline(surface,color,start_pos,end_pos)	Rect	在给定的 Surface 对象上绘制抗锯齿线段
aalines(surface,color,closed,points,blend=1)	Rect	在给定的 Surface 对象上绘制多条抗锯齿线段

表 A-4　event 模块——处理事件与事件队列

方　法	返 回 值	方法描述
pump()	None	Pygame 内部处理事件
get(eventtype=None,pump=True)	Eventlist	从事件队列里得到事件
poll()	EventType instance	从事件队列里达到一个事件
wait(timeout)	EventType instance	等待事件队列里存在事件并返回事件
peek(eventtype=None,pump=True)	bool	测试事件队列里是否有等待的事件

续表

方　　法	返　回　值	方法描述
clear(eventtype=None,pump=True)	None	清空事件队列里的事件
event_name(type)	string	从事件 id 得到事件字符串
set_blocked(typelist)	None	控制事件队列里不允许存在的队列
set_allowed(typelist)	None	控制事件队列里允许存在的队列
get_blocked(typelist)	bool	测试事件队列里是否有给定类型的事件
set_grab(bool)	None	控制输入设备和其他应用程序共享
get_grab()	bool	测试是否共享输入设备
post(Event)	None	将一个新事件放置到事件队列末尾
custom_type()	int	创建一个用户自定义事件
Event(type,dict)	EventType instance	创建一个新的事件对象

表 A-5　mouse 模块——鼠标相关

方　　法	返　回　值	方法描述
get_pressed(num_button=3)	(button1,button2,button3)	返回鼠标按键情况(按下时为 True)
get_pos()	(x,y)	返回鼠标坐标位置
get_rel()	(x,y)	返回鼠标的偏移一元组
set_pos([x,y])	None	设置鼠标位置
set_visible(bool)	bool	设置鼠标指针是隐藏还是显示
get_visible()	bool	返回当前鼠标指针的显示状态
get_focused()	bool	返回 Pygame 是否已经接收到了鼠标输入事件
set_cursor(size,hotspot,xormasks,andmasks)	None	设置鼠标指针的图像
set_system_cursor(constant)	None	将鼠标指针设置为系统定义的指针
get_cursor()	(size, hotspot, xormasks, andmasks)	得到鼠标指针的图像

表 A-6　key 模块——键盘相关

方　　法	返　回　值	方法描述
get_focused()	bool	判断显示窗口是否从系统中得到了键盘输入
get_pressed()	bools	返回键盘上每个按键的状态
get_mods()	int	检测是否有组合键被按下
set_mods(int)	None	临时设置被按下的组合键
set_repeat(delay,interval)	None	控制按键持续的时间
get_repeat()	(delay,interval)	获取持续按键的参数
name(key)	string	获取按键标识符对应的按键名称
key_code(name=string)	int	从按键名称得到标识符
start_text_input()	None	开始处理 Unicode 文本输入事件
stop_text_input()	None	停止处理 Unicode 文本输入事件
set_text_input_rect(Rect)	None	控制文本输入时,提示列表的位置

表 A-7　time 模块——监控时间

方　　法	返　回　值	方 法 描 述
get_ticks()	milliseconds	返回 pygame.init()方法调用后的毫秒数
wait(milliseconds)	time	暂停程序一段时间
delay(milliseconds)	time	暂停程序一段时间，比 wait()方法精准
set_timer(eventid,milliseconds)	None	在事件队列重复创建一个事件
Clock()	Clock	创建一个 Clock 对象来跟踪事件
Clock.tick(framerate=0)	milliseconds	更新 Clock 对象
Clock.tick_busy_loop(framerate=0)	milliseconds	更新 Clock 对象，比 tick()方法更精准
Clock.get_time()	milliseconds	两个 tick()方法间流逝过的时间毫秒数
get_rawtime()	milliseconds	两个 tick()方法间流逝过的时间毫秒数，比 get_time()精准
get_fps()	float	计算并返回游戏的每秒帧数

表 A-8　mixer.music 模块——控制声频流

方　　法	返　回　值	方 法 描 述
load(filename)	None	加载一个声频文件，用来回放
unload()	None	释放加载的声频文件资源
play(loop=0,start=0.0,fade_ms=0)	None	播放加载的声频文件
rewind()	None	重新播放加载的音乐文件
stop()	None	停止播放声频文件
pause()	None	临时暂停播放声频文件
unpause()	None	恢复播放声频文件
fadeout(time)	None	停止播放声频文件时淡出停止
set_volume(volume)	None	设置声频播放的声音大小
get_volume()	value	返回声频播放的声音大小
get_busy()	bool	检测声频流是否在播放
set_pos(pos)	None	设置声频流播放的位置
get_pos()	time	返回声频播放的毫秒数
queue(filename)	None	将一个声频文件放入队列中，其位置在当前文件之后
set_endevent(type)	None	当声频文件播放结束后发出一个事件
get_endevent()	type	返回声频文件播放结束后的事件

图书推荐

书　　名	作　　者
鸿蒙应用程序开发	董昱
鸿蒙操作系统开发入门经典	徐礼文
鸿蒙操作系统应用开发实践	陈美汝、郑森文、武延军、吴敬征
华为方舟编译器之美——基于开源代码的架构分析与实现	史宁宁
鲲鹏架构入门与实战	张磊
华为 HCIA 路由与交换技术实战	江礼教
Flutter 组件精讲与实战	赵龙
Flutter 组件详解与实战	[加]王浩然(Bradley Wang)
Flutter 实战指南	李楠
Dart 语言实战——基于 Flutter 框架的程序开发(第 2 版)	亢少军
Dart 语言实战——基于 Angular 框架的 Web 开发	刘仕文
IntelliJ IDEA 软件开发与应用	乔国辉
Vue+Spring Boot 前后端分离开发实战	贾志杰
Vue.js 企业开发实战	千锋教育高教产品研发部
Python 人工智能——原理、实践及应用	杨博雄 主编,于营、肖衡、潘玉霞、高华玲、梁志勇 副主编
Python 深度学习	王志立
Python 异步编程实战——基于 AIO 的全栈开发技术	陈少佳
Python 数据分析从 0 到 1	邓立文、俞心宇、牛瑶
物联网——嵌入式开发实战	连志安
智慧建造——物联网在建筑设计与管理中的实践	[美]周晨光(Timothy Chou)著,段晨东、柯吉译
TensorFlow 计算机视觉原理与实战	欧阳鹏程、任浩然
分布式机器学习实战	陈敬雷
计算机视觉——基于 OpenCV 与 TensorFlow 的深度学习方法	余海林、翟中华
深度学习——理论、方法与 PyTorch 实践	翟中华、孟翔宇
深度学习原理与 PyTorch 实战	张伟振
ARKit 原生开发入门精粹——RealityKit + Swift + SwiftUI	汪祥春
HoloLens 2 开发入门精要——基于 Unity 和 MRTK	汪祥春
Altium Designer 20 PCB 设计实战(视频微课版)	白军杰
Cadence 高速 PCB 设计——基于手机高阶板的案例分析与实现	李卫国、张彬、林超文
Octave 程序设计	于红博
AutoCAD 2022 快速入门、进阶与精通	邵为龙
SolidWorks 2020 快速入门与深入实战	邵为龙
SolidWorks 2021 快速入门与深入实战	邵为龙
UG NX 1926 快速入门与深入实战	邵为龙
西门子 S7-200 SMART PLC 编程及应用(视频微课版)	徐宁、赵丽君
三菱 FX3U PLC 编程及应用(视频微课版)	吴文灵
全栈 UI 自动化测试实战	胡胜强、单镜石、李睿
pytest 框架与自动化测试应用	房荔枝、梁丽丽
软件测试与面试通识	于晶、张丹
深入理解微电子电路设计——电子元器件原理及应用(原书第 5 版)	[美]理查德·C.耶格(Richard C. Jaeger)、[美]特拉维斯·N.布莱洛克(Travis N. Blalock)著,宋廷强译
深入理解微电子电路设计——数字电子技术及应用(原书第 5 版)	[美]理查德·C.耶格(Richard C. Jaeger)、[美]特拉维斯·N.布莱洛克(Travis N. Blalock)著,宋廷强译
深入理解微电子电路设计——模拟电子技术及应用(原书第 5 版)	[美]理查德·C.耶格(Richard C. Jaeger)、[美]特拉维斯·N.布莱洛克(Travis N. Blalock)著,宋廷强译